清华大学特大城市系列研究

上海—苏州特大城市地区
人居空间过密化与治理研究

郭磊贤　著

中国建筑工业出版社

图书在版编目（CIP）数据

上海—苏州特大城市地区人居空间过密化与治理研究／
郭磊贤著.—北京：中国建筑工业出版社，2020.9
（清华大学特大城市系列研究）
ISBN 978-7-112-25138-4

Ⅰ.① 上… Ⅱ.① 郭… Ⅲ.① 特大城市－城市环境－居
住环境－研究－华东地区 Ⅳ.① X21

中国版本图书馆CIP数据核字（2020）第080504号

责任编辑：张　明　陆新之
版式设计：锋尚设计
责任校对：张惠雯

清华大学特大城市系列研究
上海—苏州特大城市地区人居空间过密化与治理研究
郭磊贤　著
＊
中国建筑工业出版社出版、发行（北京海淀三里河路9号）
各地新华书店、建筑书店经销
北京锋尚制版有限公司制版
北京建筑工业印刷厂印刷
＊
开本：787毫米×1092毫米　1/16　印张：16¾　字数：324千字
2020年12月第一版　2020年12月第一次印刷
定价：**75.00元**
ISBN 978-7-112-25138-4
（35911）

序

中国特大城市与特大城市地区的人居空间发展与质量提升，是清华大学建筑与城市研究所长期跟踪和研究的一个重要理论与实践问题。

改革开放后，我国经历了世界历史上规模最大、速度最快的城镇化进程。人居环境从以乡村聚落为主，转变为以城市聚落为主，人居环境建设成就显著。然而与历史上的其他国家一样，中国的城镇化发展，也面临环境污染、交通拥堵、公共产品和服务供给不足等诸多问题，总体人居环境质量并未随着城镇化率的提升、城市人口的增加和城市规模的扩大而同步得到提高。尤其是大城市、特大城市人口规模的快速增长，造成了土地资源、水资源紧缺，环境污染严重，交通拥堵严重等"大城市病"，面临提升人居质量的迫切要求。

早在1990年代中期，吴良镛院士带领清华大学建筑与城市研究所团队，开展国家自然科学基金"八五"重点项目"发达地区城市化进程中建筑环境的保护与发展研究"之时，就已关注到长三角地区高速、大规模城市化而产生的人居空间高度集聚、基础设施总量与水平不足、区域空间发展不协调等突出矛盾。彼时正值"新区域主义"、"城市地区"等海外理论东渐，城市与区域协调的大城市地区规划与治理开始成为西方国家应对大城市空间问题的普遍手段。由彼及此，研究所团队敏锐地意识到以"特大城市地区"为尺度优化我国大城市、特大城市空间发展与功能布局对于提升人居环境的重要意义。2000年以来，清华大学建筑与城市研究所又围绕北京和京津冀地区，持续开展研究，发表《京津冀地区城乡空间发展规划研究》一、二、三期报告和《"北京2049"空间发展战略研究》，在中国国家博物馆举办"京津冀与首都北京人居科学研究展"，以及参与2004版北京城市总体规划区域协调研究、2011年北京城市总体规划实施评估、2016版北京城市总体规划和包括北京城市副中心地区、河北雄安新区、张北崇礼地区规划等在内的一系列工作。通过在特大城市地区尺度上的长期实践与研究积累，我们认识到人居科学理论体系中自然、人、经济社会、居住、支撑体系等五大系统对于构建高质量城市地区的重要意义，并凝练为特大城市"瘦身健体""分散再集中"，以及优化调整公共服务设施布局，促进交通设施、市政设施与土地开放相耦合等核心理念，并支撑研究所在北京、天津、广州、苏州、昆明等多个大城市的重要战略咨询项目。

也正是在2010年前后，随着中国城镇化率以每年超过1个百分点的速度增长，中国城镇化的速度、规模与质量成为行业关键词，"质量"概念大规模进入城市研究与城乡规划研究，其他学科也围绕城镇化与城市发展的质量议题，发表研究成果。同期，清华大学建筑与城市研究所以人居科学理论为指导，参与承担中国科学院重大咨询项目"中国城镇化质量研究"和中国工程院重大咨询项目"中国特色新型城镇化发展战略研究"。我们进一步认识到，

"质量"并非一个孤立的概念,不应以还原的观点来分解它,而是需要用人居科学的整体论观点来审视它。开展中国城市与人居环境质量研究,需要在科学概念与认识的基础上开展方法研究。

郭磊贤从2011年起进入清华大学建筑与城市研究所攻读博士学位。此前,围绕特大城市外围地区空间发展、特大城市地区空间测度方法等题目,研究所已有几位研究生正在开展工作。郭磊贤的论文选题进一步围绕特大城市地区的人居空间质量而展开,本书即改编自他的博士论文研究成果。这篇论文没有就质量而论质量,而是以人口密度和基础设施为人居空间质量的核心变量,构建大城市空间发展研究模型,用于解释和评价城市人居空间的建设与治理状况。论文进而以"密度—设施"关系为视角,将建设空间连绵的上海—苏州特大城市地区作为实证对象,通过历史数据,描述了这个地区的人居环境时空波动特征,初步验证了论文提出的大城市空间发展研究模型。同时,论文基于国际经验及地方调研所获,提出了以空间治理模式创新引导协调"密度—设施"关系,优化提升特大城市地区人居空间质量的建议。总的来看,这项研究提出了人居质量的"密度—设施"关系假说,回答了从人居质量视角如何看待特大城市地区空间分布与空间演化,以及如何利用这些特征规律来精益化提升特大城市地区人居质量的理论与实践问题。研究成果为解释中国特大城市地区空间发展的过程机理提供了一种基于质量调控视角的理论框架与实证样本,对特大城市地区空间规划和治理实践具有参考价值。论文有强烈的思辨性且形成了独到的新见解,对于认识当前我国特大城市地区空间规划和治理迫切需要重视人居质量等关键问题具有积极意义。

论文的意外之获,在于发现了中国特大城市地区空间演化过程中,基础设施边际供给随人口密度多轮次递减、人居质量相应出现多轮次递减的定量证据,认识到这一现象与20世纪后半叶经济史领域的一个重要研究兴趣点——中国经济社会系统"过密化"或"内卷化"——在发展本质上有一定关联。论文因而将城市系统中存在的这一相似的进程称为"空间过密化",并试图论证致力于改善人居质量的"空间反过密化"举措和空间规划与治理策略之间的相互联系,并归纳得到了中国特大城市地区"空间过密化-反过密化"及"过密空间内外转换"的空间发展长周期逻辑。这就意味着,中华人民共和国成立以来中国特大城市与特大城市地区的人居发展与质量提升,仍然是数百年来中国经济社会增长与发展进程的持续组成。尽管这项宏大的研究愿景还有待于更多的实证研究来补充和证明,但作为导师,我仍然赞赏作者在论文研究中所展现的抱负和勇气。

是为序。

2020年10月5日于清华园

处在高质量空间发展门槛上的中国大城市地区面临空间规划与治理的路线争议，学术研究亟待从"质量"角度回答中国大城市地区的空间发展机制问题。

本书将"质量"概念降维到城乡规划学科核心关注的空间层面，选取人口密度和基础设施作为调节人居空间质量的核心变量，以"密度—设施"比例关系作为聚落质量的空间测度，构建了基于"空间过密化"假设的大城市空间发展过程模型。经由"密度—设施"的研究视角并通过长时间的历史—空间研究与多样本、多尺度的比较研究方法，本书概括了世界特大城市地区的"密度—设施"空间分布规律与聚类特征，并以上海—苏州地区为重点对象，全面解析了1946年至今该地区的人居空间演化与治理过程。

经过归纳、解释和初步验证，本书认为，上海—苏州地区的人居空间发展表现为"密度—设施"空间波动与过密空间转换的过程逻辑，形成了在长期空间过密化进程中局部突破低水准人居空间质量困境的空间演化与治理机制。该机制是中国特大城市地区在外部政治经济环境下，根据体制特征和公共资源条件，策略性选择疏解人口、供给基础设施等不同成本"密度—设施"调节路径的结果。现阶段，外围地区成为上海—苏州应对空间过密的重点地带，上海中心城周边地区和上海—苏州跨界地区等外围地区典型空间的"密度—设施"关系修复实践则表现出通过治理模式创新改善设施服务的新趋向。综合研究发现，本书也对上海—苏州地区提出了优化"密度—设施"关系、提升人居空间质量的初步建议。

本书改编自作者清华大学博士论文《基于"密度—设施"的上海—苏州人居空间演化与治理研究》，出版时由作者对题名、篇章结构与部分内容进行了调整删改，特此说明。

目　录

第 **1** 章

绪论

拥有十四亿人口的中国仍处在从"乡土中国"到"城市中国"的转型进程中。若说"乡土中国"蕴含了国人对过往劳作与生存境况的愁思，那么"城市中国"则寄托了对未来美好生活的希望。今天，大城市、大城市地区前所未有地扮演着引领中国高质量发展的空间载体功能。国家越来越关注大城市的质量和宜居水平，对代表性大城市提出"国际一流""三最一突出""卓越"等顶层要求①，也对其他大城市发展有很高的期待。然而，中国大城市呈现在人们面前的却又非简一、连贯、和谐的图像。一方面，大城市无疑是国家现代化发展的窗口与示范；另一方面，大城市地区的交通、环境、公共服务等民生领域问题层叠而复杂，牵制了极大的精力和资源。透过海外观察回看，高密度开发与大范围蔓延并置、高强度拆改与大规模非正规建设并存——大城市地区以其极速的演化容纳了剧烈的城市变化，"以经济为中心""为增长而规划"的中国大城市似乎成为对前三十年"大城市恐惧"的彻底反叛，是用西方城市及规划理论难以充分解释的案例。

---

① "国际一流"的表述来自中央要求对北京建设"国际一流和谐宜居之都"的定位要求；"三最一突出"即中央对北京城市副中心规划建设提出的"以最先进的理念、最高的标准、最好的质量，突出绿色、低碳、可持续发展"指示；"卓越"来自新一轮上海城市总体规划的发展目标"卓越的全球城市"。

因此，当前的城市研究与城市规划也较以往更有必要拓展对现代化、高质量"城市中国"发展逻辑机制的认识。譬如，我们应该如何看待和解释中国大城市过往的发展历程，"城市中国"究竟是继承了"乡土中国"的历史基因，还是在对历史路径的自我否定中前进，中国大城市为何能够摆脱其他发展中国家同类型城市的深度困境，却又仅能停留于总体有限的建设水准上。又如，我们应该如何概括中国大城市演化与规划治理的内在关系，今日中国大城市的体态面貌是大城市聚落自然演化的必然结果，抑或规划干预和治理手段起到了正向促进或反向遏制的作用。再如，我们又该如何建设"大而好"的宜居城市和美好人居，是要限制规模还是放任增长，是关注基本民生需求保障还是不惜代价追求最高质量……

从城乡规划的学科视角来看，解决这些问题的首要工作之一是要对中国大城市的人居质量问题有一个历史的认识。但是这项工作客观上需要面对多个层面的难点。研究者需要回答如何客观、辩证地认识"质量"，能否在学科视野中找到或建构用来认识质量的基本指征或测度，这种测度是否能够在较长的历史维度和世界大城市群像中通过检测和验证，以及研究者能否找到相对充分、合理的信息素材进行分析和比较，以期获得具有一定解释力的机制规律。

本书的实证研究将以上海—苏州地区为对象。在历史视阈下，学术界对"乡土中国"发展质量的大量实证研究和思考来自以该地区为主体的"太湖东部地区"或"苏松地区"；在现实情境中，以上海为中心的功能性特大城市地区范围已跨出上海市域边界并延伸到苏州沿沪地区和苏州市区，是中国大城市地区人居环境建设的典型代表。由于学术界尚缺乏简明而约定俗成的地名词汇来描述这一根植历史语境但脱离固定行政辖区的大城市地区，本书将其称为"上海—苏州地区"。以该地区为对象进行城镇化与人居空间的演化与治理研究，将得以更清晰地辨别历史和现实的照映关系。

本书的研究工作提供了一种以城乡规划学科本体为基础，以人口密度和基础设施的配比关系认识、测度人居空间质量的路径方法。研究对过去70年上海—苏州地区人居空间发展的揭示、分析和解释工作试为学术界理解大城市地区空间演化与治理逻辑、认识城市发展规律提供了一种经由聚落质量视角的理论、方法与实证案例，也有助于从实践中重新审视当前中国大城市地区高质量空间发展与美好人居环境建设的关键思路，进而可为制定适应下一阶段转型调整目标的大城市地区空间治理策略及政策项目提供参照和建议。

1.1 研究缘起：试解人居空间质量

1.1.1 中国城镇化锁定高质量发展目标

历经改革开放以来长达40年的大规模城镇化，中国城市的数量和规模不断扩大，设市数量、城镇人口数量分别由1978年的193个、1.7亿人增至2016年的656个、7.9亿人。随着中国城镇化[①]与城市发展达到相当规模程度，并在若干方面显现规模不经济的迹象，"质量"[②]问题日渐受到重视，并作为一个重要关键词被屡屡写入中央有关城镇化与城市发展决策的最高文件中。例如中央城镇化工作会议（2013）提出要"提高城镇化发展质量""改善城市生态环境质量""提高城镇人口素质和居民生活质量"[③]；中央城市工作会议（2016）同样要求"不断提升城市环境质量、人民生活质量、城市竞争力，建设和谐宜居、富有活力、各具特色的现代化城市"[④]。在《国家"十三五"规划纲要》（2016）全文中，"质量"一词共出现67次，较《国家"十二五"规划纲要》的30次翻番，涉及"城镇化质量""人民生活质量""城市环境质量""中小城市质量"等表述[⑤]。党的十九大（2017）报告指出，中国经济"已由高速增长阶段转向高质量发展阶段"，"必须坚持质量第一，效益优先"[⑥]。中央经济工作会议（2017）进一步明确了当前和今后一段时期国家发展的根本要求是要"推动高质量发展"[⑦]。中央政府不断明确、强化相关政策方向，提升城镇化与城市发展的质量水平已成为中国未来发展将进一步着眼的一项重要目标。

[①] 本书中的"城镇化/城市化（urbanization）"概念采取两分的表述方法。对于跨学科的理论，尤其是海外现象或根植于海外现象的理论，本书统一以"城市化"描述，而对于中国的现象、问题、政策，尤其在涉及20世纪80年代后上海—苏州地区的研究时，则尊重理论发展的既有事实和习惯性表述，使用"城镇化"一词作为"城市化"的替代。

[②] 由于学术界未能对"城乡聚落'质量'"或"人居空间'质量'"给出简明而约定俗成的概念表述，本书仍然尊重并正视本领域的研究进展与现状，暂使用笼统的"（城乡）聚落质量"、"（城乡）聚落发展质量"、"城乡规划与城市研究中的质量议题"或"人居质量"、"人居环境质量"等表述。本书中被冠以引号的"质量"即是对这些替代表述的缩略。

[③] 参见《中央城镇化工作会议公报》，http://www.gov.cn/ldhd/2013-12/14/content_2547880.htm.

[④] 参见《中央城市工作会议公报》，http://news.xinhuanet.com/politics/2015-12/22/c_1117545528.htm.

[⑤] 参见《决胜全面建成小康社会 夺取新时代中国特色社会主义伟大胜利——在中国共产党第十九次全国代表大会上的报告》，http://news.xinhuanet.com/politics/19cpcnc/2017-10/27/c_1121867529.htm.

[⑥] 参见《中华人民共和国国民经济和社会发展第十三个五年规划纲要》，http://www.gov.cn/xinwen/2016-03/17/content_5054992.htm；《中华人民共和国国民经济和社会发展第十二个五年规划纲要》，http://www.gov.cn/2011lh/content_1825838.htm.

[⑦] 参见《2017中央经济工作会议公报》，http://news.xinhuanet.com/politics/2017-12/20/c_1122142392.htm.

与此同时，提高城市发展与建设质量水平的任务也同样摆在世界各国的面前。联合国人居署将2015年《亚太城市状况报告》（ESCAP，UN-HABITAT，2015）命名为"从数量到质量的转换（Shifting from quantity to quality）"，提出包括中国在内的亚太地区城市正面临"对更高质量产品、服务、基础设施与更好生活质量的需求"。联合国人居Ⅲ大会（2016）《新城市议程》全文中"质量"的词频达1.8次/千词，同样较人居Ⅱ大会《人居议程》的0.9次/千词翻倍[1]。相关国际组织对城市发展质量问题的关注程度不断增强，也表明中国政府对于这一议题的重视并非孤立现象。

1.1.2 对大城市高质量空间发展路径争议激烈

在中国城镇化向更高水平发展的进程中，中国大城市的数量与体量仍将进一步增长。据预测，至2030年中国将拥有8座千万人口以上特大城市，占世界特大城市总数的约1/5[2]。届时，工作、生活在千万人口以上特大城市的人口总数将占全国城镇人口总数约1/7，高于同类型城市占全球城市总人口的比例[3]，而包括特大城市周边地区在内的特大城市地区人口总数更将占到全国城镇人口总数的1/3[4]。大城市、特大城市和特大城市地区仍将是中国城镇化中、长期发展的重要载体[5]。

但是一段时期以来，中国特大城市、特大城市地区正受困于建设用地密度与土地开发强度高、交通拥堵、环境污染、局部人员密集、公共服务紧张、水资源短缺、房价过高、管理粗放、应急滞后等问题，这些质量问题被冠以"大城市病"之名而为社会各界所关注。为此，中央城市工作会议（2016）提出要"转变城市发展方式，完善城市治理

---

[1] 参见The New Urban Agenda，http://habitat3.org/wp-content/uploads/New-Urban-Agenda-GA-Adopted-68th-Plenary-N1646655-E.pdf；The Habitat Agenda，http://www.un-documents.net/hab-ag.htm.

[2] 这8座城市将分别为北京、上海、广州、深圳、天津、武汉、成都、重庆，出自联合国《世界城市化展望》2014年修订版报告，United Nations. World Urbanization Prospects: The 2014 Revision [R]. 2014.

[3] 出自联合国《世界城市化展望》2014年修订版报告，United Nations. World Urbanization Pr-ospects: The 2014 Revision [R]. 2014.

[4] 参见经济学人智库报告，Economics Intelligent Unit. Supersized cities: China's 13 megal-opolises [R]. 2012.

[5] 2014年，国务院引发《关于调整城市规模划分标准的通知》，新标准将"特大城市"定义为城区常住人口500万以上、1000万以下的城市，并将城区常住人口超过1000万的城市归为"超大城市"。而在国际学术与政策语境中，"特大城市"（megacity，或译为"巨型城市"）多定义为"拥有1000万以上人口的连续城市建成区"（UNWCED，1987；UNCHS，1996）（参见本章第1.5.1节）。若不拘泥于具体表述，一般意义上的特大型城市多指常住人口规模超过1000万的城市。因此，本书所称的"特大城市"实际对应于新版《城市规模划分标准》中的"超大城市"。

体系，提高城市治理能力，着力解决城市病等突出问题"①，把"创造优良人居环境"作为城市工作重心；学术界也针对"大城市病"的成因、根源、制度土壤和规划治理对策问题开展了大规模研究（王桂新，2011；林家彬，2012；石忆邵，2014，等）②，并提出要针对中国特大城市与中小城市的人居质量提升问题分别开展攻关研究（吴唯佳 等，2016）。总体来看，各界大都认同人为干预对改善质量问题的关键意义，认为所谓"大城市病"绝非"不治之症"，但是在解决问题的具体路径上则各执其词，相关争议伴随北京、上海新一轮总体规划编制而趋于激烈。

2017年，北京、上海两座特大型城市随新一轮城市总体规划确立了以控数量、提质量、调结构为核心思想的优化提升策略路径。然而在本轮总规编制修改过程中，学术界就特大城市高质量空间发展基本原理与关键路径的问题形成了两个针锋相对的阵营。来自经济学（包括空间经济、经济地理等领域和学派）的学者和企业家群体主要从"集聚效益""发挥市场作用"的视角出发，提出应鼓励特大城市的人口、功能集聚，进而通过市场价格机制对规模和密度进行自发调节，为此可放任人口与建设用地增长，并将基础设施与公共服务向投入回报较高的特大城市核心区倾斜③；而城乡规划、公共管理领域的学者、官员则多主张通过人口、功能疏解，限制人口与建设用地的方式开展干预，并通过基础设施与公共服务向区域腹地倾斜的方式促进特大城市地区的均衡发展。在现有的学科知识体系架构下，这些争论难以调和，且在短期内无法获得效果验证，并势必将对当前相关城市战略的制定与实施产生进一步影响。

1.1.3 需要从"质量"视角思辨大城市人居空间发展

上述争论的焦点在于对大城市的发展应该放任增长还是有意识地限制、疏解，是调控公共资源还是调控人口分布，是在规模化发展过程中提升质量还是在政府的保驾护航中实现高质量发展。它们既是公共政策方向选择问题，也是城市发展和治理机制问题。对于这些问题，每个阵营都给出了自己的唯一解④，但是对于作为复杂巨系统的特大城

---

① 参见《中央城市工作会议公报》，http://news.xinhuanet.com/politics/2015-12/22/c_11175455-28.htm.

② 在中国知网文献数据库中以"城市病"为检索词进行全文检索，则2000年发表的相关文献成果仅为600余篇，到2010年达2600余篇，2016年更是达到7800余篇，文献数量呈逐年快速增长的态势。

③ 在本轮北京、上海总规修改过程中，经济学者陆铭、企业家梁建章等人始终倡导这一思路。核心观点见于《大国大城》（陆铭，2016）等著作。

④ 在这场争论中，经济学阵营强调放任发展策略对大城市发展的长期合理性，城乡规划、政府官员阵营也未特别声称限制规模、疏解人口是针对当前、当地的定制思路（多版北京、上海总规都强调限制人口增长并主张疏解人口）。

市而言，任何单一的解答或许都是有失偏颇的——特大城市如何经历自组织和他组织过程而演化至今，在这一过程中是否表现出一定的演化和调控规律，又如何启示当前的策略……为此，学术研究需要严肃地回答我们应该如何看待人居空间的质量，并且怎样提升人居空间质量的认识论与方法论问题。如果"质量"一词在城乡规划与城市研究中确实具有科学意义和对实践的指导意义，那么就不应仅仅将其单纯视为一个用于笼统描述城镇化与城市发展现象的一般概念，而应将其视为推动理论研究与规划政策研究的潜在源泉来看待。

1.2 已有研究面临的理论困境

对人居空间发展"质量"的研究涉及经济、社会、环境、空间等各领域各学科，概念、方法与观点纷繁多样。为了描述针对不同空间尺度、领域的质量问题，学者们提出了城镇（市）化质量（quality of urbanization）、城市发展质量（quality of urban development）、城市质量（urban quality）、空间质量（spatial quality）、城市环境质量（quality of urban environment）、城市生活质量（quality of urban life）、人居环境质量（quality of human settlement）等含义相近却又有着细微差别的质量概念。其中，"城镇化质量"、"生活质量"等已成为某些学科领域甚至公共话语体系中约定俗成的说辞，使相关研究得以在某种程度上脱离对概念内涵的争辩，但大量概念仍然处于相互交叠的状态，"质量"概念讨论愈加呈现"有争议/诡辩（contested）"的特点（Moulaert 等，2013）。

较决策部门而言，学术界更早地关注到了中国城镇化与城市发展进程中的质量问题。改革开放初期，一些研究开始涉足相关问题，但讨论较分散。20世纪90年代初，城乡规划、城市研究及邻近学科领域就开始出现较多涉及"质量"主题的学术成果。2000年后，成果数量快速增长。尽量上述研究中的大部分成果以跟踪型、改进型研究为主，但有关人居空间"质量"层面的研究或多或少都试图求得规律或机制，只是在研究风潮退过后，能够揭示普适性规律特征且可直接服务于规划政策实践的成果十分有限，研究困境愈发显现。结合国内外研究进展，笔者认识到，在从质量视角回答有关大城市空间发展机制的问题之前，研究者需要直面以下五个层面的理论瓶颈。

1.2.1 本体层面：定义困境

在本体论层面确定"'质量'是什么？"这一基本问题，是研究者深入开展城乡发展"质量"研究前有待攻克的第一个理论难点。单纯从一般定义看，"质量（quality）"

本身具有"好坏"与"特殊性质"两种理解，但是这两种意义并无法有效指导科学研究，因此研究者往往需要深入到对"质量"定义的深究中。但是，确定"质量"的外延与内涵也并非一项轻而易举的研究工作，波西格在回顾古希腊以降哲学理论对于质量的认识后得出明确论断：人们无法定义质量（Pirsig，2011［1974］）①，可以说任何人都难以凭借目前所使用的语言体系对它进行严格的定义，这就给相关研究披上了一层不可知的"玄学"蒙纱，也给学术界理解"质量"，进而在认知共识的基础上开展深入研究工作造成了巨大的困难。

质量概念理解受制于个人感受。定义"质量"的首要障碍在于，每个人都是城市生活参与者和创造者，研究者对这一概念的理解永远处在"知者（knower）"与"知识（knowledge）"的身份纠缠中，因此日常话语中所谈论的"质量"实际混杂了两种不同的含义：其一是个人主观感受到的质量，例如工作、生活、游憩体验是否令人感到舒适、便利、愉悦等，由此得出的"质量"实质为各种个人化、碎片化经验的集合；其二是研究者试图人为框定的质量概念范畴。但是鉴于研究者本身无法超然世外、彻底摆脱人居环境系统中一分子的身份，因此各家之言终将停留在各据其理、无法建立共识的难解之境。

作为模糊概念本身存在理论上的定义困境。根据模糊科学的基本原理，若对诸如质量这类具有一定复杂与模糊性的概念进行研究，则精确性与意义性二者不可兼得（Zadeh，1965）。从这一角度看，造成质量定义困境的另一个重要原因在于研究者对概念定义的过度深究。例如若将城镇化质量、城市生活质量等概念理解为所谓"城镇化"的质量或"城市生活"的质量，即将"质量"作为中心词，将"城镇化""城市生活"等作为修饰的定语，那么研究者对"质量"概念的理解就必须同时通过对中心词和定语做出严格定义来完成。但若追根溯源，这些质量概念在最初诞生之时并非意图引导人们产生某种机械的理解。举例来说，提出"生活质量"的目的并不在于借此概念来深究生活的"好坏"，而是在20世纪初资本主义工业生产造成社会贫富差距不断扩大、产业工人生存状况愈发恶劣的背景下，研究者试图在早期福利经济学的研究基础上，构建经济增长与主观幸福之间的概念联系。经济学家庇谷率先使用"生活质量（quality of life，QoL）"一词来描述以金钱数目无法衡量的效用，认为改善收入分配与工作环境都将使

---

① 波西格所探究的"质量"问题主要在广义的、抽象的层面进行，在狭义层面上与城市或人居并无直接联系。在《禅与摩托车维修的艺术》一书中，波西格将"质量"内涵从一般事物的"好坏"扩展到了人格品质等个人生活与道德层面。但无论在狭义还是广义层面，波西格均认为"质量"是"无法被定义的（undefinable）"，只能通过思辨的方式来接近这一概念的本质意义。

生活质量提升①。因此，这些质量概念本身具有意义上的整体性，一旦为试图定义而将之拆解则将失去其本源意义。

1.2.2 认识层面：感知与测定争议

如果研究者自身是纯粹的经验主义者，那么则可能主动绕开定义困境，着手从认识论层面对"质量"的感知与科学获取问题开展研究。但长期以来，研究者对于"质量"究竟是一个只可通过感官获得的"体验"，还是可以通过科学手段客观获得的"测度量"问题难以达成共识，并且在认识论层面引起了极大的争议。

研究者难以回避"质量"的主观感受特性。林奇认为，"感受"是有关质量的理论研究中相对困难但又不得不涉及的部分（Lynch，2001［1981］）。在现实生活中，感官健全的正常人对于城市环境的"质量"似应都是可感的。当走进门户凋敝、居民举止乖张的街区，人们会有恐惧感；当走在路面泥泞、充满异味的街道，人们会有不适感。"感知派"认为，既然质量的体验反映了人与环境之间的联系，那么它完全可以由人的感觉和理解能力来调节，质量"并不是能够现成测度或完全识别的东西，因为它可能产生自可见性、集体记忆、历史延续性等与场所感相关的要素"（Parfect，Power，1997），城市在质量上的增长无法摆脱与文化等"软性"特征的关联（Tyler，Ward，2016［2010］）。进一步，"质量"甚至可以存在于人们想象与体验中，在一定程度上是被建构出来的概念。例如在实际的规划建设中，西方城市往往通过美国式"节庆市场"与欧洲式文化规划与创意城市建设来提升城市的形象与品质。这种局部的城市更新与氛围营造尽管只是掩盖和转移城市的经济与社会问题，却使得城市的"无形的质量"有所提升（Stevenson，2015［2003］）。

提高研究科学性又需要建立在可测基础之上。若要在城乡规划、城市研究领域中将"质量"提升为能够证实或证伪的科学假说，则研究者不可避免需要将"可感"的现象转化为理性认识，并研发"可测"的科学手段或工具。路易斯·康认为，规划设计始于"不可测之感"，但必须借助"可测之物"（Kahn，1930）。近半个世纪以来地理学等具有自然科学实证传统的学科全面参与城乡规划学科研究方法的形成与发展过程，使得将世界"几何化"的实证主义努力渗入对"质量"的研究中。"可测派"主张，科学技术的发展终将使得那些原本只可主观臆断的事物属性得以量化赋值，或通过间接的数据指

---

① 庇谷被经济学界公认为"生活质量"概念的创始人。在《福利经济学》一书中，"生活质量"一词被用于描述一种整体的经济福利。参见Pigou A C. The Economics of Welfare［M］. London：Macnillam，1920，第1部分，第1章，第9节.

标进行测算。尽管无法严格定义，"可测派"还是希望在一定的意义基础上对质量开展"测度"（measure）工作，进而将质量"数量化"，实现对质量的理论控制和预测。例如以空间参数为对象的空间测度或空间指标研究已经成为地理学基本研究方法（Knox，1978；Talen，2002）。但是在一些不涉及空间问题的学科中，对于"质量"的可测性问题仍存在根本路线的争议，并从认识论蔓延到方法论层面。例如，在生活质量研究领域业已形成以研究客观生活条件为范式的斯堪的纳维亚学派，以及以研究心理幸福与个人需求满足感的主观评估为范式的美国学派，两派并行而立，各自发展着自身的方法体系[①]。

1.2.3　理念层面：无限更迭陷阱

由于在现实生活中人们难以直接剥离主观理解来认识"质量"，"质量"实际具有相对性。这一特征造成相关研究高度依赖研究者本身所持有的价值立场与学科知识背景。由于质量概念本身由人的思维所创造，这种抽象的拆解和还原势必受到历史阶段的影响。一旦理念出现迭代，对于"质量"内涵的理解也将随之更新，导致永无定论。

各类规范性质量概念在海外层出不穷。在世界范围内，20世纪中叶以后伴随环境保护运动、社会平权运动、历史文化保护运动与经济学中的"幸福"研究热潮，"质量"的内涵逐步丰富，物质建设与环境、社会、文化及人的全面发展相协调的思想不断传播，并上升为全社会共享的理念，进而成为经济社会发展所要遵循的行动准则。

因规划学科以建设更美好城市为己任，不断以规范性概念推动规划设计目标与范式的演进也是学科发展的一大动力。这些规范性概念突出"应然"的特征，代表了理论上的理想图景。"二战"以后，尤其是20世纪70年代至今，面对城市发展不断面临的新问题、新挑战，学术界提出了紧凑城市（Dantzig，Saaty，1973；Burton等，2004［2003］）、生态城市（Register，1987；Roseland，1997）、可持续城市（Newman，Kenworthy，1989，等）、健康城市（Ashton，1992；Barton，Tsourou，2013）、安全城市（Wekerle，Whitzman，1995）、宜居城市（Evans，2002）、韧性城市（Vale，Campanella，2005；Newman等，2012［2009］）、公正城市（Harvey，2010；Fainstein，2010），以及"好的城市（Amin，2006；Jacobs，2011；Hall，2013）"、"好

---

① 对两种学派研究方法的讨论详见Nussbaum M, Sen A. The quality of life [M]. Oxford University Press, 1993.

的城市规划"、"好的城市规划过程"（Yiftachel，1989）等规范性概念。规范性质量概念的更新速度远胜于实证性概念，一旦形成理念与表述共识，便得以利用学术或大众媒介实现跨学科传播。在通用型城市发展理念上，我国学术界也曾提出"山水城市"（钱学森，1990）、"美好人居"（吴良镛，2001）等概念，但未能在国际语境下贡献更多成果。在这方面，我国学术界仍与世界处在一种不对等的输出—输入关系之下。

中国学术界对城镇化与城市发展关键"质量"因素的认识也因时而变。改革开放初期，针对城市长期存在的重生产、轻消费特点，一些学者开始将发展第三产业、增强城市的集聚性和服务水平作为提升质量的主要方向（辛章平，1985）；伴随发达地区的小城镇、开发区建设热潮与城市建成区基础设施投资不足并存的问题，学术界进一步认识到提升质量有待于设施水平的不断完善和建设水平的不断提升（张秉忱 等，1989；张勤 等，1998）；到21世纪前十年，对城乡差距逐步扩大与进城农民工问题的关注，又使诸多学者关注到公共服务、社会福利等因素对质量的重要作用（周一星，2006；陆大道，姚士谋，2007；邹德慈，2010）。此后，中央文件多次提及"城镇化质量"，这其中又包含中央对地方政府片面理解城镇化，并刻意采取行政区划调整、将城镇化率纳入政绩考核等方式提高城镇化率数字指标的隐忧与干预①。相应的，在学术界，如何科学地衡量城镇化水平以还原城镇化率数字指标背后的真实面目，成为一些学者着重思考的方向（卓贤，2013）。从产业结构、基础设施，到公共服务、市民化，以及近年来所关注的生态与文化，时间的推移造就了学术界对于城市发展不同阶段中不同质量问题的"动态"反馈。

1.2.4 方法层面：内涵还原悖论

通过内涵拆解，将高级概念还原为较低级概念，以理解对象的运行机理与原委，是当代社会科学领域的定量研究所惯常采取的方法。研究者寄希望于以还原的方法深入概念本身，从而发现或检验其表征与构成。然而还原思维加剧了研究的发散状况，并固化了相关研究难以收敛于共识的事实。

---

① 例如，就如何提高城镇化质量的问题，一段时间以来以提高本地城镇常住户籍人口比重作为提升城镇化质量路径的意见占据了主导地位。尽管以户籍作为城镇化质量研究的关注对象符合一定时期人们对城市公共资源供给与人口流动问题的认识，但从严格意义上讲，这种论断并不科学。例如在我国城镇化率较高、城镇户籍人口比例较高的省、区、市中，还包括大量仍处在经济发展模式转型过程中，具有特殊社会、资源、环境矛盾的城市。而若以全球视角考察伦敦、阿姆斯特丹等经济繁荣、文教发达、可持续发展水平较高的城市，则移民占据了城市人口中的相当部分。如果同等情形现于我国，则这些人口中的大部分，以及城市其他人口中的一部分，都可能成为所谓的"城镇常住非本地户籍人口"，恐将得出伦敦等地"城镇化质量"较低的结论，这似与我们对其城市发展水平的基本认识不相符。

与规范性概念相似，无论从社会运动与认识实践，还是学术研究的角度，诸如"不平等性"、"可持续性"等种种有关城市经济、社会、环境方面的属性、状态的概念也呈现出旧的尚未消化，新的层出不穷的状态。而将"质量"分解为各类表征人居性能的参数也成为城市研究处理质量议题的常用招数。已有的属性概念包含且不限于多样性（diversity）、平等性（equality）、可持续性（sustainability）、宜居性（livability）、反脆弱性（anti-vulnerability）、承载力（capacity）、安全性（security）、协调性（coordinativity）、可支付性（affordability）、适应性（adaptability）、连接性（connectivity）、机动性（mobility）、可达性（accessibility）等等。

然而从研究成果的学术应用价值上看，这种对抽象概念而非实际客观事物的连篇累牍式阐释和还原非但无法实现科学突破，反而在不断往复的综述中陷入如"经院哲学"一般的理论发展陷阱之中。由于"质量（quality）"一词在西语中本身即以表达性状意义的"-ity"（以英语为例）为后缀，而上述各种属性、状态概念的因子后缀也均为"-ity"，还原的结果使得"质量"与各因子之间产生含义重叠[1]。一些研究已呈现"质量"与"可持续性""宜居性"等概念之间的还原因子重复，甚至互为还原因子的现象，使得纯粹还原主义下的研究陷入了循环还原、循环论证的悖论之中[2]（图1-1）。

1.2.5　实践层面：量—质关系问题

呈现在城乡规划与城市研究领域"质量"研究的本体、认识、理念和方法困境之上的核心学术争议在于"数量"与"质量"的关系，即量—质关系问题。在空间和时间两个维度上，"数量"并非绝对的孤立概念。一定空间范围的"数量"即空间发展的"规模"或"密度"，而一定时间范围内的数量增长则是城市发展的"速度"或"速率"。因此，学术界对于量—质关系的理论与实证探讨，主要在"大小"与"好坏"以及"快慢"与"好坏"两个方面开展。

第一，量变是否必定引发质变。这一论点涉及有关城市增长的规模报酬、边际收益与外部性的研究，即城市在一般规律上究竟是"越大越好"还是"大了反而不好"的问题。

---

① 根据词源学在线词典（www.etymonline.com），后缀"-ity"本身即意为"具有某种特征的状态、性质或事实（state, quality, condition or character of being）"，与质量概念的内涵一致。

② 在文献中，"可持续性"与"宜居性"往往互为对方的还原因子。一些研究者认为，在诸多还原论视角的研究中，"质量""可持续性"和"宜居性"甚至完全可以相互替代（Van Camp，2003），但实际上，它们又具有不同的直观含义。

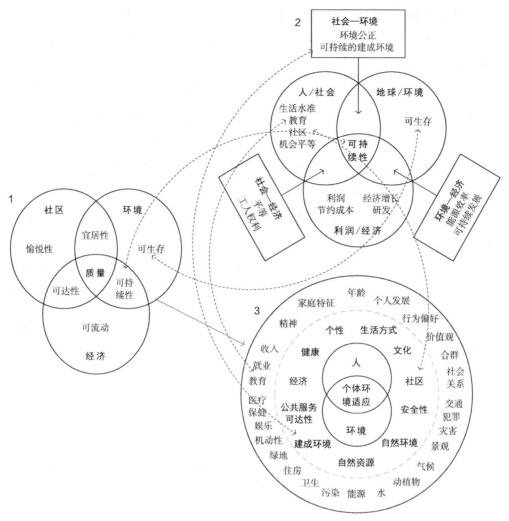

图1-1 三种质量概念模型的还原因子比较①

（图片来源：笔者自绘）

一部分研究提供了"量增"引发"质增"的统计与计量证据。早在19世纪末，涂尔干等社会学先驱，就提出随社会生活数量增长而产生的质量变化，将必然推动社会生活方式向更高级阶段变迁（Durkheim，2000［1893］）。沃斯进一步认为，当城市的规模越大，代表城市文化活力的多元性与异质性特征也越显著（Wirth，1938，等）。"二战"以后经济学、地理学领域所开展的一系列计量研究不断发现城市发展量—质属性之间的相关性证据，例如城市规模越大，等级越高（Berry，1961，等），创新能力越强（Krugman，1995，等），资源利用效率越高（Henderson，1986，等），城市密度越高，

① 1：Shafer质量模型（Shafer等，2000），2：结合了经典3E与3P模型的可持续性概念模型，3：Pacione质量模型（Pacione，2003），在还原论思想下，Pacione模型成为对Shafer模型的进一步还原，而在三种模型之间，若干不同级别的概念互为还原因子。

对能源的消耗也越少，城市发展越可持续（Newman，Kenworthy，1989），等等。从城市公共物品规模的角度，大量文献也确认了城市竞争力（Munnell，Cook，1990；倪鹏飞，2002，等）、城市创新能力（Feldman，Florida，1994；程雁，李平，2007，等）、公平性（Calderón，Chong，2004）、居民健康（卢洪友，祁毓，2013）、居民满意度（王欢明 等，2015）等质量表征与城市基础设施、公共服务供给之间的相关性。近年来，圣菲研究所尝试通过构建大样本城市数据库来获得城市规模与绩效表征间的统计规律，目前的研究结果表明，城市的基础设施使用效率、居民平均收入、创新能力等绩效均随规模增长而上升，大城市具有可预期的集聚规模效应（West，2017）。

然而一部分研究也指出，若纳入社会与环境外部性一并考虑，"量增"不一定自发带来"质增"。"许多人认为一个能让公民幸福的城邦必定很大……但是……人口众多的城邦并不一定伟大，甚至经验表明，人口众多的城邦虽未必不可能、却总是很难得到妥善管治。"[①]从感官现象上看，大城市、特大城市往往较中小城市承受更突出的"城市病"，并且随着城市规模的增长，城市与区域管治难度的相应提升对质量改善措施所起到的负面制约作用也随之增大。斯科特认为，世界大城市发展面临的质量问题普遍涉及内部公共福利不平等和提升城市社会与环境可持续性的挑战（Scott，2001）。即使是持"越大越好"观点的一部分经济学家也承认，那些高密度大城市之所以取得良治的成就不过是由于人们为治理外部性问题付出了"非常恐怖的代价"（Glaeser，2012［2011］）[108]。对于这一议题的已有实证研究多以国家而非城市为对象。对发达国家统计数据分析研究结果显示，经济规模的增长同时伴随生活满意度的下降与生态问题的涌现，出现了"无繁荣的增长"（Jackson，2011［2009］）。魏茨察克对世界所有国家和地区人类发展指数（HDI）与相应生态足迹的关系测算也表明，那些拥有高人类发展指数的发达国家普遍对应较高的生态足迹，世界上鲜有国家实现了可持续的"高人类而发展指数—低生态足迹"模式（von Weizsäcker，2016）。为此，国际上一些学术团体甚至提出所谓"去增长（degrowth）"等激进的经济改革路径，主张对经济社会发展规模予以主动限制。

知识界对于"库兹涅茨曲线"的认识更迭集中体现了这一观点。传统理解认为，生态环境与社会发展水平总体呈现随人均收入的增加而先向坏、后向好发展的历程，该理论在某种程度上暗示，"富裕"必将自发带来"洁净""平等"的高质量状态。在它的影响下，国际社会一度充满了通过放任发展以期自动实现质量提升的发展观。然而近年来有学者指出，富裕国家环境状况的改善实际是通过将生产部门转移到发展中国家而实现的（von Weizsäcker，2009），而平均富裕水平的提升更是以牺牲全社会的收入平等性为代价（Piketty，2014［2014］）。

---

① 语出亚里士多德，《政治学》（Politics）。

事实上，相近规模大城市的"质量"表现大相径庭。对城市规模增长的边际成本与边际收益、正外部性与负外部性的比较涉及有关"城市最优规模"的讨论。经济学家对此开展了长期的研究和测算，但未能对此问题达成共识（Henderson，2002）。从当前研究进展来看，理论上的最优规模均衡难以在现实中兑现，大城市、特大城市的"质量"将因具体的内在禀赋与外在影响因素而异。例如，在各类世界宜居城市、可持续城市排名、世界城市生活质量排名等榜单上，一方面，排名前列者大都为诸如维也纳、苏黎世、奥克兰、慕尼黑、温哥华等人口规模约在100万~200万量级的城市，且常年表现稳定；另一方面，千万人口以上特大城市则表现各异。对美世咨询世界宜居城市排名与城市人口密度关系的分析指出，密度、规模与宜居水平之间并不存在单一的数量对应关系，不同档位的宜居水平均可在各个人口密度区间中实现（CfLC，ULI，2013）。一些研究机构也提出，尽管城市的问题和风险可能伴随规模增长而相应增大，但并不意味着这些风险必定将给城市带来质量的损失（Munich Re，2005）。或许正如卡斯特尔所述，"特大城市集中了最好的机遇和最坏的问题"（Castells，2000［1996］），城市规模与质量间的关系，并非能够用简单的数学定律来概括。

第二，速度是否必定带来质量问题。所谓"欲速则不达"，"速度"与"质量"往往被认为是一对矛盾体。相较于对"规模"和"质量"关系的争议，学术界对质量与速度问题的认识有着较高的一致性，多认为速度是质量的"大敌"，但是中国的发展实践提供了一条"在发展中解决问题"的独特道路。

城市化进程最快的时期普遍被称作发达国家历史上的"黄金时代"（Hall，2003），然而剧烈的经济社会转型进程也使得社会与环境问题在这一时期凸显。维多利亚时代的中、后期（19世纪后半叶）是英国历史上最鼎盛的时期，不仅科学、艺术成就斐然，伦敦也跃升为世界上人口规模最大的城市，但正是在这个时代，伦敦获得了"雾都"的名号，英国的社会贫富差距问题也开始受到精英群体的广泛关注。相似的，在19世纪末、20世纪初的美国东北部，工商业迅速发展，财富向少数阶层迅速集中，大城市迎来了"镀金时代"①，但当时的美国大城市难以承受移民的大量涌入，造成城市居住条件的急剧恶化。此外，无论是魏玛共和国时期的德国，还是体制转型期的韩国，由各类经济、社会、环境质量问题而引发的冲突矛盾，也都成为不可抹去的时代记忆。正所谓"这是最好的时代，这是最坏的时代。"②

---

① "镀金时代（gilded age）"一词源自马克·吐温和查理·华纳于1873年发表的同名小说。小说描绘了南北战争结束后的美国工商业快速发展时期中商人和政客为追逐财富而投机欺诈从而道德沦丧的历史。

② 语出狄更斯于1859年发表的小说《双城记》。小说展现了法国大革命前后英、法两国的社会变迁，也正是在这段时期，欧洲开启了大规模的工业化、城市化进程。

中华人民共和国成立以来的经济建设历程也足以为有关"质量"与"规模"、"速度"关系的讨论提供丰富的经验和教训。1956年后，冒进思想抬头，"又多又快又好"、"多快好省"的路线口号席卷全国，但事实证明，这种在低成本投入条件下同时追求规模、速度和质量的发展路径违反了经济发展的基本规律，给国民经济带来了显著的破坏。20世纪90年代提出的"又快又好"则力求在保持发展速度的同时兼顾质量效益，但"快"字当先之下，发展主体往往重速度而轻质量，重经济而轻社会、环境，从而对长期可持续发展产生负面影响。为此，"又好又快"代替了"又快又好"（2006年），质量由"兼顾项"上升为"优先项"。当前，在国内、国际经济发展的新形势、新问题下，"速度"已不再为政治话语所刻意强调。"稳中求进"的基调表明，在中国经济社会发展已经达到一定规模水平的条件下，以合理、适宜的发展速度追求质量已成为决策层的最新认识。总体而言，中国的发展脱离了由"低速度—低质量"到"高速度—中质量"再到"低速度—高质量"的质量—速度一般协调路径（方创琳，王德利，2011），而呈现由"高速度—中质量"到"中高速度—高质量"换挡的趋势，提供了一种在较快速发展中解决质量问题的路径选择，凸显了制度和治理模式对于质量的重要影响。

1.2.6 批判地认识当前研究状况

根据上述分析，当前各类人居空间发展"质量"研究面临的困境主要在概念、认识和思想、方法两个方面。

概念、认识方面，各类"质量"术语根植于不同的学科源头，研究整体缺乏可沟通、可讨论的共识性概念基础，造成研究群落相互孤立。宽泛的概念外延，使得诸如产业结构、就业水平、人口素质、生态环境、公共服务、历史文化等内容均被纳入质量议题中，在对"质量"的多重释义下，研究结果无法直接转译为无歧义、可操作的行动计划。总体上看，除了一些思辨箴言外，学术讨论"名"大于"实"，缺乏能够在城乡规划或空间治理"抓手"层面解答怎么看待质量、如何提升质量的研究。

思想、方法层面，当前学术界对人居空间"质量"问题的观点、路线之争更是学科价值与思想方法之争。在以经济学（包括空间经济、经济地理等领域）为代表的研究视角下，研究侧重发掘现象背后的影响因素，并试图对二者之间的因果关系进行测试，从而以数理统计规律来驱动政策制定。但此类研究往往过度重视对整体统计规律的抽象和归纳，忽视了对大样本对象中非正常个案与个案中非正常历史阶段的甄别，引发"幸存者偏差"，导致结果无法超越城市与区域经济领域所惯常讨论的基本数量关系。在以规划、管理为代表的工学视角下，研究者或实践者重视对城市外部性的治理并关注治理工程的综合成本优化问题，但这又导致在实践中走向对"最低成本"的追求，引发长远效益不高的决策。笔者认为，这些学科价值争论的核心原因在于大量研究缺乏对各类质量概念"辩证性"与质量因素辩证关系的讨论。这些辩证关系包括但不限于局部与系统的关系、空间与时间的关系、增长与调整的关系、政府与市场的关系，等等。

以此为借鉴，本书若要从"质量"视角探讨大城市人居空间发展问题并试图寻求突破，就必须在空间尺度、时间维度以及聚落客观演化和主动干预之间的交互关系等方面界定研究工作的范围。同时，如果"质量"概念本身正如已有研究所认为的那样终究无法被严格定义，那就还需要明确本书对于"质量"的基本认识论。为此，本书需要在研究视角、研究对象以及工作方法等方面重点设计研究纲领。

1.3 重建研究纲领

1.3.1 突破"质量"认识论

研究者触碰"质量"议题即意味其具有希望以己之研究来推动人居环境向好发展（或有助于使人理解如何推动人居环境向好发展）的"正向"实践期望，那么研究的根本落脚点将在如何"改造"上，即形成改善人居环境的实践方法。对于唯物论者而言，只有科学"认识"，才能有效"改造"，因此形成上述方法或方法论的根本途径是获得对城乡发展或人居空间质量的"认识论"。认识论而非本体论是哲学层面形成突破的关键，也是本研究需要预先回答的基础问题。为了能够直接连通理论和实践，这一认识论需要建立在城乡人居环境"基本事实"或"基本要素"的基础上。

1.3.2 聚焦特大城市地区尺度

过往的人居空间质量研究往往寻求借助现成统计数据或便于统一采集的信息，以求过程简便，但是类似的数据采集工作受制于不同国家或地区对城市统计边界的划定方式，例如有些国家和地区将"城市"的行政区、统计区限定于城市中心区范围，有些则扩大至都市区层面。随着城市与区域的发展演替，城市的功能性活动范围也可能超出统计边界外或退缩回边界内，而大城市、特大城市更是在人居空间系统和网络中发挥相对重要的功能。因此，粗率地采用以行政辖区为范围的统计数据严格来说不具有科学性，但是多数研究未能采取更具可比性的样本范围选择方法。

城市与区域系统之间的紧密关联，也使得对不同规模量级城市的笼统研究与比较也同样不具备严格的科学意义。人居空间并非人口、建筑、经济社会活动与设施的简单堆叠，规模量级的提升也绝非简单的空间复制与设施扩展。不同规模的城市因其资源禀赋和规模效应、聚集效应而在区域系统中发挥不同功能，体现出不同的价值和品质。但过往的研究多试图将一套测度方法与指标体系应用于不同规模的城乡聚落，忽略了聚落规模变化会对城市空间与设施组织关系模式带来的实质影响（Shane，2011）。

正由于质量研究需要尤其关注对象尺度问题（王凯，陈明，2013），有必要在乡村（village）、小城镇（town）、中小城市（small-and-medium-sized city）、大城市（large city），再到特大城市（megacity）、特大城市地区（mega-city region）、城市群（urban agglomeration/mega region）等不同规模的聚落尺度中聚焦一个类型。根据本书的研究背景，"特大城市"是天然的研究尺度，但特大城市本身无法满足对城市与区域系统之间辩证关系的考量要求，因此研究对象应扩展至特大城市地区。为此，本书将聚焦"特大城市地区"这一特定规模量级的空间尺度，并在此规模量级下选取基层空间单元，对样本对象开展贯通整体与局部各个空间层次的综合分析[①]。

1.3.3 拓展研究的时、空两向维度

或受数据信息、研究素材等条件限制，过往的有关人居空间质量层面乃至其他性能绩效的研究往往被迫采用单一年份的横截面数据或邻近年份的面板数据，掩盖了研究对象本身在较长时间序列下的演进历程。更加深入、全面的规律性认识有待通过历时性研究而获得，且时间维度越长，研究所获得的规律机制将更为可靠。同时，鉴于由单一实证对象得出的结论缺乏普遍解释力，研究也需要通过拓展参照对象范围来强化研究的参照意义，因此可将若干与重点对象同类型的对象样本纳入研究视野加以比照。

1.3.4 引入"治理"因素

过往的人居空间质量研究多具有较强的物质决定论色彩，试图仅从物质水平的多寡角度分析城市的绩效。但若考虑"人"的因素，则在同等的物质投入水平下，更完善的组织将带来更高的"质量"，抑或在同等的质量要求下，更完善的组织将需要更少的投入。"数量有可能转化为质量，但仅仅通过量的增长并不能实现，必须通过安排与控制"（Eckbo，1966）。在这方面，质量管理学的观点对包括城乡规划在内的工程学科提供了重要的启示。

以单个企业、团体、组织为研究对象，研究微观生产、工程与服务活动质量供给的

---

① 对"特大城市地区"的界定及其作为本书研究核心尺度的详细考量参见第1.5.1节，特大城市地区空间规划与治理研究也是笔者所在的清华大学建筑与城市研究所课题组长期开展的科研方向。

"质量控制（quality control）"或"质量管理（quality management）"，是当今社会对质量的定义探讨与实践探索最为充分的领域之一。在"二战"前后及20世纪中叶规模化的生产与服务不断推广、深化的过程中，企业与组织管理者认识到产品与服务的质量对于企业运转、经济效益乃至长久生存的重要性。正是在这种背景下，研究应对质量控制与管理的科学应运而生[①]。

质量管理领域对于"质量"与"使用需求"间的关联有着充分、系统的论述[②]。这些论述都具有共同的基本观点，即质量并非无原则、不计成本地追求某方面或各方面的"好"，质量在于产品或服务满足顾客期望的程度，一切对于质量的认识应符合产品或服务所对应的使用者的需求与消费水平。由此，质量管理学的重要目标在于控制一定质量水平之上的质量成本，同时提升与完善质量水平。世界范围内数十年的企业生产实践证明，通过一定程度的组织与流程优化，可以实现以相对较低的成本来换取较高的质量[③]。

那么，"质量管理"这一经济社会微观领域的探索能否在宏观的城市、区域尺度得到资鉴？在政府部门、企业等微观主体的复杂集合——城市与区域之上显然无法简单地移植并应用成熟的质量管理理论，但在宏观尺度上，城市与区域也是国家、全球范围内的竞争单元，城市的发展有赖于具有一定权力与权威的治理结构，严格意义上的无政府主义并不存在。与微观主体相似，在城市的运转过程中也有全套的政策制定、规划设计、投资建设、销售分配、消费使用、反馈维护等环节。尤其在经济竞争中，地方城市政府表现出公司化的特征，直接或间接地参与市场竞争、获取发展资源，使城市发展具备了类似企业生产服务活动的行为逻辑。而城市治理主体对基础设施等实体要素进行更完善的安排以获取更好的质量也已成为当代城市规划设计与开发建设的基本共识（松永安光，2012［2005］；Hall，2013）。因此，研究有必要将"治理"因素充分引入视野与

[①] 微观层面的质量管理并非现代人类社会的产物，有证据表明，在人类组织早期巨型工程的过程中就已出现了对于质量的追求和控制方法，工业革命带来的生产技术变革仅仅是将人类对于质量的需求进一步提高了，而全球化环境下激烈的市场竞争使得市场中的微观活动单位致力于平衡质量与成本，以获取最大的效益。

[②] 例如克劳斯比（Crosby）认为，"质量与需求是一致的"；朱兰（Juran）认为，"质量即适合使用"；戴明（Deming）提出，"好的质量就是适于使用者的一致性与可依赖性程度"；费根鲍姆（Feigenbaum）认为，"质量并不意味着'最好'，而是对于消费者使用和售价而言最好"；美国质量协会将质量定义为"产品与服务符合使用者需求与满意度的程度"。转引自Chandrupatla T R. Quality and reliability in engineering [M]. Cambridge University Press, 2009. 第一章，"质量的概念"。

[③] 通俗意义上说，以日本小汽车与德国小汽车的质量比较为例，德国制造小汽车在材料与装配坚固程度上整体更优，以车身的耐损耗、耐撞击来换取使用安全性与持久性，但与之相伴的是更高的售价与维护成本；而日本小汽车通过轻便化的设计，以冲撞时吸收撞击动能从而使车身粉碎的方法，通过牺牲成本相对较低的车体的完好性来换取车内人员的相对安全，实现了一定事故概率与安全系数的质量水平保障下较低的使用与维护成本。

议程，透过不同层级政府以及市场、社会等治理主体在城市演化进程中扮演的角色及其形成的治理规则和策略来剖析聚落演化的动因，进而从演化与干预的相互关系中获得对相关规律的认识。

1.4 研究对象、问题与方法

1.4.1 研究群像：世界特大城市地区

特大城市地区是在20世纪中后期以来全球范围内大规模城市化推动下而产生的一种人居空间类型。这一概念较"大都市区（metropolitan region）"规模更大、空间形态更复杂，较单一的"特大城市（megacity）"更注重与区域腹地的关系，较"全球城市地区（global city-region）"更强调普遍性和地方性，同时较"城镇连绵区（conurbation）"、"大都市带（megalopolis）"更注重古典的城市"中心—边缘"空间特征。

已有研究曾从地理、经济活动、行政关系、社会地域联系等多种角度理解特大城市地区（顾朝林，2009），其中的本质性差异有二：

第一种采取城市直接就业、市场腹地的功能性城市地区（functional urban region）或城市—区域（city-region，也译作"城市地区"）视角（Jacobs，2008［1984］），这一视角下的特大城市地区可被视作"特大城市的城市—区域（the city-region of a megacity）"。其中，作为特大城市地区核心城市的特大城市定义为"拥有1000万以上人口的连续城市建成区"（UNWCED，1987；UNCHS，1996）。一些国际组织和学术机构多以与核心城市间的通勤量规模是否达到本地区总人口的10%或15%阈值作为判定功能性城市地区的测度依据[①]。据此，特大城市地区可视为人口规模1000万以上的特大城市及其外围直接腹地。

第二种则采取一定地域范围内生产者服务业领域分工合作、空间上呈网络联系的多中心城镇簇群视角，它"由10到50个空间上分隔但功能上相联的城镇所组成的城镇簇群，围绕一个或多个大城市中心进行组织，通过分工获得巨大的经济实力"（Hall，Pain，2006），或可形容为"特大型的城镇聚合区（a mega-region of cities and towns）"。这种理解视角与前者的差异主要在于城镇聚合区内是否拥有1000万以上人口规模的特大城市。

---

① 参见：欧盟统计局. 欧盟—经合组织对功能性城市地区的定义. http://ec.europa.eu/eurostat/statistics-explained/index.php/Archive:European_cities_%E2%80%93_the_EU-OECD_functional_urban_area_definition.

本书对特大城市地区的研究主要关注前一种空间理解方式，主要意义有以下两点：

第一，前一种理解方式所囊括的特大城市地区受具有主导地位的中心城市所支配，形成"单中心"或"主副型"特大城市地区。此类特大城市地区具有相对简单的城市空间模型，易于剥离出内核区、中心区、边缘区、外围地区等不同的空间层次，从而对复杂的质量现象予以一定程度的抽象和简化。

第二，单中心或主副型特大城市地区作为人居发展的某种高级演进阶段，囊括了尽可能多的历史层次，有利于从更长的时间维度、更丰富的次区域关系与治理模式中总结演进、分布规律及其与规划治理活动之间的关系。

围绕千万以上人口特大城市发展而成的特大城市地区对于全球城市化发展具有重要的标杆价值。当前，此类特大城市地区在世界范围内总计31个，其中位于发展中国家的有23个，占总数的2/3以上（表1-1）。中国有3个特大城市地区入列，分别为大北京地区（北京市域及周边）、上海—苏州地区与广佛大都市区（广州—佛山）。根据联合国预计，至2030年，全球千万以上人口的特大城市数量将进一步上升至41个，居于其内的人口届时将占世界城市人口总量约1/8（UN，2014）。相应地，特大城市地区的规模将进一步增加，其中绝大部分增量将继续由发展中国家贡献，多个中国城市具有成长为此类特大城市地区的潜力（UN Habitat，2016）。

世界特大城市地区概况 表 1-1

区域	国家／地区	特大城市地区	核心特大城市
欧洲	英国	英格兰东南部地区	伦敦
	法国	巴黎大区	巴黎
	俄罗斯	大莫斯科地区	莫斯科
北美洲	美国	纽约大都市区	纽约
		大洛杉矶地区	洛杉矶
东亚	中国	大北京地区	北京
		上海—苏州地区	上海
		广佛大都市区	广州
	日本	日本首都圈	东京
		关西近畿地区	大阪
	韩国	韩国首都圈	首尔
东南亚	越南	河内首都地区	河内
		胡志明市大都市区	胡志明市
	菲律宾	大马尼拉地区	马尼拉
	印度尼西亚	大雅加达地区	雅加达
	泰国	曼谷大都市区	曼谷

区域	国家／地区	特大城市地区	核心特大城市
南亚	巴基斯坦	卡拉奇地区	卡拉奇
	印度	德里大都市区	德里
		大孟买地区	孟买
		加尔各答地区	加尔各答
		钦奈地区	钦奈
	孟加拉国	达卡地区	达卡
中东	伊朗	德黑兰—卡拉季大都市区	德黑兰
	土耳其	伊斯坦布尔大都市区	伊斯坦布尔
	埃及	大开罗地区	开罗
拉丁美洲	墨西哥	大墨西哥城地区	墨西哥城
	巴西	圣保罗大都市区	圣保罗
		里约热内卢大都市区	里约热内卢
	阿根廷	布宜诺斯艾利斯大都市区	布宜诺斯艾利斯
撒哈拉以南非洲	尼日利亚	拉各斯地区	拉各斯
	刚果、刚果民主共和国	金沙萨—布拉柴维尔地区	金沙萨

来源：笔者整理。

尽管特大城市地区在世界城市人口总量中的占比并不是支配性的，但其浓缩了全球经济社会发展的"好"与"坏"，因此特大城市地区的妥善治理对人类社会的平等、包容、和平与稳定具有重要意义：一方面，特大城市地区在各个国家的经济活动中扮演重要的引领和带动角色，是各自所在国家、地区的核心战略发展区域，且在全球化过程中受益最大；另一方面，特大城市地区也已饱受并将长期遭受各类人居质量问题的侵害与威胁（UN Habitat，2016）。面对全球经济、科技创新、人口结构与气候变化等方面的长远挑战，特大城市地区只有不断提高其在公平、包容、宜居性和可持续、韧性、效率等方面的治理能力，才能继续扮演好全球城市化的"关键少数"，进而对人类经济、社会发展水平的普遍提升起到示范和带动作用。

1.4.2 重点对象：上海—苏州地区

本书选取以上海为核心的功能性特大城市地区作为重点实证对象。由于学术界尚缺乏简明而约定俗成的地名词汇来描述这一空间范围，笔者将其称为"上海—苏州地区"。根据历史渊源及当前的空间特征，重点研究对象的空间范围构建工作可以通过两个视角来完成，并得到三个有机联系的空间范围：

（1）单中心型特大城市地区视角下的范围界定

若将研究对象视为由一个特大城市及其腹地所组成的单中心型大都市区，则研究对象可从行政区角度与几何空间角度进行释义：

其一，以上海直辖市行政区为空间范围的"上海市域"面积6340平方公里，常住人口2415万（2015年），其中作为核心城市组团的上海中心城常住人口超过1000万人[①]。现有的上海市域空间范围由上海旧市区及原属江苏省的若干县域在20世纪50年代末合并后而得。

其二，由上海市域和苏州市下辖昆山市、太仓市组合成为以上海市中心（人民广场）为圆心、半径约60公里的大都市区范围，总面积7888平方公里，常住人口近2700万（2015年）。从几何空间的角度，昆山、太仓两市可视为对上海大都市区同心圆结构的补全；而从形态与功能的角度，昆山、太仓也是与上海市域用地连绵、通勤联系最紧密的周边县市（上海市规划和国土资源管理局，上海市城市规划设计研究院，2012；钮心毅，2017）。

（2）主副型特大城市地区视角下的范围界定

在历史地理视阈下，上海—苏州地区可视为一个双中心或主副型特大城市地区。这一视角对应于今天的上海市与苏州市市域范围，总面积1.48万平方公里[②]，常住人口约3500万（2015年），其中上海中心城作为特大城市地区的主中心，苏州旧城及苏州新区、工业园区的核心区共同构成特大城市地区的次中心。

后文将根据具体研究需要，在重点研究对象的三个层面之间进行切换，但将始终强调研究对象的整体性与跨行政区边界特征。

本书在以上海为研究重点的同时，设置对照对象北京（大北京地区）。上海与北京作为中国最大的两座城市，在市域内陆域平原区面积[③]、常住人口规模[④]、经济发展水平[⑤]、全球城市网络等级地位[⑥]等方面均较为接近。以大北京地区作为上海—苏州地区的对照对象，有助于更客观地审视后者有关现象、特征与规律的一般性和特殊性。比照工

---

① 根据2010年第六次人口普查结果，上海中心城（外环线以内地区）常住人口1116万人（转引自石崧，2014）。

② 除去苏州所辖太湖水域部分后，面积约1.32万平方公里。

③ 上海市域面积为6340平方公里，北京市域内平原区面积约6300平方公里。

④ 1978年、2016年，上海、北京两市人口分别为1098万、872万及2415万、2173万人。

⑤ 1978年、2016年，上海、北京两市国内生产总值分别为273亿元、109亿元及2.75万亿元、2.49万亿元。

⑥ 根据拉夫堡大学全球与世界城市研究组（GaWC）的研究结果，2000年上海、北京在全球城市网络中的等级分布为alpha-、beta+级，2016年均为alpha+级，参见http://www.lboro.ac.uk/gawc/world2000t.html，http://www.lboro.ac.uk/gawc/world2016t.html.

作将在城市中心区、市域、特大城市地区和区域/城市群等多个层面展开。

1.4.3 重点对象选取意义及典型性

从本书需要解决的研究问题来看，合适的实证研究对象将不外乎从长三角、珠三角、京津冀三大特大城市地区中选取。综合考虑以下因素，长三角的上海—苏州地区较北京、广州更适宜作为重点研究对象。

（1）上海—苏州是以工商业经济发展为特征的特大城市地区典型代表

特大城市地区往往扮演着所在国家和地区政治中心或经济中心（或兼有）的角色。在表1-1所列举的世界特大城市地区中，首都地区占17个，超过总数的一半；所在国家的经济中心占22个，超过总数的2/3。因此，对于以中国特大城市地区为考察范围的研究而言，首都北京与经济中心城市上海所在的特大城市地区将是优先研究对象。

历史地理学领域对中国古代与近代政治中心与经济中心大城市的发展特征问题有过长期探讨。傅衣凌曾提出明清时期中国城市经济的两种类型，即以政府消费为主的"开封型城市"与以工商业经济为主的"苏杭型城市"（傅衣凌，1989）。开封和苏州、杭州，分别是宋代以降中国封建社会时期具有代表性的政治中心和工商业中心城市，也是当时经济社会阶段下所谓的"特大城市"。这两类城市在当今中国的对应代表，即作为特大型政治中心城市的北京及作为特大型经济中心城市的上海。

相较于上海，北京容纳了大量的国家管理职能，并聚集了大量以政府投资、政府消费、政府合同外包等行为驱动的"首都经济"（吴唯佳 等，2015）。同时，首都北京也坐拥大量服务全国的重要交通、医疗、教育、文化、体育等公共服务设施。尽管上海也拥有部分服务区域乃至全国的重要设施和城市功能，但总体影响不及北京。因此以上海为对象，有利于剥除首都功能的干扰因素，聚焦以工商业经济发展为特征的特大城市地区类型。

（2）聚落空间结合了多个重要历史断面信息，具有历史—空间整体性

15世纪至20世纪中期的上海—苏州地区为有关"乡土中国"经济社会发展水平与生活水准的学术研究提供了丰厚的土壤。

经济史、历史地理领域称上海—苏州地区为"苏松地区"、"太湖东部地区"，大致包含历史上苏州、松江两府的范围，包括今上海市、苏州市全域、无锡市区和江阴。顶端城市等级关系以苏州为主，松江为辅。其中，苏州曾长期作为中国人口规模排名前2位的城市之一，承担江南地区的经济、商业贸易和文化中心职能。明清时期，太湖东部地区形成了以核心城市（苏州）、府城—县城、市镇、村为聚落，以自然河道与运河为交通网络的四级人居体系（陆玉麒，董平，2005），并承担起全国性生产与贸易职能（傅

衣凌，1964；刘石吉，1987；樊树志，1990，等）。太平天国运动及上海开埠后，太湖东部地区城镇体系发生首位城市转换，上海代替苏州成为区域内的首位城市和经济中心、商业贸易和文化中心，同时承担起向外部世界开放、交流的窗口。学术界普遍认同这一时期的上海—苏州地区代表了中国地方经济发展与人居环境建设的最高水平。彭慕兰甚至提出，明清江南地区实际达到了与工业革命前的英格兰东南部地区相近的生活水准（Pomeranz，2004［2000］）。但主流学术观点则认为，这一时期太湖东部地区的经济增长是以劳动密集投入换来的低水平、"过密化"增长为代价实现的，并持续至改革开放前夜（Huang，1992［1990］，等）。对这一问题的学术争论仍可为今天有关上海—苏州地区的聚落质量问题研究提供有意义的启发（参见第2.3.2节）。

20世纪中期的上海—苏州地区是中国近现代城市与区域规划的重要发端和实践基地之一，彼时对该地区空间发展长期图景的设想影响至今。

1945年抗战结束后，上海市都市计划委员会启动"大上海都市计划（Greater Shanghai Plan）"，并于次年印发规划初稿。初稿判断至2000年上海人口将增至1500万左右，为此提出需跳出旧市区，以区域整体容纳新增人口的规划方案。这一"大上海区域"覆盖今上海市市域、苏州昆山、太仓市域以及嘉兴的乍浦地区，与今日的上海—苏州地区建设用地连绵、通勤联系紧密的区域范围较为吻合。这也为当下学术界对这一特大城市地区协调发展的研究以及本书对该地区空间演化与规划干预关系的研究提供了重要的历史线索。

当下的上海—苏州地区已发展成为空间连绵、功能关系与通勤联系紧密，具有全球地位的功能性特大城市地区。

尽管在中华人民共和国成立后的很长一段时期中，上海一度失去对外职能，退为全国工业生产中心，但改革开放以后，上海逐渐恢复长三角及长江流域对外贸易窗口的地位，苏州市县也完成由面向内需的工业生产向面向世界市场的外向型经济的转型，上海作为高级服务业中心，苏州作为高科技制造中心，共同构成了特大城市地区（Hall，Pain，2006）。近年来，伴随区域交通设施建设，上海中心城通勤范围的不断扩大，上海与苏州正在日益分享通勤腹地。尽管尚无法覆盖沪苏全境，但上海市域大部和苏州市区、昆山、太仓等地实际已构成"功能性城市地区"[1]。与此同时，跨国公司的生产早已分布于整个上海—苏州地区，而具有跨国服务功能的高级生产者服务业开始由上海中心

---

[1] 参见由清华大学建筑学院、滴滴政策研究院发表的"利用滴滴出行数据透视中国城市发展"报告，http://www.upnews.cn/archives/33175.

城向区域内扩散、再选址，又形成"全球城市地区"[①]，但相似的情形在区位相近的嘉兴尚不显著。在世界银行对东亚大城市增长的报告中，上海市及邻近的苏州市区、昆山、太仓、吴江已被计为一个统一的大都市区（Deuskar，2015）。

除上述三个典型时期的空间发展标志特征以外，早期的租界建设、20世纪70年代以后的乡村工业化以及近年来的园区、新城建设等，都在上海—苏州地区留下可供研究的"历史断层"。历经几代学人的积淀，思考上海—苏州地区如何在经济和城镇化快速发展与转型过程中继续保持其在自然环境、社会文化和生活质量方面的优势，几乎成为所有尝试为这一地区献计的研究者所秉持的学术自觉（吴良镛，武廷海，2002；清华大学建筑与城市研究所，2002；杨保军，2007）。

与长三角和上海—苏州地区相似，珠三角和广州地区同样具备丰富而连贯的历史—空间断层。但较前者而言，广州市区、市域及周边的佛山、东莞、惠州、清远等地区在中华人民共和国成立后至20世纪90年代期间经历了多次剧烈的行政区划与边界调整，使得该时段内广州的相关统计数据质量较上海略有不及。此外，在改革开放以前的"前三十年"中，广州城市空间发展的区域影响也较上海而言相对有限，对该时期相关主题的学术讨论丰富性相应有所不足。鉴于此，笔者优先将上海—苏州地区作为实证重点，但本书的研究框架和方法同样适用于广州地区。

（3）对其他特大城市地区的示范意义

联合国预计，至2030年，41座世界千万人口以上特大城市中的32座（占78%），以及8座中国千万人口以上特大城市中的6座（占75%）将位于亚热带、热带地区（UN，2014）。作为发展中国家中经济社会发展水平相对较高的亚热带特大城市，上海被认为是发展中国家特大城市在密度和基础设施的耦合关系方面的样板（Rao，2014），变成"下一个上海（the next Shanghai）"普遍成为孟买等后发特大城市的发展目标。因此，对上海及周边地区人居空间演进与治理过程的"解码"将是一项具有示范、推广意义的工作。

但是，上海—苏州地区当前也受到域内人口规模大、建设用地比重高且连绵蔓延、生态资源紧张、局地公共服务资源紧张等质量问题的困扰。作为中国经济社会发展水平最高的地区之一，在发展规模和城镇化水平已到一定阶段、重要基础设施已近完成的情况下，上海—苏州应采取怎样的策略和路径进一步提升质量并建成发达地区典范，将对于中国和世界其他发展中国家特大城市、特大城市地区而言具有更重要的示范意义。

[①] 例如，在代表高级生产者服务业的全球四大会计师事务所中，已有德勤、安永、普华永道等三家在苏州选址。此外，中国德国商会已于2014年设立太仓办事处，为在苏州市域的德企提供服务。

1.4.4　科学问题

由对中国特大城市高质量空间发展路径的现实争议出发，本书以上海—苏州地区为重点对象，以其他世界特大城市地区为参照，尝试初步回答以下问题：

第一，解决认识、测度特大城市地区人居空间"质量"的理论框架问题。促进城乡聚落高质量发展的规划干预实践（"行"）势必将以对质量的认识（"知"）为基础。本书将首先基于若干基本变量构建人居空间质量的认知思路、测度方法与理论模型，用于解释和评价人居空间的建设与治理状况。

第二，解决上述理论模型的经济学解释问题，这也是本书要解决的核心科学问题。本书将在城市经济基本过程的基础上提出以人居空间质量变量或测度所构成理论模型的合理、有效解释，作为供实证研究验证的基本理论假设。

第三，解决上述理论模型如何在研究对象人居空间发展的历史和现实中得到验证的问题。本书将尝试探索、运用有效的研究方法，解开隐藏于历史文本与数据信息背后的规律特征，并对相关逻辑机制予以可能的归纳和总结。

1.4.5　研究方法

在本书研究科学问题的三个方面中，第一个方面的问题本质上是一个认识问题，并无既成的路径和方法可依循，因此主体研究活动将以"思辨"基础上的推理与归纳来完成。其中的归纳环节有赖于尽可能全面、客观的素材挖掘与学术价值判断，推理环节则要凭借尽可能严密的逻辑论证和推导。这部分工作有如故纸堆中的"探案"，不可避免地带有研究者个人主观判断。因此必须强调，本书所提出的理论框架只是笔者在对现有资料认识基础上提出的研究假设，它的潜在解释与应用能力需要在更多研究场景中予以检验。

其余两个方面问题实质上属于特大城市地区空间规划与治理研究范畴。传统意义上，空间规划研究的核心目标在于为制定、实施与评估空间规划的组织系统提供参考和依据。研究者通过描绘、解读一定空间单元尺度上的空间测度或统计指标数值分布状况，获得对一定空间范围内空间发展状况的诊断，作为空间战略或空间政策的客观参考。由此类分析工作得出的所谓"相对落后地区"、"问题地区"等，也可能直接成为空间政策的干预对象。这种空间规划研究与实践模式主要基于传统的机械论思想，认为在可控的科层系统中，经济社会活动与空间的关系直接反映于空间测度本身，而规划政策供给将直接推动相关空间单元实现经济社会活动与空间关系的改善。

近年来，随着"复杂性（complexity）"议题在空间规划与规划理论研究群落中的地位不断上升，规划研究者关注到以往单一控制主体的、唯技术的空间规划研究与实践范式在现实应用中的局限性，并尝试建构、总结所谓多主体、非正式、非线性、行动导向的空间规划理论与实践路径（Boelens, de Roo, 2016）。其中，特大城市地区作为"超复杂系统"受到了特殊的关注。一些研究已经证实，特大城市、特大城市地区内部的不确定性、开放性和局部的自组织、自适应性，都给线性、机械的空间规划方法造成了应用上的困境（Silver, 2016；Xu, Yeh, 2011）。针对这一状况，研究者也尝试从理论层面提出有别于传统方法的空间规划研究与实践路径。例如，弗里德曼提出应开展以当前问题为导向的"特大城市地区+城市行政区+邻里社区"三级规划体系，每一级完成各自的系统职能（弗里德曼，2017），王红扬提出应采取"整体目标最优"下的"空间发展框架+有限精准行动项目"的规划模式（王红扬，2017）。从这一理论研究转向可见，寻求超越传统空间规划模式的可应用研究方法已十分必要而迫切。

本书的核心研究方法体系将用于对研究对象空间演化与治理过程的历史归纳，同时也旨在充实、改进从空间测度直接到策略的空间规划治理研究单一路径，作为对当前学术讨论的回应。具体方法包括以下两类：

（1）**长时间的历史—空间研究，客观演进与主观干预相结合**

笔者将城市现象视为历史演进的结果，它无法直接通过对现状的研究来完成。为此，本书将从相对较长的时间维度来探寻上海—苏州地区人居空间演化客观过程与各类规划、建设、治理、干预行动之间的关系及其背后的机制。其中，对研究对象整体状况的过程研究从"大上海都市计划"时期起始，历时约70年；对研究对象局部或某方面的研究则大致从1990年往后论述，历时约25年。这一方面是为了尽可能客观、完整地分析逻辑过程，另一方面也是在"当下的历史"中尽可能保持研究者与研究对象之间的时间距离。

（2）**多样本、多尺度的比较和参照，一般与特殊相结合**

比较研究的方法有助于认识在上海—苏州地区在世界特大城市地区群像中的共性与特殊性。重点对象和与之等量齐观的大北京地区的比较将贯穿全文，而本书的多个章节也涉及上海—苏州地区与世界其他特大城市地区的比较。进一步，本书的比较和参照将谨慎区分各对象的空间圈层、发展阶段以及体制环境、治理策略等"人"的因素，且重视辩证性，仅将比较结果作为研究参照而不对其"好坏"开展评价，避免使比较研究方法简单化、机械化。

第2章
理论框架

　　"观察者建构了测量工具……因此必须铭记，我们所观察到的不是自然世界本身，而是暴露在我们研究方法之下的自然世界。"[1]本章尝试以"密度""设施"两个形态结构要素为核心变量建立人居空间质量的认识论，构建基于"密度—设施"关系的空间测度与理论模型，并说明该理论框架对于描述研究对象空间演化逻辑、解释特大城市地区各类质量现象和问题所起到的作用。

---

① 语出魏尔纳·海森堡《物理学与哲学：现代科学的革命》（Physics and Philosophy：The Revolution in Modern Science）。

2.1 人居空间质量的核心研究变量

参照斯通对经济测度问题的论断[①]，通过空间测度来描述的聚落"质量"只是一种"经验性构想"而非"客观存在"，这种构想须与一系列基本事实联系在一起。在过往的各类关于质量的研究中，产值或收入等经济数据多为各类研究首选。但是，经济产出本身难以用较小的空间单元来进行统计，直接以产值等经济数据研究质量将抹去那些可能产生关键影响的细节信息，且经济产出、收入等数据与真实质量感受之间的全息关联也有待研究验证。因此，构成人居空间质量认识论的"基本事实"或"变量"势必需要从经济数据之外选择。本书将从学科基本理论和质量概念两个方面综合归纳，获得核心变量。

2.1.1 将"质量"降维到空间层面所得变量

"质量"概念具有经济、社会、生态、文化、空间等多种维度。营造"体形环境秩序（physical order）"是提高聚落质量的重要手段（吴良镛等，2013）[108]。与同样大量参与城乡聚落"质量"及高质量发展对策研究的经济学、公共管理学等学科相比，城乡规划更加关注"空间"，重视以空间规划设计、空间治理来应对经济、社会、环境等质量议题，对良好空间形态孜孜不倦的追求贯穿学科发展全过程，而对大城市空间安排的研究和实践更是学科重要源头之一（Hall，2009［1988］）。

早期学术先驱们以对大城市理想形态的纸面方案研究和"二战"后大城市的规划建设实践为基础，认为所谓"好的"大城市人居空间质量主要体现在大城市的形态结构上。所谓"形态结构"是对建设区、非建设区、基础设施和公共服务设施等城市核心形态要素分布及其相互关系的一种抽象的概括与表达[②]。自20世纪70年代起，一些西方主流规划学者参与了对规范性形态结构理论的探索。其中，阿尔伯斯（2010［1974］）系

---

① 因在国民经济统计领域作出重要贡献而获1984年诺贝尔经济学奖的经济学家理查德·斯通曾这样描述其对"国民收入"（广义国民收入即GDP）的理解："为了确定收入必须建立一种理论，收入在这种理论中将会作为一个假设的概念，然后再把这种概念和一系列特定的基本事实联系在一起。"因此国民收入不是一个"首要事实（primary fact）"，而是一个"经验性构想（empirical construct）"。参见Stone R.. The Role of Measurement in Economics（《计量方法在经济学中的应用》）[M]. Cambridge University Press, 1951: 43. 转引自Coyle D.. GDP: A Brief But Affectionate History [M]. Princeton University Press, 2015.

② 或称"城市结构形式""聚落形态模式"等，在英语文献中有"城市形态的结构（structure of urban form）""聚落形式模型（model of settlement form）"等说法，在德语文献中有"城市形态的结构（Struktur der Stadtgestaltung）""聚落结构（Siedlungsstruktur）"等说法，本书将这些概念统称为"形态结构"。

统总结了城市聚落结构的多种形式和变体，林奇（2001［1981］）则进一步尝试脱离功能理论来回答"什么是好的城市形态模式"的问题。以此二人为代表的欧陆和北美学派均将"人"的行动和思想视为评价人居质量的根本依据（Lynch，2001［1981］）[34]，认为"对城市结构形式的探讨与人的需求及与此相适应的最佳利益紧密结合"（Albers，2010［1974］）[152]。

图示语言是城乡规划学科对城市形态结构研究所倚重的形象表达工具。从平面构成的角度看，城市形态结构要素应可被抽象为"点""线""面"与"肌理"四类形式要素并与之对应。道萨迪亚斯曾分别将聚落形态和结构表现为"城市平面形式和空间高度上的形态"（空间布局与建筑密度，即"面"与"肌理"）和"路网形式和各部分功能的关系"（交通基础设施与功能，即"线"与"肌理"）（吴良镛，2001）[288]。以阿尔伯斯为代表的欧陆聚落结构模式研究则主要识别了开敞空间布局（"面"）、土地使用与功能（"肌理"）、人口密度（"肌理"）、交通基础设施（"线"）和公共服务设施（"点"）。后续其他研究成果对形态结构要素的归纳也不出其右。

时至今日，对大城市形态结构质量的研究已经不限于形态结构本身，而是发展到土地使用、功能、密度、基础设施和公共服务设施等形态结构要素及其空间绩效上，并由规范性研究走向实证研究。近年来发表的面向大城市、特大城市空间规划与聚落质量，且包含数据、绘图、分析与比较的大型综合研究包括了特大城市宏观/微观土地使用（于长明，2014）、密度—土地使用关系（Burdett，Sudjic，2007；Angel，2015［2012］）、土地使用—能源关系（LSE Cities，EIFER，2014）、密度—土地使用—能源关系（Murayama等，2017）、功能结构（IGEAT 等，2007；BBSR，2011；Wingham，2016）、功能组织（Hall，Pain，2006）、功能—城市化特征（Diener 等，2001；Brenner 等，2015）、功能—环境影响（OECD，2012）、特大城市地区的土地使用—基础设施布局（Simmonds，Hack，2000）、密度—基础设施规模（金善雄，张男钟，2017）以及单一类型的基础设施规模布局问题（如绿地，参见：杨鑫，2017）等方面。

对当前中国特大城市高质量发展路径的争议中也暗含了两组形态结构要素的矛盾关系。其中一组与规模、功能和密度相关，另一组与基础设施和公共服务设施相关。由此，有关中国特大城市应该继续"放任增长"还是"控制规模、疏解人口"的争议也可以从形态结构的角度，转化为中国特大城市应根据自发可能形成的规模、功能、密度来配置基础设施和公共服务设施，还是应该根据现有的设施容量来控制过大的规模、疏解过多的功能与调整过高的密度。

因此，将聚落"质量"概念在空间层面、在城乡规划学科内部进行"降维"后，规模、功能、密度以及基础设施和公共服务设施两组概念应成为变量首选。

2.1.2　由"质量"概念源头推导所得变量

若追根溯源，"质量"概念在城乡规划与城市研究中诞生伊始的本源含义并不在于要深究城市或人居环境或场所的"好坏"，而在于描述或揭示人与建成环境的"关系"，进而可以被演绎为人与各类公共利益要素之间的关系。

前章已述，国内学术界对于"质量"的关注始于20世纪80年代，且多从现实中的问题出发。相比之下，欧美学术界对该议题的大范围讨论则大体始于20世纪60年代，尽管这一阶段特征与社会指标运动、环境保护运动与文化遗产运动等事件不无关联，但主要动机仍来自欧美学术界对"人"的关注。而在城市规划、城市研究领域，对"质量"的早期论述，也较为明显地受到了这一学术研究集体转向的影响。在这一"质量"研究的萌芽时期，对于城市化、城市或人居环境质量的研究与论述主要源自传统建筑学科内部，建筑学、城市规划、风景园林学的部分早期文献成为以聚落本身为对象（而非以依附于聚落开展的政治、经济、社会活动）探讨有关"质量"话题的原始素材。这与同时期社会科学领域围绕国民生活水平、"幸福"等人本概念所开展的讨论对象有着本质上的不同。但是，要全面、客观地从20世纪60年代以降的建筑学、城市规划与风景园林学的文献中获得"质量"概念本源是一项艰巨的工作，面临资料检索与获取方面的诸多限制条件。本书尽可能尝试从可获得的海内外文献数据库中发掘学术先驱对于"质量"的认识。

在1966年发表的《城市化质量》（quality of urbanization）一文中，风景园林师埃克博将这一质量概念理解为"对个体与自然关系的测度"（Eckbo，1966）[1]。地表景观与土地利用由自然向人工转变过程中任意一个环节的规划设计决策，都将改变人工建筑与开敞空间的关系，从而对最终的建成质量与感受产生影响。在埃氏的理论下，这种影响是相互的——质量"并不只是蕴于（个体与自然中的）任何一方"。

在1970年发表于《科学》杂志的研究报道中，人居环境科学的创立者道萨迪亚斯提出"对（人居环境）质量的判断可以从个体与环境关系的角度获得"（Doxiadis，1970）。道氏认为，良好的人居环境质量（quality of human settlements）需要满足人际接触最大化、接触成本最小化、保持一定距离感、人与自然关系最优化及上述四项综合效益最优五项基本原则。因此质量同时包括"个体与自然、社会、建筑与城乡网络的关系"以及"个体从这些关系中的获益"两个层面的内涵。

在《城市形态》一书中，林奇也提出，所谓（场所）质量（quality of place）是"场所自身和使用这个场所的社会"两者共同作用的结果等相似的观点（Lynch，2001

---

[1] 鉴于风景园林学（landscape architecture）为美国城市规划学科的重要源头之一，20世纪初、中期美国风景园林学界的研究，可以视为对城市规划理论的贡献。

［1981］）⁸⁰。一方面，空间由人根据其想法而塑造；另一方面，空间反过来影响了人对城市的感知和在空间中的行为。具有良好品质的空间则在空间塑造和空间感知间实现自洽与平衡。

这些早期文献对"质量"的认识表现出高度的共性，即"质量"的本源内涵在于人与建成环境的关系。它是主体与客体的结合、主观与客观的结合，也是体验与认知的结合①。上述认识具有较高的辩证性与概念整体性，且相对保留了"质量"作为模糊概念的全真意义。但是在这一认识下，无论是"人"还是"建成环境"，均只是抽象的变量，无法落实到可以有限归类并加以数量化的具体对象之上，这就给后续研究尤其是定量实证工作带来困难。在认定这一认识视角具有基本科学意义的前提下，研究需要对这组概念关系进行适度转化，进一步演绎为可以深化并验证的认识论。

概念转化的第一步是在质量概念本源与规划实践本质之间建立概念关联。从本体论出发，城市规划活动在某种程度是人依据来自建成环境的反馈而对建成环境的干预和部署，是"面向干预行动而对空间与场所的批判思考"②。一些学者据此给出了城市规划的定义或理解。例如芒福德认为，城市规划代表了"人与生活空间的有机联系"（Mumford，2009［1938］）。与埃克博、道萨迪亚斯和林奇的观点相比较，先驱们对"质量"的认识几乎与芒福德对城市规划的理解无异。因此从学理上，"质量改善"是城乡规划与城市研究面向实践的重要目标，也是城市规划实践"合法性"的一项重要来源。而认识论视角的城市规划则被视为一项满足城市集体利益的决策与行动过程，它是"面向公共利益的社会幸福"（Albers，2000［1988］），也是"关于土地使用与开发、环境保护与利用、公共福利、城市环境设计和城市基础设施的技术与政治过程"③，后一定义的核心理念仍是阿尔伯斯所称的"公共利益"。上述从不同维度对城市规划的理解在一个多世纪的学科发展史中并未激起重要的学术争议，因此城市规划与城市研究范畴下的人与建成环境的关系，即"质量"，可以通过"公共利益"作为概念中介。

诚然，对于何谓"公共利益"、何谓城市规划需要处理和应对的"公共利益"并无定论，但是这些为普罗大众所共享的利益要素毕竟真实地存在。梁鹤年将这些公共利益要素归纳为"健康与安全""便利性""效率""公平""环境""农地和其他资源保护""能源""遗产保护""交通""基础设施""可支付的住房"以及"视觉美"等12项（Leung，

---

① 尽管学术先驱在质量的本质理解上达成了一致，但此后的学术研究历程表明，这样的理解并未在相关研究中成为主流，也就是说，学术界似乎"丢失"了"质量"概念诞生之时的学术初衷。

② 此为英国皇家规划学会对城市规划的定义，参见Royal Town Planning Institute. RTPI Education Commission Report［R］. RTPI, 2003. 该定义被收录于Fainstein S. Readings in Planning Theory［M］. Wiley-Blackwell, 2012: 215.

③ 参见维基百科"城市规划"英文词条，https://en.wikipedia.org/wiki/Urban_planning.

2003［2003］）；《牛津城市规划手册》则归纳为"美"、"可持续性"、"公正"、"可达"、"保护"、"文化多样性"与"韧性"等七点（Crane，Weber，2012）。这些公共利益要素虽然不代表"质量"本身，但共同支撑了人居环境在区域、城市、社区、建筑不同空间尺度上质量，其中一部分要素是基本生活保障的需要，另一部分（如"美观"等）则对应更高层次的生活需求。

因此，由"质量"概念源头进行推导，"人"与"公共利益要素"二者可以作为备选变量。在这组概念关系中，"人"和"公共利益要素"都可以转化成形态结构要素。福柯提出，在现代化进程中，"人口（population）"逐步代替"（个）人"，成为社会治理的整体对象（Foucault，2004［1978］）。借由集体化的"人口"概念，公共管理人员或规划师才得以降低个体差异性的议题优先级，通过人口规模、结构、密度等数量作为施策的基本依据。"公共利益要素"也可在公共经济学范畴下转化为基础设施、公共服务、公共空间、公共环境、制度法规等公共物品。其中基础设施与公共服务设施（提供公共服务的场所）是大城市形态结构研究所关注的要素。

由此，人口（规模、结构、密度）以及基础设施与公共服务设施等公共利益要素同样可作为变量选择范围。

2.1.3 密度与设施

综上，笔者从质量概念中提炼了与本书研究问题相关的两组要素关系。第一组是城市规模、功能、密度和基础设施、公共服务设施的关系，第二组是人口（规模、结构、密度）与基础设施、公共服务设施的关系。两组关系具有一致性。构建研究框架的核心变量将从上述要素中选取。

（1）变量之一：密度

在城市或城市人口的规模、功能和密度等变量之间，本书主要出于两方面原因选择"密度"作为核心变量。一方面，以往对大城市规模、（土地使用）功能的研究数量较多，但未能对本书拟研究的问题提供有信服力的答案。另一方面，已有研究已经初步揭示了人们通过密度获得质量体验的过程机制，为进一步以密度为变量研究人居空间质量提供了基础。

"密度"是谈论城乡聚落所使用的一个常用概念。密度本身产自于物理学，被定义为一定体积下的物质量，是由质量（mass）与体积两个测度相除后得到的复合测度（metric）。这一概念被建筑学、经济学、地理学、社会学、政治学等学科所吸纳，转化为人口、功能、建筑与地域面积的比值，形成了人口密度、就业密度、居住密度、经济密度、社会密度、建筑密度、开发强度等概念。在多学科的共同参与下，"密度"

不仅作为一个科学概念，而且日益作为一项政治议程与一种城市隐喻进入城市规划建设的研究、决策与实践中（Roskamm，2014）。可以说，"密度就是城市，城市就是密度"。[①][②]

道萨迪亚斯提出，从诸多学科的观点看，"密度对于人们来说是非常重要的，因为这涉及人与他所生存的空间之间的关系……人的生理和心理的健康、人的幸福等，都有赖于他和空间的关系"（吴良镛，2001）[248]。林奇认为，密度是聚落质量中具有实质性的问题之一，密度影响了肌理，肌理影响了人的感受（Lynch，2001［1981］）[185]。近年来，建筑学领域在密度与质量体验的关系方面开展了更多的实证研究，发现了密度在建成环境中"同时具有'硬'（定量的）、'软'（定性的）两种要素"（Boyko，Cooper，2011），其中的定性要素与城市空间的氛围相关。有学者试图对密度的定量属性与定性属性之间的关联进行分析，以揭示不同密度值带来的不同"密度氛围"（Eberle，Tröger，2015），也有学者以此为批判工具，对近年来欧洲城市中心城区的加密更新政策加以审视与反思（Geipel，2016）。尽管尚无法提供令人信服的实证结论，但该领域的研究尝试已证明，经过在不同学科中的长期发展，"密度"的内涵已远非一个简单的比值公式所能囊括。

在日常话语中，人们并不会刻意区分人的密度与建成环境的密度，甚至在一些学术研究中，人口密度也充当了建筑密度、土地开发强度等要素的近似替代量（周素红，杨利军，2005，等），但学术界对于两者仍有较为严格的区分。早期城市社会学一度以"社会密度"一词描述广义的密度概念。涂尔干认为，社会密度提升是产生社会分工，进而促进社会向更高级水平发展的推动因素之一。但是，社会密度并不仅仅在物理层面（即涂尔干所称的"物质密度"，也就是建成环境的密度）而体现，它同时包含了人际接触和交往。涂尔干将这种交往活动发生的密集程度称为"道德密度"或"活力密度"（Durkheim，2000［1893］）。这一学说其后为城市社会学的芝加哥学派所继承，并由沃思进一步发展为"城市化生活（urbanism）"的规模、密度与异质性理论（Wirth，1938）。以简·雅各布斯为代表的城市理论家对"密度的礼赞"，也多指由人际间密集的社会交往而形成的密度，而非建筑密度[③]。因此，用于形容城市交往与活力的"密度"实质是一种人的密度。

---

① 这一密度概念的激进表述出自城市设计理论家兰普尼亚尼（V. Lampugnani），引自Roskamm N. Dichte: Eine transdisziplinäre Dekonstruktion. Diskurse zu Stadt und Raum［M］. Transcript Verlag, 2014: 插页.

② 德国城市规划界曾在20世纪60年代提出"通过密度实现城市性（Urbanität durch Dichte）"的政策主张，致力于通过调高新建大型居住社区的建设密度来培育城市生活特征。

③ 事实上，战后在欧美大城市所开展的大量城市更新项目虽然显著降低了建筑基底面积的覆盖率（即所谓"建筑密度"），但往往造成更高的容积率，并未降低总体的物质密度。

从治理对象的角度出发，本书将作为核心变量之一的"密度"界定为"人口密度"而非建成环境的密度，但在研究过程中将纳入建成环境密度一并叙述。

（2）变量之二：设施

笔者综合基础设施、公共服务设施等相关概念，将"设施"作为用于构建研究框架的第二个核心变量。

基础设施与公共服务设施的概念集成即广义的"基础设施（infrastructure）"，它包括了交通、市政等"工程性基础设施"（即狭义的"基础设施"）与教育、医疗、文化设施等"社会性基础设施"（即公共服务设施），甚至延伸到法律、道德等社会制度、社会规范层面。基础设施的概念最早从法国路桥术语中脱胎而出，表意为开发活动服务的集体性物质投入，在20世纪50年代伴随主流国际组织经济政策与财政工具的推广而成为全球性的术语。与注重劳动力投入的"公共工程（public works）"和注重价格的"公用设施（public utilities）"两个概念相比，基础设施更强调成本，并凝结了全社会为城市与区域的开发与运行所付出的"间接费用（overhead）"（Rankin，2009）。以此审视城市与区域，则一般意义上的空间延展难以客观衡量开发投入，但基础设施的概念提供了一种计量城市与区域开发活动物质成本的途径。

2.2 "密度—设施"关系：一种人居空间质量认识论

"人居环境质量的成败，常常不在于个别因素质量好坏，更在于多要素之间相互关系之和所产生的效益的高低"（吴良镛，2001）[165]。无论是密度、设施抑或是其他变量，以单个要素为测度似乎都不具有剖析力。本书将尝试归纳核心变量与城市发展现象、问题和治理机制之间的关联，并借助这一关系构建复合测度。

2.2.1 密度、设施的类哲学意义关联

对于城乡规划领域的研究和实践者来说，"密度"和"设施"之间已经存在不证自明的支撑和被支撑、决定和被决定关系。在此，本书尝试借助福柯的规训理论，进一步在社会治理层面探讨两者的深层次关系。

（1）对密度的治理即对个体自由度的调控

亚里士多德断言，"人为了更好的生活而来到城市"[①]。"更好的生活"在古希腊表现为政治权利，在中世纪表现为自由身份，而在现当代城市学者看来，城市的价值则

---

① 语出亚里士多德，《政治学》（Politics）。

在于提供了人与人交往的场所（Mumford，2005［1961］；Oldenburg，1989；Batty，2013）[1]。城市较乡村更高的密度意味着"活跃"和"交往"，也意味着"拥挤"和"压迫"。生物学研究早已证实，当生物种群的密度增大，种群内部的生存竞争压力与疾病传播可能性也相应提高，因此自然界生物多存在密度制约上限。人类虽然尚未受到可能上限的制约，但是心理学实验证明，人的日常行为与感知也存在亲密距离、个人距离、社交距离和公共距离之分，不同人则根据具体场合与环境对安全距离进行心理调节。在安全距离以内，人会感受到压迫干扰，同时会调动自身的防卫心理（Hall，1966）。在低密度环境下，人际间超出安全距离，则一般个体行为之间互不干扰，人们得以维持行为自适。随着密度的提高，尽管人类能够在环境中习得适应力，调整安全距离阈值，但是人类作为生物的慢进化本质，决定了其适应力的提升速率将远远低于人类经济社会增长的步伐。在相对高密度环境下，人们感受到的人际摩擦、冲突、竞争压力和传染病威胁远胜于低密度环境下的其他人。

"城市的空气使人自由（Stadtluft macht Frei）"[2]。自人类社会大规模城市化的黎明时分起，从农民到市民的身份变更便被赋予了一种挣脱土地束缚、逃离封建关系、寻求身心自由的文化精神内涵。但是高密度生活的现实决定了在城市中，一个人不受约束的自由可能侵犯到他人的自由，进而可能损害城市的整体自由。只有当每个人都在自我的自由与他人自由的边界上限制自由时，理论上的"自由均衡"才能实现。因此现代人类社会普遍信奉有限自由论："自由即做一切无害于他人的事情：每个人在行使其自然权利时必须划定边界，以确保社会其他成员享有相同的权力。"[3]这种划定边界的方法或为法律法规、道德规范，或为空间限定与物理隔离手段。而激进的方案，则是使城市化的人类重回低密度的分布状态，例如赖特曾主张推广低密度的广亩城市，鼓励人们"作为自由的个人去生活"（Hall，2009［1988］）。由此，对于城市问题的治理也在很大程度上转化为对密度的干预：或调控过高的密度，或补充流失的密度，或对现有密度加以更有效的管控。密度更成为城市规划文件中的技术指标与城市建设规范中的数量标准。

（2）设施作为一项规训个体自由度的"治理术"

在当今的政治哲学领域中，广义的基础设施被视为一种治理的物质与制度途径，

---

① 例如芒福德认为，"城市的本质是提供交流对话设施的场所"；奥登贝格认为，"城市的本质是人与人接触的多样性"；贝蒂认为，"城市是交往、互动、交易和交换的形态和网络"。

② 德国俗语。原指中世纪时期西欧、中欧等地的农奴逃离庄园在城市中居留一年零一天而不被封建主抓获后，便可获得自由民身份。后引申为对城市在政治、经济、社会等各方面自由权利的一种表达。

③ 引自1789年法国大革命《人权宣言》第4条，National Constituent Assembly of France. Declaration of the Rights of Man and of the Citizen［Z］. 1789.

是对现代社会中各种"流"的阀控（Graham，2000；Moss，Marvin，2016）。在欧美大都市开始大规模进行城市基础设施建设的19世纪，林荫道、煤气灯、地下铁路与排水管等工程建设成就一方面给市民带来了对于技术规则的体验，另一方面也赋予主政者更大的城市管理能力（Harvey，2010［2003］）。福柯将这种诞生于现代性形成时期，以人口为管理对象，借由集体权力行使的制度、程序或技术配置活动称为"治理术（governmentality）"。

治理术所针对的目标是"人口的欲望自然性（naturality）"（Foucault，2004［1978］）[58]。在不同密度的城乡聚落中人口维持有限度的自由所需划定的行为"边界"不同，需要克制的欲望水平也相应不同，将产生对"治理术"需求的差异。一些研究者发现，在采取公民投票制度的民主政体中，人口密度与当地的政治倾向有着紧密关联（Yun，2011）。对美国的实证表明，密度越高，民主党的支持率越高，反之则共和党支持率越高[1]（Bahger，2013）。在美国传统政治文化中，民主党倾向政府干预，致力推行增税与社会福利；共和党则主张放松经济管制，支持减税，两党在"治理术"上存在显著的理念差异。这一实证结果似乎表明，在高密度环境下，人们对于公共干预的需求越强；而长期在低密度环境下生活的人们则往往希望少受约束[2]。

在社会制度之外，福柯认为，人类社会在演进过程中也逐渐形成通过公共建筑、公共空间和基础设施的特定空间布局或功能使用方法，对人进行间接"规训（surveillance）"，从而实现"治理术"目的的途径（Foucault，2012［1975］）。规训的本质在于控制人口使用空间与设施的时间表，从而调整肉体和空间的关系，即实现对"人—时（间）—空（间）"的三重控制。现代城市中的基础设施无不采取严格的功能使用流程（如医院）、制定精确的时刻表（如公共交通）等方法来"规训"人的行为，从而形成尊重公共规则、遵守公共秩序的高密度城市生活方式，以解决"密度"与"自由"的冲突问题。正因如此，人们才得以在拥挤的基础设施中实现远小于一般情形的安全距离且保持相安无事[3]。

以上关系构成了一条以"规训"、"自由"、"治理术"为中介概念，串接"密度"与"设施"两个核心变量并通往"治理"的理论链（图2-1）。

---

① 根据Bahger（2013）的研究，美国地方政治倾向的密度分界值为800人/平方英里（约300人/平方公里）。

② 英国、澳大利亚、加拿大和新西兰等两党制国家也存在类似的现象：主张政府干预的英国工党、加拿大自由党、澳大利亚工党和新西兰工党在城市地区，尤其是相对高密度的大城市核心区拥有较高支持率；主张减少政府干预的英国保守党、加拿大保守党、澳大利亚自由党和新西兰国家党则主要受城郊和农村地区选民的支持。

③ 例如在高峰时段地铁车厢中，乘客能够在极高密度下保持相安无事。

A 高密度人居的功能本质在于提供自由交往的可能性
- 城市在满足了人们有关生命、食宿、健康等基本生存需求后，必将需要进一步满足人的自我发展与实现的需求。这些需求涉及工作、教育、文娱、创新等活动，而这些活动所依靠的正是人与人交往的可能性。因此，社会学意义上的"城市"或高密度人居的运转必然以人的自由流动和公平交往为前提

B 设施成为规制和发展高密度人居的手段
- 拥挤的物理空间抵消了高密度人居的交往便利性。为了防止因不受约束的自由而引发的冲突，城市产生对"治理术"的需求，广义的"基础设施"则提供了公共治理的空间载体和物质工具。在"规训"的方式下，设施通过安排人、时间与空间的关系维持城市秩序，掌握了基础设施的城市成为控制经济社会活动的空间据点（Graham，2000）

C 更有序的形态结构需要更大规模与更高水平的设施
- 在一定的密度与设施关系下，密度越高的城市相应需要更强有力的人—时间—空间安排，即需要通过更大、更高的设施规模与水平，这将相应带来对设施本身的合理、有效供给与布局方式的要求，由此造就更加有序的空间。而低密度人居则可以允许一定程度的自组织甚至无序

D 更大规模与更高水平的设施带来更高的经济成本
- 基础设施本质上是一种"社会间接费用"的概念（Rankin，2009）。尽管借由税收和市场交易费用等财务途径，城市公共设施供给本身即一种将城市治理成本分摊到使用者的财务模式，但是越多、越强大的基础设施意味着越高的"成本"，因此无论如何都需要平衡的财务关系作为支撑

E 治理对于密度与设施关系调节的必要性
- 公共部门系统内部的权力分配关系将关系基础设施的分配与供给。如果政府的公共资源不足，则需要说服其他层级的公共管理主体或带动市场和社会主体共同投入资源，形成新的成本分摊模式

图2-1　密度、设施与治理的理论链
（图片来源：笔者自绘）

2.2.2 以密度、设施描述空间发展现象

在城乡发展现象层面，密度与设施之间的抽象数量关系对应于不同现象类型，二者的关系具有描述城乡发展现象的基本功能。

密度与设施本身都单独具备描述城乡聚落的能力。人口密度是划定城市与区域空间类型的核心指征[1]，是一些国家、地区城—乡划分的主要定量依据[2]。拥有一定水平的基础设施也是区分城和乡的主要标志（赵燕菁，2009）。但在双变量关系下，对城乡

---

[1] 参见德国空间研究与国土规划研究院（ARL），"空间规划的主要要素"，https://www.arl-net.de/commin/germany/15-main-elements-spatial-planning.

[2] 例如，德国将人口密度150人/平方公里以下的县定义为乡村型地区，经合组织（OECD）将人口密度150人/平方公里以下的二级行政单元定义为乡村地区，欧盟统计局（Eurostat）将人口密度300人/平方公里以上的1公里网格定义为城市地区。

发展现象的描述则更加清晰立体。在分别以密度、设施为横、纵坐标的概念矩阵下，一般意义上的"乡村"对应低密度、低设施水平象限，"城市"地区对应相对高人口密度、高设施水平象限。其余的高密度、低设施水平象限代表了贫民窟、棚户区、城中村等城市现象，低密度、高设施水平象限代表如低密度居住区、土地使用效率较低的工业区等现象[1]。理论上，在城、乡两个象限之间的连续条带内，密度与设施关系耦合，可视为相对高质量的人居。而当一定地域内的密度过高，而设施供给不足时，将

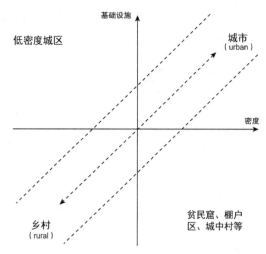

图2-2　密度与设施关系下的城乡发展现象类型矩阵

（图片来源：笔者自绘）

使有限的设施产生拥挤和竞争现象，从而出现质量问题；密度过低而基础设施相对过剩时，又无法充分发挥基础设施运营的规模效率（图2-2）。

在极端高密度情形下，"密度"与"设施"二者的绑定关系则被充分诠释。无论在科幻情景还是现实中，基础设施均承担了支撑高密度人居的角色。1927年电影《大都会（Metropolis）》海报代表了早期现代主义时期欧美知识分子对于未来城市的设想。在这一图景（图2-3）中，体量巨大的建筑物退居其次，真正的主角则是穿梭其间的路桥。如今，这一情景已经部分兑现。在建筑层面，建筑师与工程师不断研发结构坚固、功能强大的核心筒以支撑越来越高的超高层摩天楼乃至"立体城市"，当代超高层建筑核心筒占标准层的面积能够达到四分之一甚至更高的水平，远高于普通多层建筑内楼梯间、厕所与设备间所占据楼层面积的比例；在城市层面，越来越多的当代城市需要建设立体交通系统来应对高密度状况。各类激进的"立体城市"方案层出不穷。

再以前节得到的密度、设施与治理理论链为媒介，则在同样的概念矩阵中，第一到第三象限的城—乡连续条带区域代表设施规制能力符合密度水平所对应的有限相对自由状态，第二象限代表设施水平无法规制因个体寻求更大自由而出现冲突的状态，第三象限代表设施规制能力超出维持相对自由需要的状态。第二、四象限表现出的密度—设施关系调节机制满足对图2-2同一位置处对应的城乡发展现象的一般解释（图2-4）。

---

① 朱介鸣（2015）曾将发展中国家城市普遍出现的低水平、密集型城市建设总结为一种"高容积率"与"高建筑覆盖率（缺乏公共空间）"相结合的模式。若将公共空间视为一项广义的基础设施，则这一模式可以进一步视为"高密度"与"低设施"的关系。

图2-3 电影《大都会》（1927）对高密度
城市的描绘

（图片来源：截取自wilderutopia.com/wp-content/
uploads/2012/07/Fritz-Lang-Metropolis-Program.jpg）

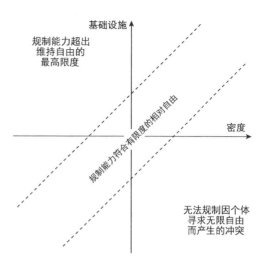

图2-4 密度与设施关系下的城乡发展调节
机制矩阵

（图片来源：笔者自绘）

2.2.3 对密度、设施构成测度方式的讨论

既然密度—设施坐标中的任意一点都具有描述城乡发展现象与治理机制的作用，那么由这两个核心变量的关系来构成本书研究所采用的测度应具有理论与实践意义。为此，研究需要进一步明确是通过核心变量间的比例关系、乘数关系还是其他更加复杂的数量关系来构建测度。

倘若用设施与密度的乘数关系作为测度，则坐标点向两条坐标轴所作垂线围合而成的矩形面积具有测度意义。假设设施、密度坐标轴单位分别为"设施规模"和"人口规模/面积"，则坐标值相乘后的量纲为"（设施规模×人口规模）/面积"。如果"面积"一处取无量纲的单位面积1，那么这一假定测度实际表征人与设施之间的接触水平。这种测度计算方式能够显著区分第一象限（高密度、高设施水平）和第三象限（低密度、低设施水平），但是不能区分第二、四象限，因此无法与一部分攸关大城市发展特征和策略的质量现象挂钩（图2-5）。

而若以设施和密度的比例关系为测度，则坐标点的比值，也即坐标点与原点连线的斜率具有测度意义，斜率量纲相应为"（设施规模/人口规模）×面积"。如果"面积"一处再取无量纲的单位面积1，那么这一假定测度表征一定计算单元范围内的人均设施拥有水平。这种测度计算方式无法显著区分第一、三象限，但是能够清晰识别第二、四象限。鉴于第一、三象限之间的城—乡连续条带对应于密度—设施关系相对耦合的高质量状态，只要不对城乡二元差异作机械的区分，那么以比例关系作为测度更适于全面描

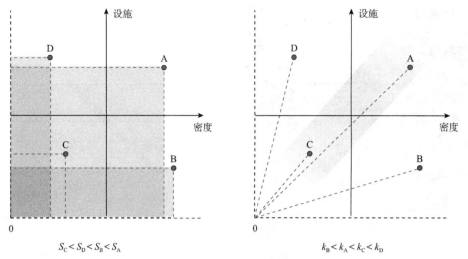

图2-5 对以密度—设施乘数关系（左）与比例关系（右）构成研究测度的数值意义说明
（图片来源：笔者自绘）

述城乡发展现象与治理机制。

除了用比例或乘数关系构成测度外，不能排除有更加切合实际但计算形式更为复杂的变量关系存在。但相对简便的测度构成方式应适用于对本书研究问题的初步深入探讨。

2.2.4 "密度—设施"比例关系

据此，降维到空间层面的聚落质量可表征为"密度"与"设施"的比例关系。一般而言，"设施/密度"的高比例关系代表更好的支撑服务能力，密度高、设施相对不足将引发交通拥堵、住房短缺、公共服务不足、环境恶化等人居质量问题。但是在某些情况下，若设施与密度的比值超出了支撑设施可持续运行的条件，或若为更高密度所额外配置的基础设施需要较一般密度条件下付出更大的代价，则"设施/密度"比值并非越高越好。因此如果纳入成本因素的话，人居空间质量实际代表了"密度"与"设施"比例关系的综合效益（图2-6）。

在这一认识论下，本书将用"密度"与"设施"比例关系来从质量角度测度大城市的人居空间，其中"密度"表征人口密度，"设施"包含基础设施和公共服务设施。这一测度在客观上呈现为"密度—设施"的"配比（ratio）"，在主观上表现为城市治理主体对"密度—设施"关系的"配置（allocation）"，并可同时作为定性和定量的测度。当"密度—设施"比例关系作为定性测度时，研究者将根据变量的多寡关系概要性地判断状况（例如本书第4章）；当作为定量测度时，则计算为变量的比值（例如

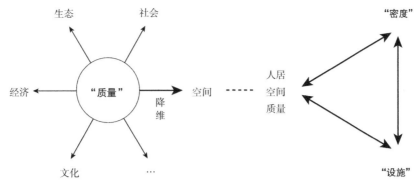

图2-6　降维至空间层面的人居空间质量认识论

（图片来源：笔者自绘）

本书第3章、第5章）^①。

2.3　人居空间过密化与反过密化

本章最后尝试构建一个根植于大城市空间演化的质量现象与问题，并能够初步描述、解释与推断大城市空间策略及治理主体调节城市形态结构动机的大城市空间发展过程模型。

2.3.1　前提假设

前文已经说明了在"密度"和"设施"两个核心变量之间存在一定的相互制约关系。当密度高、设施相对不足，势必引发交通拥堵、住房短缺、公共服务不足、环境恶化等质量问题；而密度低、设施相对过剩的状况也无法支撑基础设施与公共服务的长期正常运转。而规划的意义便是要避免因放任而出现矛盾恶化，或因过度管制与信息不对称而造成公共资源的错配或紧缺，并通过对需求和供给的调节、管理，实现较高程度的供求合理匹配，实现城乡发展的动态均衡（Weber，Crane，2012）。本节的过程模型主要建立在下述有关"密度—设施"调节路径的基本假设之上。

---

① 变量"设施"与"密度"的比例量纲为"（设施规模/人口规模）×面积"，仅当"面积"一处取无量纲的单位面积1时，此量纲可被简化为"设施规模/人口规模"。因此对这一测度的严格应用应在以单位面积（如1平方公里）划分的地域单元中进行。若研究无法实现单元网格条件，则通过将此处的"设施"进一步界定为"设施供给强度"（单位：设施规模/面积），可以同样实现对量纲的简化。

（1）"密度—设施"关系调节及阈值点假设：集体感受和公共资源财务状况是触发"密度—设施"关系调节的门槛因素。

这里需要引入"密度—设施"配比数值谱（spectrum）对这一关系进行图示说明（图2-7）。数值谱中的配比数值为"设施"与"密度"的比值。在数值谱左端的"拥挤区间"，设施相对不足。在数值谱右端的"闲置区间"，设施相对过剩。只有当配比值落入到中间的"耦合区间"时，城乡聚落才实现适宜的质量。弗里克曾指出，在城市规划中确定城区的最大的密度需要满足基础设施的附加成本和支撑条件，而确定城区的最低密度则需要满足对基础设施运营维护的条件（Frick，2015［2008］）。这两个条件共同提示了"耦合区间"的上、下两个阈值。理论上，下阈值A是满足普通大众的适宜感受或实现"有限自由"的"设施/密度"配比门槛值，它主要由人的生理或心理感受所调节，低于阈值A意味着人们开始感到无法获得基础设施与公共服务的充分支撑或规制；上阈值B是满足地方设施运营能力的"设施/密度"配比门槛值，主要由财务关系调节，高于阈值B意味着基础设施与公共服务的运营成本开始超过其收益。

在该数值谱系统中，为使某居民点或城区超出阈值的配比值回归"耦合区间"，可以采取管控、物质建设或政策手段对配比值予以调控：

对于落入拥挤区间的居民点或城区，理论上可遵循降低密度，疏解人口、功能，提高基础设施服务容量与服务水平或改变人的生活方式（如提高环境耐受力，充分遵守公共行为准则等）的路径改善配比值。

对于落入过剩/闲置区间的居民点或城区，理论上可遵循疏解设施，提高人口、功能承载或改变人口、产业的财务支付能力（如提高税费标准等）等路径改善配比值（图2-8）。

（2）成本因素对"密度—设施"关系调节路径的影响：人居空间质量在"密度"与"设施"之间矛盾制约与支撑关系的调节中增长和完善，但不同调节方式对应不同的成本投入。

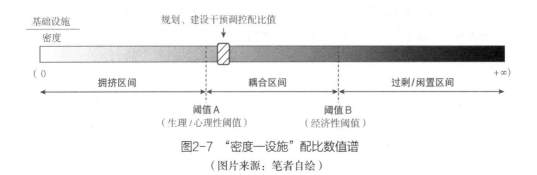

图2-7 "密度—设施"配比数值谱
（图片来源：笔者自绘）

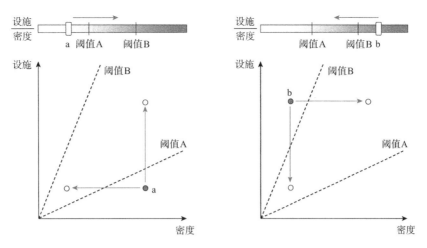

图2-8 "密度—设施"配比数值谱区间移动所对应的变量调控路径
（图片来源：笔者自绘）

由图2-9所示，若点A代表的"密度—设施"关系无法满足质量需求，那么可以通过降低密度（B_1）、扩大设施供给（B_2）、同时降低密度并扩大设施供给（B_3）以及在进一步提高密度的过程中超额供给设施（B_4）实现。四种路径最终获得同等数值的"密度—设施"配比，但相应需要的设施供给规模截然不同。若仅以设施投入规模作为成本依据，则四种路径的成本关系为$B_4>B_2>B_3>B_1$。受限于财务条件的治理主体具有首选成本相对较低路径的动机。

（3）大城市形态结构演化路径"非光滑"特征：大城市形态结构及其"密度—设施"关系不会按完美的、理想的"光滑"路径发展。

追求对城市运行的动态控制和资源的动态配置是当代"智能城市""智慧城市"建设的核心目标，但直至今天，人类也尚未能将城市改造为一架能够实时精密控制的机器。在更长的历史维度中，"非光滑"特征始终反映在城市形态结构演化与"密度—设施"关系调节的决策、实施和反馈中。例如，城市基础设施和公共服务设施具有天然的"不可分性"，设施往往以"一条轨道线路""一座医院"等集合形式供给，容量无法渐进增加，因此几乎一定会在某一时段内形成超量或不足的情况。又如，在大众心理和信息"非对称"机制的作用下，对人口密度的自发调节也极易出现过度的状况。一座城市一旦成为众人趋之若鹜的增长点，那么这座城市的人口规模和密度将很难在图2-7所示的阈值A状态处停止增长。此外，城市还具有"以空间换时间"，通过空间资源腾挪来变换形态结构成长路径的能力。种种特征表明，城市形态结构演化的过程更像是"在双脚迈步中前进"，而非"在滑轮上连续运动"（图2-10）。

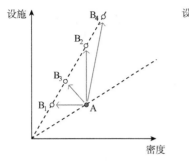

图2-9 同一"密度—设施"
改善目标下涉及不同成本的
调节路径

（图片来源：笔者自绘）

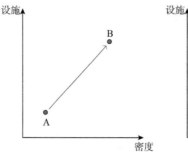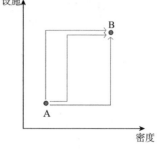

图2-10 大城市形态结构演化理想"光滑"路径（左）
与实际"非光滑"路径（右）的"密度—设施"关系变化
过程

（图片来源：笔者自绘）

2.3.2 人居空间过密化与"密度—设施"失衡

首先假设一个在设施—密度坐标系中的点，代表某一聚落或聚落局部，初始坐标值分别为D_0、I_0（图2-11）。本节将以一个简单的街区模型来说明这一坐标点的一般变化情况。

根据本书对人居空间质量的认识，如果要在城市人口密度或建成环境密度增长的过程中维持恒定的质量水平，基础设施供给规模就必须同步提升。然而在现实情境下，拆改成本的客观因素造成了当城市达到一定密度水平后若继续扩大基础设施供给强度，则面临的难度和成本将急剧增大。以图2-12为例，在基准街区密度条件下，道路设

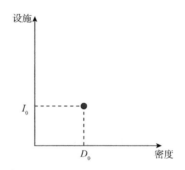

图2-11 聚落或聚落局部初始
坐标点

（图片来源：笔者自绘）

施需求的增加尚可不必通过大拆大改来完成，但是当街区密度成倍上升后，就不得不通过物质改造的方式提升道路设施容量，成本远远高于原有密度水平下的设施改善。

假设设施成本为建设与拆改成本之和。在忽略拆改成本的情况下，所有公共资源投入可全部用于为维持密度—设施配比而扩容的设施部分（即I_1-I_0），使得原坐标点能够沿以I_0/D_0为斜率的路径移动（图2-13）。

但是由于拆改成本的作用，实际设施供给规模I_2低于I_1。由此，无数个不光滑的阶梯累计在一起，终将使得基础设施供给的边际规模随密度增长而下降。因此，如果考虑基础设施供给成本随密度增加而成更高比例增长的客观条件，那么描述城市基础设施随密度变化一般规律的曲线将不是一条斜率不变的直线，而是切线斜率不断减小的上凸曲线（图2-14）。

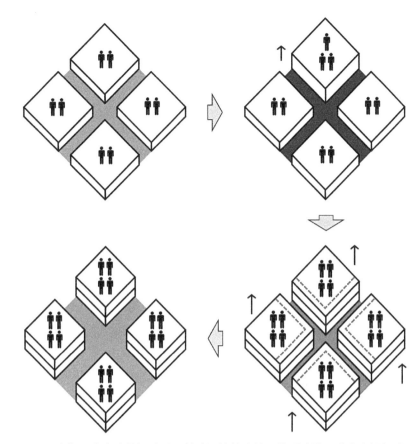

图2-12　当街区密度成倍提升后，基础设施扩容涉及物质改造，成本大幅提升
（图片来源：笔者自绘）

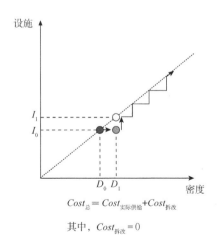

$$Cost_{总} = Cost_{实际供给} + Cost_{拆改}$$

其中，$Cost_{拆改} = 0$

图2-13　忽略拆改成本的初始坐标点移动轨迹
（图片来源：笔者自绘）

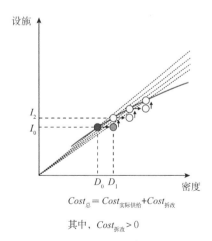

$$Cost_{总} = Cost_{实际供给} + Cost_{拆改}$$

其中，$Cost_{拆改} > 0$

图2-14　考虑拆改成本后，基础设施供给规模无法随密度增长而同比例提升，带来初始坐标点移动轨迹非线性偏移
（图片来源：笔者自绘）

如果换一种角度分析的话，基础设施不随密度同比例增长的一般规律也意味着在密度和设施供给成本不断增加的过程中，作为准公共物品的基础设施本身将产生越来越显著的"拥挤效应"，同时也会受益于"规模效应"而提升使用频率或使用效率。以此，我们可以解释韦斯特在对美国标准大都市区进行统计研究后获得的基础设施供给规模随城市人口规模以0.85为幂次增长的现象（West，2017）（图2-15）。

在上述过程中，密度—设施曲线的延伸将始终伴随曲线切线斜率的下降，同时带来"设施/密度"比值的下降。在一定的降幅范围内，比值下降不会对人居空间质量带来显著影响。但是根据前节提出的基本假设，当比例关系下降到某一阈值以后，将触发负面的生理或心理感受，进入"密度—设施"关系失衡的拥挤区间（图2-16）。我们可将这一图像描述为基础设施规模随密度增长出现边际供给下降的过程。

如果进一步将基础设施供给的增长视为全社会公共物品生产规模的增长，那么这种随人口规模/密度增加出现边际产出下降的过程十分接近"过密化"的概念。"过密化（involution）"（又称"内卷化"）本是经济史学界用来描述、解释明清至20世纪70年代以太湖东部为代表的乡村地区出现的"无发展增长"现象的概念（Huang，1992[1990]，等）。尽管对过密化概念定义与内涵长期存在学术争论（彭慕兰，2003；刘世定，邱泽奇，2004），但这种通过"边际报酬递减"的视角解释经济社会系统演化的研究范式，揭示了中国以及其他发展中国家共有的、在有限空间地域内承受"人多地少"资源禀赋压力的生存文化。在"过密化"进程下，人们得以维持相对低水准的基本生存而不致崩溃，但是难以跃迁到更好的生活质量。

经济意义上的"过密化"涉及产量和作为生产要素的劳动力投入规模或密度两方面概念。如果将其稍加调整，将劳动力投入密度替换为人口密度，将经济产量替换为基础设施、公共服务设施等城市公共物品的积累，这一概念关系便可从经济领域迁移到本书

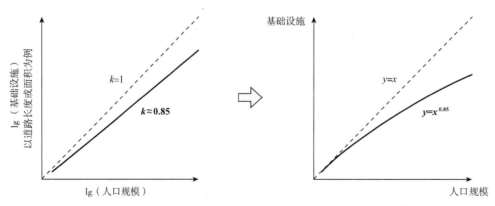

图2-15　韦斯特（West，2017）对美国大都市区人口规模与基础设施规模关系的统计结果
（图片来源：笔者根据文献资料改绘）

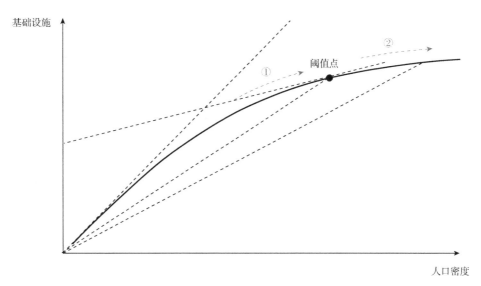

图2-16　基础设施随密度增长出现边际供给下降，直至越过阈值点，进入"密度—设施"关系
失衡状态
（图片来源：笔者自绘）

研究语境中，得到一种描述人居空间的"过密化"，也即基础设施随人口密度的提升出现边际供给下降的情况。因此，本书将图2-16中"密度—设施"关系曲线跨越阈值点之前出现设施边际供给随密度提高而下降的阶段（图2-16中①所示）称为该曲线所代表人居"空间过密化"进程，并将处于"空间过密化"进程中的人居空间称为"过密空间"。在空间过密化进程中，城市空间"精耕细作"，人居空间质量随密度的增长而长期下降或勉强维持在基本水平，直至跨越阈值点，进入"密度—设施"关系失衡状态（图2-16中②所示）。

2.3.3　治理主体多路径调节"密度—设施"关系

在长期空间过密化与"密度—设施"关系失衡态之下，城市与区域出现"城市病"问题，可能引发人们逃离或触发城市治理主体做出缓解、突破空间过密化进程的空间策略和行动。根据前文假设，治理主体可以通过降低密度（①）、扩大设施供给（②）、同时降低密度并扩大设施供给（③）以及在进一步提高密度的过程中超额供给设施（④）破解"密度—设施"关系失衡态。而不同的调节方式选择将引发"密度—设施"关系曲线朝相应方向提拉并产生曲线路径偏移，同时也意味着不同的设施投入成本（图2-17）。相应地，本书将为干预设施边际供给随密度提高而下降的"空间过密化"进程，而采取的上述四类"密度—设施"调解路径称为人居"空间反过密化"。"空间反

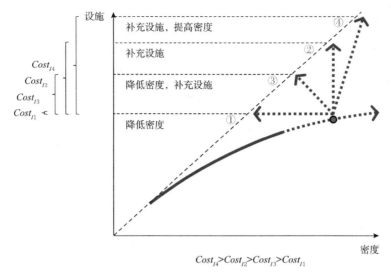

图2-17 破解空间过密化的"密度—设施"关系调节路径与图像曲线形态变化
（图片来源：笔者自绘）

过密化"进程与空间规划、空间治理密切关联。

上述调节方式与城市空间策略与治理特征高度结合，并推动城市形态结构演化。对于大城市、特大城市来说，理论上拥有多种"密度—设施"调节方式及相应的城市空间策略和治理过程选项。若将局部地区的"密度—设施"关系失衡视为触发城市调节形态结构的重要动机，则根据治理主体的不同主要有两大类方法。

第一大类为自发调节，主要包括（A1）受影响人口由"密度—设施"关系失衡的城市建成区迁至其他城市地区或乡村的路径（不需要提供额外的城市设施投入），以及（A2）在公共服务地方供给与基于居住地的财产税制度下由"密度—设施"关系失衡的城市建成区迁至本特大城市地区内部其他建成区的"用脚投票"路径（涉及设施供给地点的变动）。由于中国长期实行的土地、住房、财税、户籍等制度，在大城市的"密度—设施"调节路径选项中实际上不存在城市户籍人口由过密化地区向其他非城市地区自发搬迁的调节机制。

第二大类为政府调节。根据调节抓手和城市形态结构演化方向的不同，本类别中实际蕴含多种调节路径。常见的路径选择可以归纳为疏解与改造两个小类：疏解小类主要通过动员或行政命令的手段疏解"密度—设施"关系失衡地区内的人口，具体的疏解与安置方式包括（B1）将人口疏解至其他城市地区或乡村、（B2）将人口疏解至紧邻建成区外侧地区（上述两种方式不需要提供额外的城市设施投入），以及（B3）将受影响人口疏解至新城并相应供给设施；改造小类主要包括（C1）在"密度—设施"关系失衡的建成区就地补充设施、（C2）在"密度—设施"关系失衡的建成区就地补充设施的同时进行城市改造并将受影响人口疏解至紧邻建成区外侧地区（不需要提供额外的城市设施投入），或是（C3）将受影响人口疏解至新城并相应供给设施。

但是在此过程中，治理主体对于具体路径的选择并非是完全自由的。根据前文的判断，治理主体的资源和能力——通俗地说是"钱"和"权"——以及宏观的政治经济环境及制度条件分别在内、外两方面制约了路径选择。例如，在地方政府拥有较强的动员能力但缺乏公共资金的情况下，通过疏解人口而非补充设施来调节"密度—设施"关系将是理性的结果；如果地方政府有条件获得由其他主体提供的资源支持，那么它将有可能采取更加激进的空间策略来调整城市形态结构，比如在外围规划建设多个新城等。

2.3.4 形成阶段性城市形态结构

不同调节路径的直接结果是使城市形成相应的阶段性形态结构（图2-18）。归纳起来看，经调整后的大城市可能出现以原有建成区为基础改善质量的局面（如图2-18中的A1、B1、C1），或圈层式连绵扩展的形态（如B2、C2），或跳出原有建成区发展新城或其他类型的外围聚落，从而形成新的大城市地区形态结构（如B3、C3）。如果同时采取多种调节路径，则形成的阶段性形态结构亦有可能为几种模式的组合（例如已有建成区圈层式连绵扩展与发展新城并行）。

最后，本章尝试用图2-19所示的过程框架来初步描述大城市地区"密度—设施"关系及形态结构演化一般过程。在该图示中，治理主体对"密度—设施"关系的调节被隐喻为一段"通道"。通道的"左岸"是人城市发展所身处的政治经济环境，"右岸"是治理主体及其所能调动的资源和能力。对"密度—设施"关系的调节由失衡的"密度—设施"关系触发，在城市与内、外条件的互动中形成调节路径，并获得新的形态结构发展结果。这一结果也将可能进一步成为触发下一轮"密度—设施"关系调节的起始点。

由此，本章构建了"质量""密度""设施""空间""治理"等概念一体的核心概念框架。研究基于人居空间质量的"密度—设施"认识论，将"密度"与"设施"作为"治理"抓手，由密度和设施的比例关系、边际关系提出"空间过密化"概念及理论假设，通过调节"密度—设施"关系破解空间过密化，进而优化、调整特大城市地区空间秩序（图2-20）。

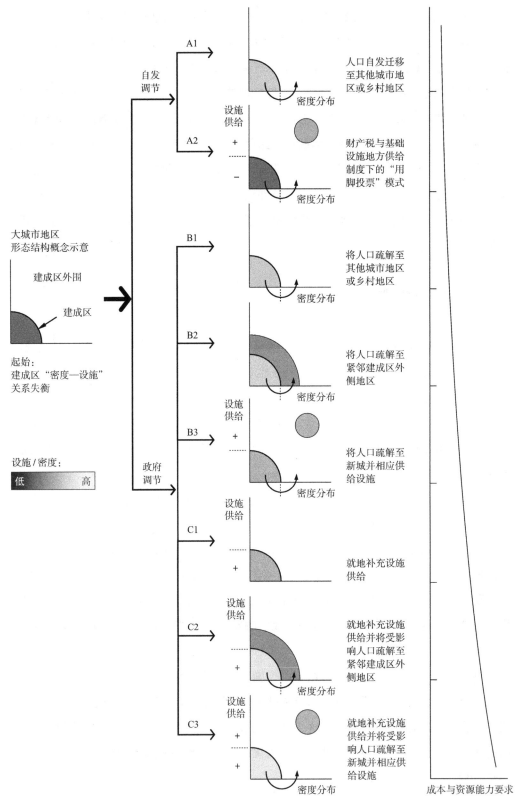

图2-18 多种"密度—设施"调节路径对应的阶段性形态结构结果

（图片来源：笔者自绘）

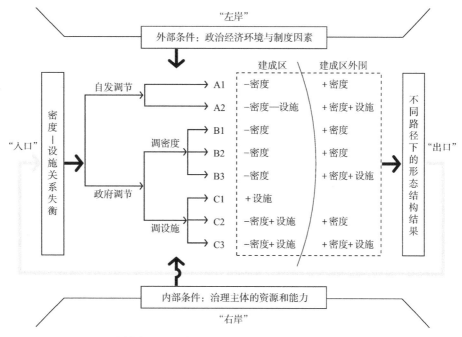

图2-19　大城市地区形态结构演化的"密度—设施"关系调节模型

（图片来源：笔者自绘）

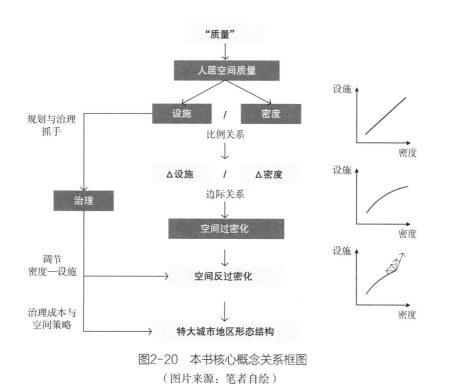

图2-20　本书核心概念关系框图

（图片来源：笔者自绘）

2.4 本章小结

本章通过将"质量"概念降维到城乡规划学科内部与空间层面，以人口密度和基础设施为核心变量，构建基于"密度—设施"比例关系的大城市人居空间质量认识论和空间测度，进而根据治理主体调节"密度—设施"关系的一般过程，构建了大城市空间发展的"密度—设施"过程模型。后文将经由"密度—设施"关系的视角，透视本书的一般研究对象和重点对象。

笔者认为，一个良好有序的大城市形态结构意味着在相应的经济社会和城市规模条件下满足匹配、耦合的密度和设施关系，但由于基础设施供给成本随密度增加而显著增长，在不加以特别干预的情况下，城市将可能滑入基础设施边际供给规模随密度递减、人居空间质量维持相对低水准条件的"空间过密化"状态，直至出现"密度—设施"失衡。而治理主体可对此采取多路径的调节干预措施，并付出相应的成本代价。

第 **3** 章

比较视野下的特大城市地区人居空间发展

在以上海—苏州地区为重点进行实证研究之前，本章尝试描绘世界特大城市地区"密度—设施"分布的群像规律及特征。本章首先归纳了世界特大城市地区尤其是后发特大城市、特大城市地区在应对人居空间质量问题中表现出的一般特征。其次以圈层结构为视角，以交通设施、医疗设施作为代表性基础设施，对包括上海—苏州地区在内的10个样本特大城市地区开展"密度—设施"比例关系的数值特征与结构规律分析。

3.1 世界特大城市地区人居空间质量及其治理状况

经由"密度—设施"关系的视角看，后发特大城市无疑较发达国家的同类型城市面临更为艰巨的人居空间质量挑战，而克服困境的关键主要在于城市治理主体能否找到长期、稳定、可负担的设施供给方式，是否具备组织动员人口、功能疏解与设施重布的有效途径，以及是否得以相对灵活、平稳地实现治理模式的按需切换与治理能力的提升。

3.1.1 后发地区受困于"密度—设施"失衡问题

在本书研究群像所囊括的31个世界特大城市地区中，既有处于全球城市—区域网络顶端者（如纽约、伦敦、东京），也有深陷人居质量问题者（如德里、拉各斯等），使得"先进"和"后发"、"发达国家"和"发展中国家"特大城市地区在人居质量上的感官差异十分显著。较发达国家而言，发展中国家特大城市地区总体人口规模更大，局部密度更高，增长至同等规模水平的用时更短，且经济社会发展水平又相对落后。许多发展中国家特大城市"密度—设施"关系长期严重失衡，成为欠发达国家和地区人居环境建设的一项重大挑战。

（1）城市增长长期仰赖不充分、不均衡的设施留存

诸多发展中国家特大城市往往由封建时代首都城市（如北京、河内、曼谷、德里、墨西哥城、伊斯坦布尔、德黑兰）或殖民地时期由宗主国建设的商贸城市（如胡志明市、孟买、拉各斯、里约热内卢、布宜诺斯艾利斯）为依托发展而成，部分特大城市曾经同时作为封建政权的地方据点与殖民口岸（如上海、广州）。这些城市或作为昔日首都，集封建王朝数十年乃至数百年的建设精华，拥有所在国家最高水平的（尽管较当时的发达国家城市相比是低水平的）设施与服务；或作为商贸口岸，在客观上扮演了所在国家"现代化窗口"的角色，往往是所在国家最早出现现代基础设施的城市。这使得后发特大城市普遍拥有一个设施水平相对较高的旧城区或旧商埠区。

然而"二战"结束至20世纪60年代的亚非拉民族独立运动之后，诸多发展中国家均曾由军政府长期独裁执政[①]，维持政权稳定成为施政重心，首都和经济中心城市的基础设施建设因各类戒严、紧急状态等而受到一定程度的扼制。首都城市的旧城区与经

---

① 涉及本书23个发展中国家特大城市地区的军政府独裁时期（连续或间断）包括：1976~1990年的孟加拉国、1958~1988年的巴基斯坦、1946~1992年的泰国、1966~1998年的印度尼西亚、1952~1958年的埃及、1966~1999年的尼日利亚、1964~1994年的巴西、1955~1983年的阿根廷。

济中心城市的旧商埠区仅为处于重要增长阶段的特大城市提供了勉可依赖的有限物质设施基础。而当这些国家的军政府结束执政，大城市经济活动进一步融入区域与全球之后，这种相对高水平基础设施在有限地区分布的特点，也进一步使得新兴的生产性服务业活动在形成初期仅能依托或围绕旧城区、旧商埠区等局部区域内开展。斯科特认为，对于这些发展中国家而言，一旦生产性服务业的平均工资高于制造业，将强化城市化发展的"推—拉"作用，直接造成大量人群涌入特大城市寻求服务业部门的就业，由此给尚未能够在短时间内积累适量基础设施的发展中国家特大城市地区带来更为严峻的社会与环境挑战（Scott等，2001）。例如，东南亚特大城市稀疏的路网与有限的公共交通服务无法承载巨量交通需求，使得曼谷等跻身世界上最拥堵的城市（Hack，Simmonds，2013）；南亚、拉美特大城市的大量贫困人口无法获得基本设施与服务，使得贫民窟成为普遍现象，而设施的匮乏又进一步引发地表环境退化与水体污染等面域性问题（Kundu，2015；Valenzuela-Aguilera，2011）。

在诸多研究者心目中，拉各斯是发展中国家特大城市缺乏最低水平基础设施与公共服务的最典型案例。早在殖民时期，这座城市就因宗主国未能提供充足的设施建设资金支持而在各类热带传染病面前束手无策。尽管从20世纪70年代起，石油经济给这座城市带来了繁荣，吸引了大量国内移民的涌入，但经济利润中用于城市基础设施投入的份额十分有限，已有的设施又因缺乏维护而陷入瘫痪，使得"城市进入了一种陷阱，即一旦有了任何改善，都会吸引更多的移民到来，从而抵消改善，甚至更加恶化"（Gandy，2006），拉各斯"甚至无法被称为城市"（Ilesanmi，2010）。

（2）人口密度在同类型地区中达到最高水平

后发特大城市较发达国家同类聚落有着更高的人口密度，这既体现在局部密度峰值上，也体现在高密度地区的分布模式上。尽管当前发达国家特大城市无论在总体水平还是局部峰值上都已不及往昔，但无论以现值还是历史最高值来比较，发展中国家特大城市在密度上均普遍超出了发达国家的水平。

总体密度水平高。统计资料表明，在人口规模超过1000万，建成区面积超过1300平方公里的特大城市（地区）中，发展中国家特大城市建成区人口密度普遍高于发达国家，且位于东亚的发达国家特大城市（东京、大阪、首尔）的建成区人口密度也普遍高于欧美特大城市（伦敦、巴黎、纽约、洛杉矶）（图3-1）。

密度峰值高。以面积数平方公里不等的社区为单元，巴黎有记录的人口密度峰值出现在1846年的7区，密度值达9.99万人/平方公里[①]，伦敦的局部地区也曾出现9万～10万

[①] 参见巴黎市人口历史：分析与数据，http://demographia.com/db-paris-history.htm.

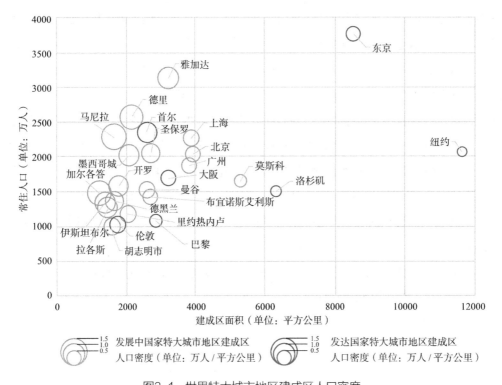

图3-1　世界特大城市地区建成区人口密度

（图片来源：笔者根据Demographia世界城市地区人口统计资料绘制，参见Demographia，2016）

人/平方公里的密度值[①]，东京历史上的最高密度也仅为1935年浅草区的5.53万人/平方公里[②]。发达国家特大城市曾经录得的最高密度为1890年的纽约曼哈顿下东区，约21万人/平方公里[③]，这一地区也成为20世纪前半叶纽约的城市改造重点。然而，发展中国家特大城市的局部密度峰值可轻易地达到并超过这一水平：1971年，德里老城曾出现16.6万人/平方公里的人口密度水平[④]。上海有记录人口密度最高的地区为1982年的南市区露香

① 参见：Porter D H. The Thames Embankment: environment, technology, and society in Victorian London [M]. University of Akron Press, 1998: 12，转引自Steinberg T. Gotham Unbound: The Ecological History of Greater New York [M]. Simon and Schuster, 2014: 394；以及参见Rowntree B S. Poverty: A study of town life [M]. Macmillan, 1902: 169，转引自Dore R. City Life in Japan: A Study of a Tokyo Ward [M]. Routledge, 1958: 438.

② 浅草区1935年人口来自"江戸東京を知る_大東京３５区物語_区部人口"，http://www.soumu. metro.tokyo.jp/01soumu/archives/0714ku_jinkou.pdf；浅草区面积来自"特別区の区域の沿革 について"，https://www.tokyo-23city.or.jp/research/kondankai/document/bessi7enkaku.pdf.

③ 参见：Hood C. 722 miles: the building of the subways and how they transformed New York [M]. JHU Press, 2004: 127.

④ 参见：Tewari V K, Weinstein J A, Rao V L S P. Indian Cities Ecological Perspectives[M]. Concept Publishing Company, 1986: 128.

园街道，达15.25万人/平方公里[1]。1992年，广州越秀区大南街道人口密度也达到了14.35万人/平方公里[2]。2001年，开罗曼什亚特–纳赛尔地区（Manshiyat Naser）达到20万人/平方公里的密度水平[3]。时至今日，非洲城市拉各斯也已出现人口密度达12.4万人/平方公里的贫民社区[4]，而在孟买最大贫民窟的达拉维（Dharavi），人口密度据估计已达30万～50万人/平方公里[5]（表3–1）。

部分特大城市局部人口密度峰值情况 表3-1

特大城市	空间单元	面积（平方公里）	密度（万人/平方公里）	时间
巴黎	7区	4.09	9.99	1846年
伦敦	贝思纳绿地等	约1	9～10	19世纪中后期
纽约	曼哈顿下东区	2.17	21	1890年
东京	浅草区	4.95	5.53	1935年
德里	德里老城	6.07	16.6	1971年
上海	露香园街道	约1	15.25	1982年
广州	大南街道	约1	14.35	1992年
开罗	曼什亚特–纳赛尔	5.54	20	2001年
拉各斯	阿杰甘勒等	约8	12.4	2014年
孟买	达拉维	2.17	30～50	2016年

来源：笔者整理

高密度地区的延展范围更大。假定以社区或基层行政区达到1万人/平方公里为相对高密度标准，则历史上伦敦实现这一密度标准的最大空间范围为1921年的内伦敦地区，面积约300平方公里[6]。即便是发达国家特大城市地区中规模最大的东京，高密度地区仍长期维持在大致以东京都区部为范围的约600平方公里地域内[7]。而相比之下，墨西哥城

---

① 参见：南市区志编纂委员会编. 南市区志［M］. 上海：上海社会科学院出版社，1997：第二编，第一章，第二节"人口分布".

② 参见：魏清泉，周春山. 广州市区人口分布演变与城市规划［J］. 城市规划汇刊，1995（4）：53.

③ 参见：Golia M. Cairo：City of sand［M］. Reaktion Books，2004：20.

④ 参见：The World Bank. Implementation Completion and Results Report on a Credit to the Federal Republic of Nigeria for the Lagos Metropolitan Development and Governance Project［EB/OL］. http://documents.worldbank.org/curated/en/872021468290442515/pdf/ICR29680P071340ICOdisclosed04040140.pdf［2017-06-10］：第1页.

⑤ 参见：维基百科词条"Dharavi"，https://en.wikipedia.org/wiki/Dharavi.

⑥ 参见：http://spatialanalysis.co.uk/wp-content/uploads/2010/01/london_pop_density.gif.

⑦ 参见：https://perihele.files.wordpress.com/2014/04/tokyoyokohama.gif.

的高密度地区面积超过700平方公里[1]，雅加达的接近800平方公里[2]，而圣保罗更是绵延近1000平方公里[3]。若不考虑历史峰值，仅以特大城市地区人口密度的现状分布比较，则同样可见发展中国家特大城市地区呈现中心区局部极高密度、城市建成区普遍高密度的特征，且南亚、东亚等地区的特大城市地区人口密度总体大于拉丁美洲。而发达国家特大城市地区外围城镇与城市中心区的人口密度落差相对较小，特大城市地区人口密度分布较为均衡，仅以纽约为特例（图3-2）。

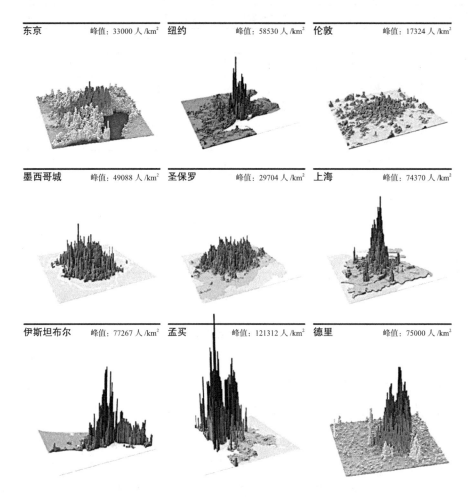

图3-2　部分世界特大城市地区现状人口密度分布
（图片来源：笔者改绘自LSE URBAN AGE相关研究成果[4]）

---

① 参见：http://www.diegovalle.net/maps/mxc/hoyodesardinas.html.

② 参见：https://citygeographics.files.wordpress.com/2016/12/javamalaysia.png?w=1024&h=458.

③ 参见：https://citygeographics.files.wordpress.com/2016/12/saopauloriodejaneiro.png?w=1024&h=508.

④ 参见：https://files.lsecities.net/files/2011/11/2011_chw_2050_01.gif, https://lsecities.net/media/objects/articles/measuring-density/en-gb/.

出现相对高密度城市蔓延现象。世界银行的研究报告指出，有别于欧美大都市区外围的低密度蔓延现象，一些发展中国家的特大城市地区呈现一种所谓"高密度蔓延（high-density sprawl）"的特征（Deuskar，2015），这些蔓延地带达到或超过了欧美国家对城市密度的定义标准，但仍然沿用乡村级别的设施服务条件。

城市研究者观察到，东亚和东南亚特大城市地区的城乡之间难以进行形态上的严格区分（McGee，1991），其本质上更像是许许多多村镇的组合，而非一个城市（Malo，Nas，1995）。外围地区的发展长期处于放任状态，正规设施短缺，河网和田间道路同时充当生产性基础设施与生活性基础设施的角色，使得由超级街区划分的"城市中的村庄"成为外围地区的主体城市形态（Sintusingha，2010）。对南亚特大城市地区的研究也表明，当城市发展到一定规模后，拥挤的社区便向城市邻近地带蔓延（Bhagat，2004），使特大城市外围地区成为开发活动最活跃、形态最破碎的地带（Roy，2010）。对此，金斯伯格等认为，东亚、东南亚和南亚特大城市外围地区的人口高密度现象主要由于这些地区在城市化之前普遍为稻米产区，劳动力密集，村镇地区的总体人口密度甚至与工业化初期的欧洲城市地区人口密度相仿（Ginsburg 等，1991），但是这些地区尚缺乏足够经济能力对外围密集农村地区开展适足的基础设施配给。

而在农业人口密度相对较低的中东、南美和非洲等地，城市贫民与移民通过强占城市边缘的土地进行非正规自建，形成高密度的擅自居住社区。这种对无主地、废弃地的强占转变为低成本的城市开发活动，吸引了大量贫民前来进一步开发（Davis，2009［2006］）。而对那些长期处在政治动荡中的特大城市而言，反复的驱离与合法化则使得擅居社区难以形成具有最低标准的设施与服务（Saunders，2012［2011］）。圣保罗、墨西哥城等特大城市甚至不具备人口密度由核心向边缘梯度衰减的一般特征，城市的边缘即高密度擅居的前线。

3.1.2 根据自身资源条件选择改善调节路径

数十年来，深陷人居质量问题的特大城市不断通过学习、借鉴同类城市的经验或寻求本土、在地的解决方案，尝试缓解或突破质量困境。这些实践主要可归为培育适应生活方式、疏解人口功能、提升设施水平等几类。

（1）通过培育或使人们适应新的生活方式

这也是一种资源投入相对最少、成本相对最低的办法。在千百年来相对高密度的农工生产环境下，一些发展中国家的广大社会阶层普遍存在"认命"意识，从而对高密度状态产生较高的忍耐力。这一社会组织特征甚至内化到宗教与社会文化层面，影响到现当代城市公共政策的制定思路。但是此类实践也取得了一定的经验，例如诸多东南亚特大城市的居民选择将摩托车而非小汽车作为个人出行工具，巧妙地解决了个人机动性与道路资源稀缺性的矛盾（图3-3）。即使在发达的东京，当地上班族也被迫通过养成井然的社会秩序与极高的隐忍能力来保障高峰期轨道系统"通勤炼狱"的平稳运行。在城市环境的长期影响下，东京的青年一代甚至践行起"极简主义"生活方式，通过主动减少个人消费与个人出行，降低对城市基础设施的负荷。但是，东京等发达国家特大城市地区中某些新生活方式亚文化的形成，本质上仍是在较高人均物质占有水平上的一种微调，与发展中国家不可同日而语。在广大发展中国家大规模城市化仍在持续进行、经济社会发展水平预期持续提升的趋势下，高密度特大城市如何以更高超的技巧来平衡民众长期压抑的生活方式将是一项持续的挑战。

（2）以疏解人口与功能降低局部密度

通过疏解人口解决社会问题的思路在人类文明史中屡次被拾起，古希腊城邦为控制自身规模而采取的海外殖民便是一例。近代以来，宗主国向殖民地的有组织移民以及部分民众向殖民地的自发迁移也成为应对本国人口压力的主要途径之一。现代城市规划思想主导下的人口疏解，则侧重于"稀释"局部地区的人口密度，并为疏解人口提供位于大城市外围大型居住区、新城或卫星城的住房和就业机会。实践表明，疏解人口并非是一条"退而求其次"的干预路径，也并非"治理无能"的表现，它在多个历史时期中也是发达国家特大城市地区的优先空间战略。

"二战"以后，工业与科教文卫事业的疏解和重布政策逐渐代替了直接以"人口"为对象的疏解行动。工业疏解曾短暂作为凯恩斯主义下促进国家与区域平衡发展的重要

图3-3 胡志明市中心区的汽、摩混行状况（左）与主要干路沿线为摩托车行车道设置的专用交通分流指示标志与信号系统（右）

（图片来源：笔者摄于2016年1月）

手段[1]。20世纪70年代后，诸多发达国家城市的工业部门又进一步在"去工业化"和"全球化"的进程中由发达国家大城市向东亚等地区转移。除生产制造功能的疏解以外，发达国家还进一步谋求通过高等教育、科学研究等服务部门的疏解来缓解核心特大城市过度集聚的状况。例如20世纪60年代以来，法国通过推动巴黎中心城区的部分公共企业总部、高校和科研院所疏解至市郊新城及境内其他"平衡大都市"，使地方城市的内生发展能力得到显著提升。此外，特大型首都城市还致力于通过疏解国家管理职能、重布公共部门就业岗位的方式，促使那些依附于政府消费与政府合同外包发展的私人部门调整选址，以达成首都区域和国土范围内经济活动的更合理布局。例如英国在近年来开展的将与国家中枢关联较低的公共部门迁往经济相对落后地区的计划（霍尔 等，2014）、2012年新一届日本政府启动的中央省厅和"独立行政法人"的外迁计划，以及韩国的行政中心城市世宗的建设等[2]。

许多发展中国家特大城市地区同样借鉴了发达国家疏解人口和功能、将区域空间战略与改善特大城市核心区质量相结合的做法。例如自20世纪50年代起，印度尼西亚政府着手在雅加达外围建设勿加泗、茂物、文登三个卫星城，试图分散雅加达中心区的人口增长；1968年，伊朗政府下令禁止在德黑兰120公里以内的地区发展工业，并鼓励将德黑兰的工厂外迁至其他城市；1991年，尼日利亚中央政府由拉各斯迁都新城阿布贾……但是，学术界对于这些城市的疏解举措是否真正起到成效仍有不少保留意见（Shirazi，2013；Rustiadi 等，2015）。事实一再证明，以疏解来改善特大城市地区的人居空间质量并非一劳永逸的工程。

（3）通过提升设施容量与服务水平

提升设施容量与服务水平的本质是资金与资源的投入，它一方面有赖于城市政府获得足量且稳定的税收，另一方面也需要通过良性的设施投融资模式吸引其他资金的参与。然而即使对发达国家而言，从税收中所获取的基础设施与公共服务设施建设资金仍是十分有限的。在现代西方城市治理模式下，党派左右之争、减税与增税的两难选择、争夺企业和选民投票等地方政治行为，都使得增税难以成为城市政府的长期选项。从实践来看，税收收入也大体仅能支撑一般城市公共服务的开支需求。

因此，基础设施和公共服务设施的投入规模将极大地取决于城市对金融市场的使用

---

① 例如1945年，英国颁布《工业分布法》，推动伦敦和英格兰东南部的工厂向英国其他城市及指定新城迁移。

② 自20世纪80年代起，出于国防安全与国土空间布局的共同考虑，韩国陆续将一批国家级科研基础设施迁往中部地区，并于2000年推动建设行政中心城市世宗。经过近30年的培育，在韩国中部地区已形成由大田、世宗、公州、清州等城市所组成，以行政管理、科技研发、教育文化等功能为主，总人口规模达300万的城市组群，显著改善了国土空间结构。

和应对能力。这一方面的实践大致肇始于由奥斯曼巴黎改造与维也纳环路开创的以土地升值收入贴补基础设施建设的模式。20世纪初东京所开展的轨道交通、道路、市政设施和公园建设也同样受益于这种思路（石川幹子，2014［2001］；矢岛隆，家田仁，2016）。可期望的土地价格上升、较高的信用水平、广泛的公私合作伙伴关系等因素，都使发达国家特大城市不断得以借助金融市场来获得扩充设施规模与服务水平的资金。

诸多发展中国家也曾寄希望于建立自身的金融市场与基础设施投融资机制，助力城市基础设施建设。然而，相关国际、国内政治局面的不稳定性和相对较低的政府偿贷能力，都对资金的筹集规模和项目的可持续运营产生负面作用。对于发展中国家特大城市而言，有限的资金也常被优先用于机场、港口、高速公路、发电厂等重要区域性基础设施，直接服务民生的基础设施和公共服务设施仍面临资金严重短缺的问题。

在此客观因素下，一些发展中国家特大城市尝试从自身问题与条件出发，寻求"在地的"低成本、可持续基础设施服务提升模式，并取得了创新成果，例如率先提出并发展快速公交系统（巴西库里提巴、哥伦比亚波哥大），率先建立系统的参与式基础设施改善项目（雅加达城中村提升计划）等。然而，局部的项目创新仍难以在较短的时间周期内根本解决发展中国家特大城市地区所面临的"面域性"设施供给匮乏与配置不均问题。

3.1.3 治理模式和能力是重要支撑因素

在特大城市调节"密度—设施"关系、改善整体形态结构的努力过程中，城市与区域治理模式以及治理主体的能力条件扮演了关键的影响因素。

（1）城市发展制度与治理模式影响了"密度—设施"关系的调节方式

其一，在不同的城市发展制度与治理模式下，"密度—设施"配置关系及其变化机制有着显著不同。例如，在公共资源供给具有"地方主义"特征的"碎片化"都市区模式与基于居住地的财产税制度下，人们通过"用脚投票"的方式选择与自身支付能力相匹配的基层行政区作为居住地，基层行政区人口规模的变化则直接影响地方政府税收，因此地方基础设施与公共服务供给规模和水平往往随人口的消长而同步增减。洛杉矶等北美城市的形态演进就鲜明地体现了基础设施与公共服务追随人口分布的特征（Soja等，1983）；而在中国现行的"市管县""市辖区"体制下，城市的行政边界几乎覆盖一般意义上的都市区范围，辖域内的公共财政支出受城市政府的高度支配，使得城市地区内部的人口密度调整，不会对局部的基础设施与公共服务供给规模、水平带来特别显著的影响。

其二，即使对于同一大城市地区而言，随着自身制度环境、治理模式的变迁，"密度—设施"关系也相应出现变化。以中国为例，在计划经济体制下，居民迁徙受限，同时国家采取有计划的公共资源投入；在社会主义市场经济体制下，政府对密度、基础设施的调控意志则借由经济发展、公共利益保障、基础设施引导等多种途径实现，市场力量与价格机制逐步参与人口密度调控与基础设施供给。

（2）转变治理方式是特大城市地区调节"密度—设施"关系的一大途径

通过转变区域治理方式，特大城市地区有条件在调整密度、基础设施、生活方式等有限选项之外另辟调控"密度—设施"关系之径。

特大城市地区治理模式的建立或更迭与彼时彼地的政治经济背景有着深刻的联系。在"二战"结束后的20多年间，无论是资本主义国家还是采取计划经济的社会主义国家，国家和地方政府都主导了大城市的基础设施建设，但这一模式到20世纪70年代后便陆续向减少政府干预的设施供给模式转型（Sorensen，Okata，2010）。而90年代以来，"新区域主义"下的欧美特大城市地区又转而通过建立大都市区联合政府或城镇联盟等形式，在城市—区域尺度下实现设施共建、税收转移等基础设施供给优化措施。在治理模式转换的过程中，技术因素也起到了重要的促进作用。在现代交通、通信等新技术的叠加作用下，核心城市不断获得更高水平的区域发展统领能力，使特大城市地区得以避免陷入裂解状态。

今人也同样可以从发展中国家特大城市的演进历程中窥见治理模式代际变化的影响，但治理模式的转变给发展中国家特大城市所带来的形态上的混乱远大于秩序。例如在苏加诺执政印尼时期，雅加达的城市建设偏重通过城市美化表达新生国家的民族意识，但忽视为人口增长提供相应的基础设施建设；而到了向市场经济转向的苏哈托时代，雅加达外围地区又演变为被低收入阶层聚居的城中村与中上阶层生活的门禁社区相互隔离的城乡混合体（Winarso，2010）。相似的，土耳其迁都安卡拉后，伊斯坦布尔也同样经历了20世纪50年代凯恩斯主义下的高速公路建设与外围大型居住区开发，以及1980年以后随经济自由化政策而出现的高层建筑、门禁社区与非正式建设混杂的状况（Turan，2010）。时至今日，发展中国家特大城市地区更面临更加多样的治理模式和技术手段选择。以史为鉴，无论是要同时学习多种治理手段，还是选择或发展最适宜的治理模式，发展中国家特大城市地区都面临较发达国家更为艰巨的任务。

（3）对"密度—设施"关系的调节需要在治理能力的保障下实现

除了基底密度高、基础设施长期匮缺等客观条件，以及经济社会发展水平相对落后等阶段原因以外，政府动员能力、建设项目实施能力、区域协调管理能力等治理能力的不足也是上述"密度—设施"关系调控难以产生良好效果的重要原因。

具有较高人居空间质量的发达国家特大城市几乎都曾经历过政府强势调控人口密度与设施配置的阶段。城市政府一手大力组织开展更新改造，推动中心区人口密度"稀释"，另一手则利用公共部门系统内部的组织动员能力，推动公共服务设施在特大城市地区内的重布。在20世纪70年代，为应对人口外迁与医学院规模扩大引发的内伦敦各高校附属医院服务能力冗余而外围地区医疗设施服务能力相对不足的问题，伦敦曾采取调整附属医院联系点、削减内伦敦医院病床数、扩大外围地区医院规模等综合手段实现医疗机构相对均衡的布局（Rivett，1986）。为了应对城市中心区的人口流失和衰败问题，纽约从90年代中期起通过采取城市治安"零容忍"、刺激公共设施建设等政策，实现了城市的复兴。东京更是强制要求外围地区的基层地方政府为当地居民提供最低限度的基础设施与公共服务（Okata，Murayama，2010）。

但是诸多发展中国家的大城市政府往往不具备对人口流入与密度堆积进行有效调控或组织大规模改造行动的能力，也难以撼动已有的基础设施服务格局。由于这些城市在向区域增长的过程中未能形成有效的基础设施与公共服务再分布机制，造成中心与外围之间的设施服务水平落差难以得到消弭。以布宜诺斯艾利斯为例，其城市中心区拥有最高等级的全套城市基础设施和公共服务，近郊区则配备基本的设施服务，而外围地区则难被设施所支撑（Reese，2010）。这也大致能够概括其他发展中国家特大城市地区的设施分布特征。在加尔各答等地，城市中心与外围设施分布的差异则进一步造成不同收入阶层居住区位选择的分异（Yadav，Bhagat，2015）。而在居民平均收入水平较加尔各答相对更高的伊斯坦布尔，即便外围地区存在一定的优质设施，它们也仅以门禁社区的空间形式为特定社会阶层所独享（Turan，2000）。在最无效的情况下，城市一方面任由贫民从本国的乡村腹地迁移落脚，偶有的驱离行为也最终演化成周期性的"政治戏剧"（Davis，2009［2006］）；另一方面又任由那些位于城市中心区的高等级设施以原地扩改建的方式提升服务能力，而新城或卫星城项目多依托于已有中小城镇，仅能通过借助当地的设施条件基础而发展，从而造成外围城镇反而沦为设施供给的相对洼地。可见，若没有足够的动员和执行能力，特大城市地区对"密度—设施"配置关系的调控将无从谈起。

3.2 样本地区的密度—设施空间分布

在对"密度—设施"关系总体治理状况的归纳基础上，本节进一步以10个样本城市地区和两类基础设施为例，阐释世界特大城市地区"密度—设施"关系的空间分布基本规律，以及总体规律之下的聚类特征与治理路径分异。从中可以大致判断当前上海—苏州地区的"密度—设施"配置关系在同类型特大城市地区中的相对水平及相对特征。

3.2.1 对象与空间构造

（1）设施类型

交通设施和医疗设施将分别作为工程性基础设施和社会性基础设施的代表。城市道路、公路、轨道等交通设施往往配合市政设施（电力、水务、燃气、热力、通信、综合管廊等）一起建设，同时也提供了大量的城市公共空间，重要的公共服务设施的布局也有赖于交通基础设施，因而交通设施的状况可以相对全面地反映工程性基础设施的总体状况。医疗服务是实现人们从基本生存到自我发展各个需求层次的重要物质保障。和以中小学为代表的教育设施相比，医院在区域尺度上的分布不均衡问题更加突出。在中国大城市地区日益趋于人口老龄化的今天，医疗设施已经成为人们择居时所考虑的重要区位因素，然而就医拥挤、"看病难"问题也困扰中国特大城市地区的高质量发展。以医疗设施作为公共服务设施的代表，也可有助于发掘特大城市地区人口密度与公共服务设施关系的非均衡特征。

根据前章对"密度—设施"比例关系的计算方式设计，本节将一定空间范围内的人均设施享有量作为空间测度。

（2）圈层结构的视角

"尽管单中心城市模型是对现实的过分简化，但是它仍是一个十分有用的分析工具，只需对它稍作修改，就能精准地模拟现实世界"（McMillen，2006）[129]。为便于和对上海—苏州地区的分析工作进行参照，此部分以圈层视角对特大城市地区构造内核区、中心区、大都市区、区域四个空间层次。内核区（约60平方公里）一般为特大城市中央商务区或旧城区所在的核心地区，中心区（约600平方公里）为主城区范围①，大都市区（发达国家特大城市地区的情况多为1万～3万平方公里左右、发展中国家特大城市地区则多为6000平方公里左右）为一般意义上的单中心特大城市地区范围，所在国家/地区（30万平方公里左右）为支撑特大城市地区生存和发展的区域腹地②（图3-4）。在针对密度与医疗设施关系的研究部分中，为便于收集统计数据，也同时以习惯性的行政区划边界确定部分城市的内核区和中心区（表3-2）。

---

① 世界诸多特大城市的中心区存在"600平方公里"现象。除本研究涉及的研究样本外，广州、芝加哥、新加坡、胡志明市等城市的中心区面积也在600平方公里左右。

② 由此内核区60平方公里、中心区600平方公里、大都市区6000/1万～3万平方公里、区域/国家30万平方公里的空间尺度数量关系，可通过取空间尺度面积（A）除6后以10为底的对数，即 $\lg(A/6)$，将各圈层空间尺度关系进行适当简化。第3.2.2-3.2.4节的数据分析部分将以此方式表达特大城市地区各圈层空间的尺度面积。

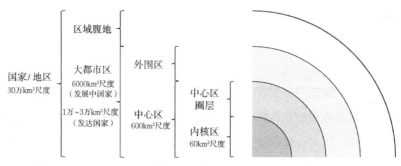

图3-4 特大城市地区圈层结构及圈层范围构造

（图片来源：笔者自绘）

世界特大城市地区空间圈层构造　　　　　表 3-2

特大城市地区		内核区	中心区	大都市区	所在国家／地区
类型	名称	面积	面积	面积	面积
发达国家	伦敦	中央次区域* 129平方公里	内伦敦 303平方公里	英格兰东南部地区 3.98万平方公里	英国 24.3万平方公里
			伦敦邮政区** 620平方公里		
			大伦敦 1579平方公里		
	纽约	曼哈顿 59平方公里	纽约市（除斯塔滕岛） 与哈德逊县 757平方公里	纽约大都市区 3.45万平方公里	美国东北部地区 41.9万平方公里
	巴黎	巴黎市 105平方公里	原塞纳省 480平方公里 巴黎市与法兰西岛内圈 763平方公里	法兰西岛 1.20万平方公里	法国 55.2万平方公里
	东京	山手线内侧地域 63平方公里	东京都区部 622平方公里	一都三县 1.35万平方公里	日本 37.8万平方公里
		都心三区 42平方公里		关东地区 3.24万平方公里	
	首尔	老城及周边市区*** 104平方公里	首尔特别市 605平方公里	首尔大都市区 1.17万平方公里	韩国 10.0万平方公里
发展中国家	上海	内环线以内中心城区 114平方公里	外环线以内中心城区 663平方公里	上海市域 6340平方公里	长三角三省一市 35.4万平方公里
		黄浦区、原静安区 57平方公里	中心城区 289平方公里	上海—苏州 1.32万平方公里	
			中心城区、闵行区、宝山区、原浦东新区1454平方公里	上海大都市区**** 3.16万平方公里	

特大城市地区		内核区	中心区	大都市区	所在国家/地区
类型	名称	面积	面积	面积	面积
发展中国家	北京	北京旧城 62.5平方公里	五环以内中心城区 667平方公里	北京平原区县 7930平方公里	京津冀地区 21.6万平方公里
		首都功能核心区 92平方公里	首都功能核心区、城市功能拓展区 1368平方公里	北京市域及东南部地区***** 2.62万平方公里	
	雅加达	雅加达中区 48平方公里	雅加达市 661平方公里	大雅加达 6392平方公里	爪哇岛 12.6万平方公里
	孟买	孟买市 157平方公里	大孟买 603平方公里	孟买大都市区 4355平方公里	马哈拉施特拉邦 30.8万平方公里
	马尼拉	马尼拉市 39平方公里	马尼拉大都市 639平方公里	大马尼拉 6895平方公里	菲律宾 30.0万平方公里

*2011年后，伦敦更新了对中央次区域（Central Sub Region）的定义，现行范围包括卡姆登、伦敦城、肯辛顿-切尔西、伊斯灵顿、萨瑟克、威斯敏斯特市与兰贝斯。在后文的研究中，为取历史数据获取之便利，同时以"内伦敦（Inner London）"作为伦敦内核区的范围。

**取历史数据获取之便利，在后文的研究中，也同时以"大伦敦（GLA）"作为伦敦中心区的范围。

***首尔并不存在城市内核区的概念，为便于比较，本研究所构建的首尔核心区大致覆盖首尔老城的范围，包括中区、钟路区、龙山区、城东区、东大门区和西大门区。

****规划界尚未对此进行明确定义，为便于在相近的空间尺度进行比较，本研究所称的上海大都市区包括上海市、苏州市、无锡市、南通市、嘉兴市与常州市区。

*****此概念形成于清华大学建筑与城市研究所开展的"北京2049"研究（吴良镛，吴唯佳，2012），包括北京市域及周边蓟县、宝坻、北三县、廊坊市区、固安、涿州等区县。

空间层次构造尊重行政边界与对城市圈层结构的习惯性认识，在严格的同心圆模型与简单的行政区统计之间求取平衡，既吸收前者在可比性方面的优点，又具有后者数据收集成本相对较低的便利性。另外，由于行政边界和习惯性认识范围往往也是特大城市地区内部制定、实施空间政策的范围依据，本研究的空间圈层构造方式也更适合进一步开展政策分析与模拟测试。

（3）比较样本选择

特大城市地区的样本选择主要考虑以下三点原则：第一，研究样本内部的高层级行政边界或当地对城市圈层结构的习惯性认识符合本研究构造特大城市地区空间圈层结构的基本设定；第二，除上海—苏州地区，以及作为该地区比较研究对象的北京外，研究样本同时包含其他发达国家与发展中国家的特大城市地区，且可提供在发展阶段与地理区位（东亚、东南亚）两方面与上海—苏州地区对标的可能条件；第三，易通过网络检索获得样本特大城市地区较为全面的人口、交通设施、医疗设施等数据信息（详见附录A）。

图3-5　样本特大城市（地区）人均生产总值比较

（图片来源：笔者根据网络信息自绘，具体数据来源不在此赘列）

综合比较，本章以伦敦、纽约、巴黎、东京、首尔、上海、北京、雅加达、马尼拉和孟买等10个特大城市地区作为比较样本。研究样本中同时包括了5个发达国家特大城市地区（伦敦、纽约、巴黎、东京、首尔）与6个位于东亚、东南亚的特大城市地区（东京、首尔、上海、北京、雅加达、马尼拉），在经济社会发展阶段上，上海与北京、雅加达处于同一水平，落后于5个发达国家特大城市地区，但远高于马尼拉和孟买（图3-5）。

3.2.2　人口密度分布特征

世界特大城市地区各圈层的人口密度大致呈现由核心到腹地逐渐递减的规律。这与一般的理论与实际经验认识大体一致（图3-6）。其中，不同的特大城市地区呈现不同的拥挤状态。伦敦核心区的平均人口密度仅为1.1万人/平方公里，而马尼拉则近3.5万人/平方公里，后者是前者的3倍有余。伦敦中心区圈层的平均人口密度为7000人/平方公里，而首尔中心区圈层则达2.2万人/平方公里，密度超过前者2倍。这一特征也支持前文对后发特大城市地区局部高密度的判断。

然而在人口密度由核心到腹地递减的普遍特征下，也存在某些特例。例如东京、首尔与孟买的核心区人口密度较中心区圈层相对较低，使得整个特大城市地区人口密度分布呈现"火山口状"。这种分布特征受到这些城市功能布局的影响[①]，也与这些城市在其

---

① 东京核心区（山手线内侧地域）中，皇居、御苑、日本中央政府及各类公园、大学等占据较多土地。在首尔核心区，也存在多处宫苑遗址、山丘及驻韩美军基地等低密度建设区域。

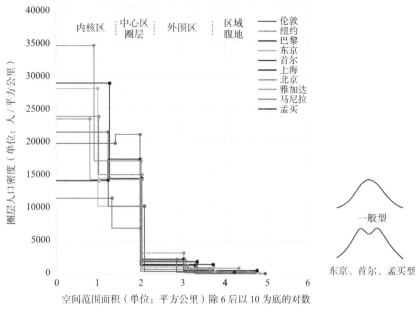

图3-6 圈层结构下特大城市地区人口密度分布

（图片来源：笔者根据附录A数据绘制）

发展历程中曾经贯彻的"密度—设施"配置优化策略有着直接的联系（相关城市通过降低城市重要核心地区的密度来提高局部"密度—设施"配比[①]，从而提高质量感受）。

3.2.3 基础设施分布特征

（1）交通设施

一般情况下，特大城市地区的交通方式主要可分为道路交通、铁路交通、水路交通与航空交通四类。与水路交通、航空交通所依托的码头、机场等点状基础设施相比，道路与铁路交通及其依托的线性基础设施对于区域人口密度分布与土地利用有着更为直接的影响。其中，道路设施包括城市道路、公路、收费道路（高速公路）等类型，铁路设施包括地铁、轻轨、市郊铁路、普通铁路及高速铁路等。

由于道路、铁路两类设施的服务能力计算标准各异，同时不同类型的道路或铁路也具有不同的建设标准或制式，为使人口密度和交通设施配比关系能以一个单一的测度量

---

① 即通过城市更新改造降低局部地区人口密度。但在以土地开发收益最大化为导向的城市更新改造项目运作中，高密度的商业、办公设施往往代替了原有的高密度居住社区，使得被疏解的居住人口由日间就业、消费人口所代替，因此在实际情景下，个别城市人口密度的"火山口状"特征仅代表夜间居住人口的分布状况。

进行表达，有必要采取标准化计算"交通设施当量"①的规则统一两类设施的服务能力测度方法，并使各项设施服务能力的累加成为可能。

因缺乏统一的数据来源，相对精确地收集样本特大城市地区的交通设施数据成为一项庞杂的工作。"开放地图"网站（www.openstreetmap.org）提供了全球范围的交通设施数据，但由于不同数据贡献者所执行的数据标准不统一，使得清洗、整理数据的工作成本巨大，不适于初步探索性质的研究。本研究最终所采用的交通设施数据来自各国际组织、各国、各城市统计资料以及相关研究文献（参见附录A、附录B）。

与人口密度分布状况相似，世界特大城市地区地均交通设施的圈层分布也呈现从内核区到区域腹地逐渐递减的规律特征，但不存在"火山口状"分布的特例。在各圈层内部，不同特大城市地区地均交通设施供给水平与其经济社会发展水平高度相关，经济社会越发达，设施供给越充足。例如东京在内核区与中心区圈层的地均交通设施供给约为北京的2倍、孟买的8倍（图3-7）。上海的地均交通设施供给规模在10个样本地区中总体位居中游，在圈层供给水平与分布特征上和首尔较为接近。

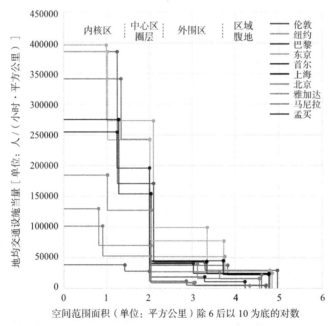

图3-7　圈层结构下特大城市地区地均交通设施分布
（图片来源：笔者根据附录A、附录B自绘）

---

① 本书所称的交通设施当量，指不同交通设施每小时运送旅客的能力，单位"人/小时"。对于道路设施，通过道路长度与道路面积两项指标，可估算道路平均宽度，并确定道路平均车道数。进而根据一条车道单向通行能力1800当量小汽车/小时，通行能力由中心车道向外按1.0、0.85、0.7的系数折减，每当量小汽车平均运送2人，可计算道路网整体的通行能力。对于铁路设施，通行能力按地铁单向40000人/小时、市郊铁路20000人/小时、高铁10000人/小时、普通铁路5000人/小时计算。

（2）医疗设施

某一医疗设施的服务能力反映在床位数、建筑面积、卫生技术人员（医生、护士等）数量等指标上，若扩大到一定地域范围，这种能力也体现在医疗机构数量、卫生经费等指标。鉴于不同医疗机构的服务规模与不同卫生技术人员的服务能力差异显著，以及建筑面积、卫生经费的信息获取难度较大，本部分以床位数作为医疗服务设施服务能力的测度，并以千人均床位数作为表征人口密度与医疗服务设施配比的测度。

笔者暂收集到除雅加达以外其他9个特大城市地区各圈层的医疗机构床位数信息，这些信息主要来自各国、各城市统计资料以及相关研究文献（参见附录A、附录C），其中伦敦等部分特大城市地区圈层空间的床位数信息经由对医疗机构地址进行空间落位后经过空间统计而得。但是，官方统计资料大都仅将公立医疗设施纳入统计范围（例如伦敦的数据来自英国国家医疗服务系统NHS对下辖医疗机构床位数的统计），未计入私人医疗服务机构。由于不同特大城市地区私人医疗服务在总供给中的份额各异[①]，这将使得研究结果难以为不同特大城市地区间的横向比较提供有科学意义的数据支撑。但是，这些数据仍足以得出有关特大城市地区人口密度与医疗服务设施配置关系的基本空间分布特征。

与人口密度、地均交通设施的分布情况相似，世界特大城市地区地均医院床位的分布同样呈现从内核区到区域腹地逐渐递减的特征。但在私立医疗机构数据未纳入部分特大城市地区统计的情况下，不同特大城市地区地均医院床位数与该地经济社会发展水平的关联度并不高，例如伦敦所呈现的相对低值与上海、北京的相对高值（图3-8）。医疗设施在区域腹地内的分布密度极低，佐证了特大城市地区医疗设施分布的"中心性"特点。上海的地均公立医疗服务设施供给规模在样本地区中位居前列。

3.2.4 "密度—设施"分布特征

（1）人口密度与交通设施

对上述10个样本地区进一步计算各圈层人均交通设施当量，则世界特大城市地区人均交通设施总体上呈现从内核区到区域腹地逐渐递增的特征。受人口密度圈层分布的影

[①] 例如：2010年，社会力量开办的医疗机构（包括各类民营医院、国际医院等）床位数仅占上海全市医疗机构床位总数的4%，门诊量仅占全市总量的6%（参见：徐建光，朱勤忠，李卫平等. 上海市医疗机构设置规划研究 [J]. 中华医院管理杂志，2011，8：568.），而菲律宾马尼拉的私人医疗机构床位供给数几乎与公立医院持平（参见：Health and Welfare. Philipine Year Book 2013. https://web0.psa.gov.ph/sites/default/files/2013%20PY_Health%20and%20Welfare.pdf）。

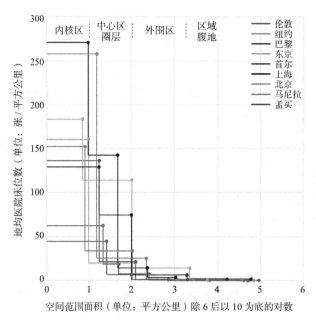

图3-8　圈层结构下特大城市地区地均医院床位数分布
（图片来源：笔者根据附录A、附录C自绘）

响，东京、首尔、孟买内核区人均交通设施当量高于中心区圈层（图像呈"反火山口状"），使得总体的单调性特征之下存在个别的非单调性与密度—设施配比异常值（如首尔中心区圈层与外围区的人均交通设施当量大体与北京、上海处于同一水平，但内核区则达到了伦敦、纽约、巴黎、东京的发达水平），展现了一种通过干预局部"密度—设施"关系来实现形态结构调整的可能途径（图3-9）。

在各圈层内部，不同特大城市地区人均交通设施水平与其经济社会发展水平同样高度相关，且相对水平较地均分布状况进一步拉大。例如伦敦和孟买之间总体呈现约20倍的差距。上海的人均交通设施供给水平与首尔、北京接近，在10个样本地区中总体位居中游。

（2）人口密度与医疗设施

对9个特大城市地区进一步计算各圈层人均医院床位数，则世界特大城市地区人均医疗服务设施整体呈现在内核区、中心区圈层和外围区范围由内向外递减，而在区域腹地又有所上升（或在内核区、中心区圈层递减，在外围区与区域腹地递增）的空间分布特征（图3-10）。但北京、孟买为其中的特例。在北京与京津冀案例中，津、冀区域腹地的人均床位数较北京郊区县圈层进一步递减；在孟买案例中，外围区圈层同时高于中心区圈层与区域腹地。上海内核区与中心区圈层的人均公立医院床位数供给水平在样本地区中位居前列。

这一空间分布特征表明，世界特大城市地区在外围普遍存在人口密度与医疗服务设

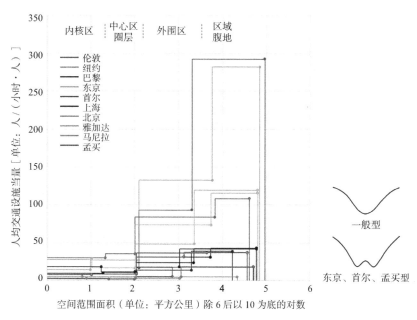

图3-9　圈层结构下特大城市地区人均交通设施分布

（图片来源：笔者根据附录A、附录B自绘）

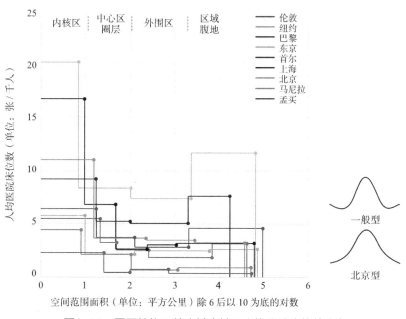

图3-10　圈层结构下特大城市地区人均医院床位数分布

（图片来源：笔者根据附录A、附录C自绘）

施配比相对较低的环状地带。上海拥有最低人均医院床位数的圈层出现在由闵行区、宝山区和原浦东新区所组成的中心城周边地区（距上海市中心约10～20公里）。伦敦的最低人均医院床位数圈层为英格兰东南部及东英格兰地区范围（距伦敦市中心约20～100

公里），东京的最低人均医院床位数圈层为东京都市部与神奈川、千叶、埼玉三县范围（距东京市中心约15~60公里）。上海出现最低配比值的圈层较伦敦、东京具有同样特征的圈层距离特大城市中心更近。

3.3 "密度—设施"分布与人居空间质量调控策略的关系

在总体规律特征下，特大城市地区之间存在"密度—设施"空间分布的模式聚类，发展阶段、体制环境、治理路径等因素使得特大城市地区采取有差异的"密度—设施"调节策略，并显著反映在该地区的密度—设施分布曲线上。

3.3.1 分布曲线聚类与发展阶段的关系

在上述针对特大城市地区人口密度、地均交通/医疗服务设施与人均交通/医疗服务设施圈层空间分布特征的数据信息处理与图像表达基础上，将三类测度数据绘入同一个以圈层人口密度为横坐标，以圈层地均设施为纵坐标，以坐标点的纵横坐标比值（斜率）表示人均设施享有量的坐标系中，从而获得所有特大城市地区样本的"密度—设施"圈层分布图像（图3-11，图3-12）。从中可获得两方面的关键信息。

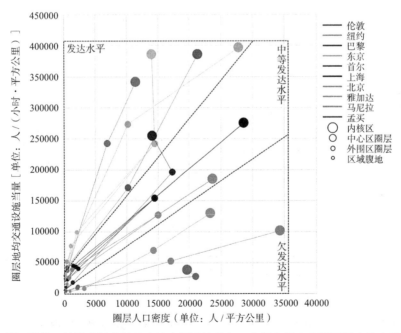

图3-11　圈层结构下的特大城市地区人均交通设施分布，坐标点斜率表征圈层人均交通设施当量
[单位：人/（小时·人）]

（来源：笔者根据附录A、附录B自绘）

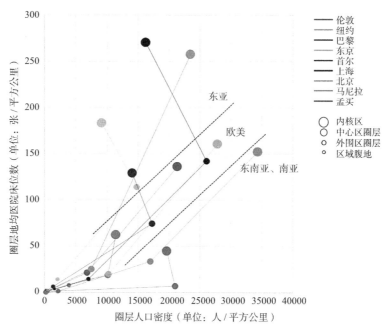

图3-12　圈层结构下的特大城市地区人均医院床位数分布，坐标点斜率表征圈层人均医院
床位数（单位：张/人）

（图片来源：笔者根据附录A、附录C自绘）

第一，图像分布状况与特大城市地区发展阶段及所在区域具有显著关联。由图3-11可见，不同发展阶段特大城市地区的"密度—设施"分布图像呈现按经济社会发展水平聚类分层排列的态势，表明人口密度与交通设施的配比状态与发展水平直接相关。图3-12则表明，东亚特大城市内核区的医疗设施富集度普遍较高，体现出某种地域性特征。若考虑到本章采用的医疗设施数据未能覆盖部分欧美发达国家特大城市的私人医疗设施，则在实际分布图像中，欧美特大城市地区医疗设施相对人口密度的配置水平将高于东亚地区。

第二，如前节已示，个别特大城市地区分布图像形态具有特殊性。例如东京、首尔、孟买的人口密度与交通设施配比关系以及上海、北京、东京、首尔、孟买的人口密度与医疗设施服务配比关系在内核区相对更高，其图像呈现出与其他特大城市地区截然不同的"非单调性"。这一特征暗示，亚洲特大城市地区存在一种通过对内核区"去密"，从而实现"密度—设施"关系局部改善的特大城市形态结构调控路径。

需要额外说明的是，上述分析结果证明了特大城市地区人口密度、基础设施以及"密度—设施"关系的空间分布状况并非简单的由中心向外围地区递减[①]，而是充满了非

---

① 研究者与规划师往往自然而然地认为，对于单中心特大城市而言，各种类型的基础设施无论在绝对数量、地均密度还是人均享有量上都呈现由城市中心向外围地区单调递减的特征。从本文的研究结论看，这种认识有失准确。

单调变化的可能性[①]。任何一种密度、设施或人均设施的空间分布形态都难以被视为"最优"或"合理"的，空间发展路径和战略选择都将对有关设施本身以及密度与设施配置关系的具体分布产生直接的影响。

3.3.2 分布曲线形态与路径策略的关系

综合样本特大城市地区人口密度与交通、医疗两类基础设施配比关系曲线结果，我们可以进一步抽象出三类处于不同经济社会发展阶段和洲际地域特大城市地区的密度—设施分布曲线一般形态（图3-13）。

（1）欧美发达国家特大城市地区（图3-13中①所示，包括伦敦、纽约、巴黎）的密度—设施分布曲线总体呈现单调性与温和的凹凸性，各圈层的"密度—设施"配比值普遍较高且相互之间差距不大。

（2）东亚特大城市地区（图3-13中②所示，包括东京、首尔、上海、北京）的密度—

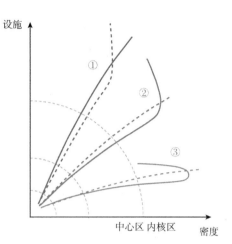

图3-13 不同经济社会发展阶段特大城市地区的密度—设施分布曲线形态差异
（图片来源：笔者自绘）

设施分布曲线中，代表内核区的部分"密度—设施"配比值高于其他圈层，且曲线向左上方偏转，表明此部分或曾在疏解人口的同时得到基础设施补充供给。

（3）东南亚、南亚后发特大城市地区（图3-13中③所示，以孟买为典型）的密度—设施分布曲线则呈现强烈的非单调特征，代表内核区的曲线部分向左侧回转，表明此部分或曾经历强势的人口疏解。

3.3.3 初步解释

以历史的观点看，发达国家特大城市"密度—设施"关系各圈层协调的结构状态有可能是整体优化的结果，也有可能是经历多次局部优化后最终形成的结果，因此难以判

---

① 由此引申，在城市规划研究实践中，研究者与规划师需要十分谨慎地对待有关基础设施与公共服务设施服务水平指标的研究工作。只有在同时明确基础设施或公共服务设施类型、指标计算方法（总量、地均或人均）与规划研究/编制范围在城市、区域中的圈层空间位置这三项前提条件后，方可进行相关指标的现状分析、对标、比较与指标制定。然而在实践中，规划指标制定工作往往在缺乏空间分布规律概念的情况下开展。

断今日伦敦的密度—设施分布曲线形态是否将为明天的孟买所共享，或是历史上伦敦是否也曾经历过与今日的孟买相似的密度—设施分布状态。由于本书并未就这些发达国家特大城市地区各圈层"密度—设施"关系变化的历史全过程予以考察，且笔者目前可获得的研究素材与数据信息尚无法支撑相关推断，这里只可根据文献综述或经验假设，对上述分布曲线形态差异与聚类特征予以初步解释。

（1）经济社会发展阶段方面的原因。孟买等相对落后的欠发达特大城市优先采取疏解内核区人口这一资源投入成本最低、见效最快的"密度—设施"关系调节方式，具有中等发达以上发展水平的东亚特大城市则有条件对局部地区进行基础设施补充供给，而最为发达的伦敦、纽约、巴黎实现了特大城市地区整体的公共资源协调供给。根据前章提出的假设，孟买等欠发达特大城市的分布曲线形态具有长期空间过密化与"密度—设施"关系失衡的迹象，因此这些城市对内核区的人口疏解可以视为对低水平空间质量进行局部突破的尝试。

（2）空间策略方面的原因。后发特大城市地区的内核区作为所在国家的首都核心区或重要的商埠区，一方面继承了早前积累的高等级公共资源，另一方面也扮演了所在国家和地区现代化建设的"窗口"角色，是改善城市形象与人居环境质量的优先地区。这些地区往往受益于城市—区域非均衡发展战略与公共资源投入倾斜政策，而获得较高的"密度—设施"配比水平。

（3）体制、制度原因。例如，后发特大城市往往尚不具备区域层面的公共资源协调配置能力或重布公共机构的组织动员能力，使得大量设施就近在城市中心扩容，进一步强化了"密度—设施"局部高配比的状况。又如，东亚、东南亚和南亚国家普遍由国家或城市公共部门进行自上而下的公共资源配置与干预，未采取公共资源地方配置、"用脚投票"等相对灵活的市场化规则，造成基础设施、公共服务设施的集聚程度更高。

3.4 本章小结

本章通过对世界特大城市地区研究群像的"密度—设施"分布及其治理状况进行文献归纳与定量分析后认为：

"密度—设施"关系失衡是普遍困扰发展中国家特大城市地区的人居空间质量问题，为此，相关城市和地区多根据自身资源条件选择使居民适应生活方式、疏解人口、供给设施等具有不同成本负担要求的质量改善与"密度—设施"关系调节路径，但无论采取何种方式，有效的特大城市地区公共资源治理模式和治理主体的能力建设都是重要的支撑条件。

世界特大城市地区的"密度—设施"分布具有一定的圈层结构规律特征，且分布状态和分布曲线形态大致可根据城市地区的经济社会发展水平进行聚类。以上海、北京为代表，中国特大城市地区的"密度—设施"分布状况大致与其经济社会发展阶段和水平相符合，总体脱离了较低的配置水平，但与现有的"最高质量"之间仍有不小差距。

然而，本章尚无法判断当前结果的"一般性"之中是否蕴含了过程的"特殊性"。正所谓每个城市都是独一无二的，若要得知一座城市为何形成了如此的"密度—设施"分布状况，需要从历史中寻找答案。

第 **4** 章

上海—苏州地区人居空间
过密化—反过密化演进

　　本章将以上海—苏州地区为实证对象，透过定性与定量相结合的
"密度—设施"关系测度重新编织这一地区自1946年至今的空间演化过
程，发掘人居空间质量现象、问题与规划、建设、治理策略之间的一般
关联，并试图提炼该地区"密度—设施"关系的时空演化过程特征，解
析上海—苏州地区是如何一步步摆脱后发特大城市地区普遍面临的质量
困境，又遗留了哪些问题。

4.1 研究语境与叙述方法

4.1.1 作为"话语"的"'骨''肉'关系"

作为一门具有较完备知识体系的学科，城市规划通过大量相互关联的概念建构而成；作为一项社会工程，城市规划活动的开展也有赖于系统性的社会组织。将概念由掌握知识的一方准确传达给社会系统是确保学科实践能力的重要路径。福柯提出，知识在社会中的传播与应用是通过"话语（discourse）"得以实现的（Foucault，1971）。若要能够在社会系统的上传下达中不出现信息失真，可应用的城市规划"话语"必须具备清晰、简练的特点。显然，"密度—设施"关系这一稍显僵硬、繁冗的话语还无法胜任这一要求。城市规划的知识生产者与位居权力系统高位的"发话者（speaker）"需要创造更为形象的替代概念或依附概念。

公众长于通过借助形象的比喻来传递对某一抽象概念的理解。回顾20世纪80年代前有关城市发展的"质量"概念尚未得到普及的历史时期，公众常常使用"'骨''肉'关系"、"'面''水'关系"等词汇来描述经济社会运行中有关质量与规模、服务与被服务、支撑与被支撑对象之间的内在辩证关系，这一系列话语正隐含了"密度—设施"配置的朴素思想。其中，因城市中心区人口密度过高、基础设施与公共服务不足而引起的交通拥堵、环境恶化、宜居性下降等质量问题长期被形象地比喻为"骨""肉"关系失调。在这一表述下，人口规模、密度，以及与人口相关的就业、功能甚至建设用地等衍生概念均被比作"肉"，支撑人口、就业、功能的城市基础设施、公共服务等被比作"骨"。"肉"多，"骨"少，则势必产生"臃肿"、"臌胀"的城市病，引发交通拥堵、住房短缺、公共服务不足、环境恶化等质量问题。但若"肉"相对"骨"过少，则也无法支撑基础设施与公共服务的正常运转。相应地，疏解人口与功能的行动被称为"瘦身"，扩大基础设施与公共服务的行为被喻为"健体"。

需要指出的是，"骨"、"肉"与"设施"、"密度"的指代关系并非固定，例如毛泽东就曾以"骨"比喻工厂和工业生产，用"肉"比喻生活性基础设施与公共服务设施[①]，70年代末、80年代初的一些文献也曾沿用这一对"骨"、"肉"指代关系的说法（陈为邦，1979；曹洪涛，1981），但没有迹象显示后人仍机械地遵循这一理解。

---

① "前几年建设中有一个问题，就象有的同志所说的，光注意'骨头'，不大注意'肉'，厂房、机器设备等搞起来了，而市政建设和服务性的设施没有相应地搞起来，将来问题很大。"参见毛泽东，"在中国共产党第八届中央委员会第二次全体会议上的讲话"，载于：毛泽东选集第五卷［M］．北京：人民出版社，1977.

经历了传播、阐释甚至误读，所谓的"骨"和"肉"似乎已经摆脱了一对一的指代性，而演化为描述城市形态结构关系的整体性概念。本书则遵照一般的形象理解，以"骨"比喻设施，以"肉"比喻密度以及与密度相关的就业、功能、空间等衍生概念。

4.1.2　理性逻辑下的空间干预进程

哈丁认为，公共资源的困境问题没有技术性解决方案，解决公共资源困境的出路在于道德和制度约束（Hadin，1968）。奥斯特罗姆进一步将这个问题阐释、发展为一种有关集体行动的制度约束（Ostrom，2012［1990］）。无论答案正确与否，该命题都对规划研究提供了一条有意义的思路：只有当一个非制度性的物质空间规划方案确实出于技术理性，并且通过物质空间规划的实施来实现城市与区域治理的政治途径受到制度充分尊崇的条件下，研究者才得以相对客观地讨论城市发展现象、问题与规划政策制定之间的关系和内在逻辑。

芒福德曾指出，城市不是一个孤立的个体，而是区域中的有机一员（Mumford，2009［1938］）。若以特大城市为本体加以重新阐释，真正的特大城市规划则必须是对特大城市地区的规划。以此为评判标准，现代意义的上海城市与区域规划肇始于1946年"大上海都市计划"。与彼时世界上其他规模等量齐观的特大城市规划相似的是，驱动这份规划编制的动机一方面是预见城市未来的增长，并给出容纳增长的布局方案，另一方面在于为城市中心区过度集中的人口与工业寻找恰当的安排途径（城市规划学刊编辑部，2007）。新中国成立后，上海在城市—区域层面开展了"上海市城市总体规划方案"（1959年）、1986年版和1999年版城市总体规划的编制和实施工作，同时也进行了大量涉及物质空间的政策制定和建设行动。总体而言，"理性"是上海城市总体规划工作所宣扬的核心价值（徐毅松 等，2009；李兆汝，曲长虹，2009）。面对城市与区域空间发展问题，历版上海总体规划均坚持了"中心城功能优化"与"有机疏散"的思想（徐毅松，2016）。若用本书的研究话语来描述，即历版总规均致力于降低中心城的人口密度，提高基础设施与公共服务水平，并将疏解的人口与产业安排在外围地区。

无论这种"理性"是出于政治考量、技术判断还是兼有之，上海相对连贯的规划政策输出使得研究者能够分析作为理性技术方案的历轮规划研究或规划方案究竟在不同时期的物质与制度条件下取得了哪些效果，又产生了哪些妥协。为此，有必要跳出一般的规划史研究，重新对上海—苏州地区的空间演化与空间干预互动关系的历程予以历史地回顾与辩证地认识。

4.2 时空范围

4.2.1 历史时期划分

以有限的篇幅来从"密度—设施"关系角度厘清研究对象空间演变的要点之一在于将文献资料按历史时期归类。上海及周边地区的发展一方面受到国家宏观政治经济环境的影响，另一方面也受自身历史逻辑的驱动，因此对已有关于中国和上海城市规划发展的历史分期工作进行一定的整合是十分必要的。

根据对相关文献资料的整理，笔者提炼出1946年以来上海—苏州地区空间演进的5个阶段，分别为：

（1）1946—1957年，从开始编制"大上海都市计划"，到"一五"时期结束；

（2）1958—1978年，从"大跃进"后上海开始建设卫星城，到"文革"结束；

（3）1978—1989年，从改革开放伊始，到浦东开发开放前夕；

（4）1990—2010年，从浦东开发开放，到上海举办世博会；

（5）2011年至今。

这一划分方法充分参考了近年来学术界发表的相关研究成果，例如邹德慈曾将中华人民共和国城市规划发展历程分为初创期（1949—1957年）、波动期（1958—1965年）、停滞期（1966—1977年）、恢复期（1978—1989年）、建构期（1990—2007年）和转型期（2008年以后）六个阶段，将"大跃进"、"文革"开始及结束、1989年政治风波和2008年全球金融危机作为分界时点（邹德慈，2014）；李德华将中华人民共和国成立后到改革开放初期的上海城市规划发展分为经济恢复时期（1950—1957年）、城市建设蓬勃发展时期/城市改造和发展的初期阶段（1957—1960年）、城市建设曲折时期/城市发展曲折阶段（1960—1978年）和重大建设时期/重大发展阶段（1978年以后），将"大跃进"、国家提出"三年不搞城市规划"和"文革"结束作为重要分界时点（李德华，2016）；同时也考虑了浦东开发开放（1990年）、上海成功申办及举办世博会（2002年、2010年）等重要时间节点对于上海城市发展和城市规划决策、实施的重大影响。在这种阶段划分方式下，"瘦身"/疏解以及"健体"/改造两种"密度—设施"调节手段在不同时期曾交替占据上风，城市规划"技术理性"对物质、制度环境的应对似乎成为黑格尔式"正—反—合"演变过程中的必然结果。

4.2.2 空间层次界定

从单中心或主副型特大城市地区的视角出发，本章的研究将主要围绕今天的上海市域范围进行展开叙述，苏州部分则主要作为上海—苏州地区的区域腹地纳入论述逻辑中。本书涉及用来描述上海城市空间范围的术语与上海历版规划采用的术语保持一致。这些空间范围一部分为行政区概念，以行政边界为界；另一部分为空间概念，以城市环路等实体空间要素为界。

市域。市域即上海市所辖行政地域。1946年着手编制"大上海都市计划"时，上海特别市市域面积893平方公里，范围大体覆盖今中心城区、闵行区、宝山区南部以及浦东新区的沿黄浦江东岸地区。上海解放前，位于原上海县南部的部分乡镇划出上海市，市域面积缩减至618平方公里。1958年，原属江苏省的嘉定、松江等十个县划归上海市，市域面积扩大至5910平方公里，奠定了今日上海市域空间格局。此后上海市因滩涂淤积或通过围垦等方式获得部分新增土地。至2014年，上海市域面积6340平方公里。

城市中心区。城市中心区（central urban area）是一个较为笼统的空间概念，并随城市的发展而变化，范围不断扩大。上海城市中心区包括了"中（心）区"、"市区"、"中心城区"、"中心城"等不同的概念。

中（心）区。中（心）区是一个空间概念。在"大上海都市计划"中，"中（心）区"指为黄浦江和中山路、大连路所环绕的城区，包括原租界的大部分地区，面积80平方公里。内环高架路建成后，环内城区也被称作中心区，面积114平方公里，覆盖了"大上海都市计划"中的"中区"范围。

市区。市区是行政区概念，与郊区、郊县对应。上海解放后，全市618平方公里范围被划分为20个市区和10个郊区，20个市区总面积为82.4平方公里。1956年至1960年间，20个市区逐渐合并，并向郊区扩展，形成黄浦、南市、卢湾、徐汇等10个市区，总面积为140.9平方公里。

中心城区。中心城区是"市区"概念的衍生。1978年后，原10个市区进一步并入周边郊县的部分土地，全1998年，面积增至289.4平方公里。期间及此后，原南市、卢湾区与黄浦区合并成立新的黄浦区，原闸北区与静安区合并成立新的静安区。

中心城。《上海市城市总体规划（1999—2020年）》将中心城定义为外环线以内地区，面积667平方公里。

中心城周边地区。指中心城以外，北至郊环线，西至嘉金高速，南至黄浦江—申嘉湖高速，东至长江的宝山、虹桥、闵行、川沙部分地区。

主城区。主城区为"上海2035"总体规划提出的空间概念，含中心城的全部范围及中心城周边地区中的大部分，面积1137平方公里。

4.2.3 主要文献材料

本研究所涉资料以当前已公开发表或出版的学术文献或统计资料为范围。有关历史逻辑部分的材料，主要涉及有关上海—苏州地区空间演化的共识性描述及有关人口和设施状况的客观统计数据。其中：

（1）统计数据主要来自《旧上海人口变迁的研究》、《新中国55年统计资料汇编—上海篇》、《上海市人口统计资料汇编》（1949—1988年）、历年《上海统计年鉴》、《苏州统计年鉴》及各类地方旧志、专业志、区县志等资料；

（2）文献著作主要涉及规划管理者、规划师、建筑师及其他行业的科技工作者对上海城市发展的认识及规划干预途径的思考。这些资料主要来自《城市规划》、《城市规划学刊》（《城市规划汇刊》）、《上海城市规划》、《住宅科技》[①]、《社会科学》[②]等期刊。以及上海大学出版社出版的《上海卫星城规划（一）》、《上海卫星城规划（二）》[③]。

（3）规划建设资料部分主要涉及上海历版城市总体规划及相关战略研究、专项规划和实施评估等材料，以及由上海市规划和国土资源管理局、上海市城市规划设计研究院整理发表的《大上海都市计划》、《上海城市规划志》、《循迹·启新：上海城市规划演进》、《转型上海 规划战略》等公开出版物。

4.3 历史演进

4.3.1 起始状态：城、乡空间双重过密

随着1842年上海被辟为通商口岸，由外国投资主导的大规模市政建设逐渐使得租界成为中国近代化的"窗口"，而上海战略地位的提升也使其成为国家重要的工业与贸易设施承载地。然而在"千年未有之大变局"下，这方基础设施供给的"高地"轻易被大量求生计的移民所稀释，上海一次次成为各地流民的避难所（邹依仁，1980）。到甲午战争后，民族工商业的兴起，又使得上海进一步成为远近地区的主要人口流入地（樊卫国，1992）。民国时期，尽管租界的设施规模和水平有了进一步提升，南京国民政府也参与到上海近郊地区的市政建设中，但基础设施的扩容仍无法平衡人口的增长和密度的提升。据统计，自清朝末年到1937年爆发淞沪会战的27年间，上海的总人口（包括租

---

① 《住宅科技》杂志由住房和城乡建设部主管、住房和城乡建设部住宅产业化促进中心与上海市房地产科学研究院联合主办，对上海住房规划与住宅建设方面的学术研究和实践动向多有刊载。

② 《社会科学》杂志由上海社会科学研究院主管、主办。

③ 该书整理了1946至2000年在《申报》、《解放日报》、《文汇报》、《新民晚报》等重要地方报刊上刊载的有关上海城市规划建设的报道。

界和华界）由128.9万增至385.2万，增幅近200%[①]，租界总体人口密度超过8万人/平方公里[②]。而在抗日战争期间，租界再一次扮演了避风港的角色。大量流民的滞留与基础设施的失修、破坏，使得城市变得十分拥挤而混乱。根据国民政府的统计，1947年，上海市中区56.7平方公里建成区范围内的人口数量达319万人，平均人口密度高达5.6万人/平方公里[③]。"如与世界其他大都市之平均人口密度列表比较，即可见本市为世界各大都市中居住情形最恶劣者……本市人口密度拥挤之程度，可谓已达极点"[④]。与此同时，太湖东部乡村的劳动力密集型生产组织形式几乎在外来先进技术的冲击下节节败退，乡村生活长期在一种低水平均衡上徘徊（费孝通，2012［1939］）。在1946年这一时间节点上，上海—苏州地区实际处于城与乡"双重过密化"状态。

4.3.2 疏散理想受阻于中华人民共和国成立初期时势（1946—1957年）

抗战胜利后，上海百废待兴，"整理固不容少缓，建设尤更重要"[⑤]。当时的规划编制者就已认识到高人口密度下的基础设施匮乏问题对城市生活环境的巨大负面影响，"且因如此高密度之人口，又无现代运输设备以供人民工作、社交、游乐等各种必要行旅之需，交通之拥挤阻塞自亦为必然之结果"[⑥]。规划编制者通过对中国城市化进程的判断，预测到1996年上海人口可发展到1500万左右，这些人口集中于本已十分狭小拥挤的市域内显然已不可行。对此，"大上海都市计划"旗帜鲜明地提出疏解人口、建设卫星城的基本对策，"唯一的办法，只有把这些人口疏散"[⑦]，并且不能仅满足于将人口疏

---

① 参见：邹依仁. 旧上海人口变迁的研究［M］. 上海：上海人民出版社，1980：90.
② 参见：邹依仁. 旧上海人口变迁的研究［M］. 上海：上海人民出版社，1980：22.
③ 出自大上海都市计划（二稿）专题一，"上海市建成区暂行区划说明"。大上海都市计划中对于上海城市中心区人口密度有几种不同的说法。根据上海市都市计划委员会区划组第一次会议议案及说明，1946年全市人口350万人，建成区面积100平方公里，建成区平均人口密度为3.5万人/平方公里（引自：上海城市规划设计研究院编. 大上海都市计划（上册）［M］. 上海：同济大学出版社，2014：123.）；根据大上海都市计划（二稿）"本市区划问题的两个因子"，1947年，中区86平方公里范围内容纳约300万人，人口密度为3.5万人/平方公里（引自：上海城市规划设计研究院编. 大上海都市计划（上册）［M］. 上海：同济大学出版社，2014：48.）。
④ 大上海都市计划（二稿）专题一，"上海市建成区暂行区划计划说明"，引自：上海城市规划设计研究院编. 大上海都市计划（上册）［M］. 上海：同济大学出版社，2014：123.
⑤ 赵祖康，大上海都市计划（初稿）序，引自：上海城市规划设计研究院编. 大上海都市计划（上册）［M］. 上海：同济大学出版社，2014：3.
⑥ 大上海都市计划（二稿）专题一，"上海市建成区暂行区划计划说明"，引自：上海城市规划设计研究院编. 大上海都市计划（上册）［M］. 上海：同济大学出版社，2014：123.
⑦ 大上海都市计划（二稿），"人口问题"，引自：上海城市规划设计研究院编. 大上海都市计划（上册）［M］. 上海：同济大学出版社，2014：26.

散到现有建成区以外，而应"分布在我们的市界之外，造成所谓卫星市镇来解决"[①]。同时，"必需实行相当的疏散，而计划中的新居民区人数却不是1千或是1万，却在50万以上……工业区务必具有公共、私人、公用以及所有工业企业所需要的设施，即电力、煤气、水、沟渠、交通、公共卫生和教育的设施"[②]，对于疏散到卫星城的人口，必须配以足够的基础设施与公共服务。

"大上海都市计划"（三稿）于1950年刊印，但遭到来沪指导城市规划的苏联专家的反对。苏联专家巴莱尼柯夫认为该计划提出的分散化布局的本质"是一种以现代化交通工具将新、老市区串连起来的一个庞大城市"[③]，基础设施投资较大，不及以扩大已建城区为途径发展城市的办法来得经济，并建议新建城区在原有工业区的基础上就近开展改扩建。在巴氏《上海市改建及发展前途问题意见书》的指导下，上海市于1951年成立工人住宅建设委员会与市政建设委员会，编制《上海市发展方向图（草案）》，结合原有沪东、沪西、沪南三大工业区，就近规划建设曹杨、长白、控江、凤城等10个工人新村，1953—1954年间又在这些工人新村附近陆续建设了一批工人住宅，安置工人家庭，成为国民经济恢复时期上海开展人口布局安排的主要行动成果[④]（图4-1）。

与此同时，国家开始了"一五"时期（1953—1957年）的基本建设工作。"一五"计划的重点是集中力量建设苏联援建的156个工业项目及配套工程，考虑意识形态、国防安全、全国生产力布局等多方因素，这批工业项目多安排于内陆地区。中央提出，"一五"时期的城市建设任务"不是发展沿海的大城市，而是要在内地发展中小城市，并适当地限制大城市的发展"[⑤]。考虑我国实现工业化所需资金几乎全部依靠国家内部积累，

图4-1　1952年上海工人新村分布

（图片来源：上海城市规划设计研究院编. 循迹·启新：上海城市规划演进［M］. 上海：同济大学出版社，2007：65.）

---

① 大上海都市计划（二稿），"人口问题"，引自：上海城市规划设计研究院编. 大上海都市计划（上册）［M］. 上海：同济大学出版社，2014：26.

② 大上海都市计划（二稿），"工业应向郊区迁移"，引自：上海城市规划设计研究院编. 大上海都市计划（上册）［M］. 上海：同济大学出版社，2014：31.

③ 参见：上海城市规划志编纂委员会编，上海城市规划志，第二篇第一章第一节，"上海市改建及发展前途问题意见书"。

④ 期间，苏联专家穆欣曾于1953年指导编制《上海市总图规划示意图》，但据称在当时上海地方规划师的抗争下，此规划并未对城市布局产生重大影响。参见：赵冰，冯叶，刘小虎. 与古为新之路：冯纪忠作品研究［M］. 北京：中国建筑工业出版社，2015.

⑤ 引自：李富春，关于发展国民经济做第一个五年计划的报告，1955。

中央要求全国厉行节约，降低建设标准，降低城市规划标准，充分估计建设项目的经济成本和经济效果，"使我们有可能节省那些不应有的和可以节省的支出，而用于增加生产性的建设"[1]。为此，"一五"计划安排的427.4亿元基本建设投资中，用于城市公用事业的仅为16亿，占3.7%[2]，包括上海在内的沿海城市建设受到了较大的约束。1953年，建工部召开第一次全国城市建设会议，提出城市规划要"贯彻全面规划、分期建设、由内而外、填空补实"[3]，这一原则成为包括上海在内的全国大城市规划建设所遵循的重要指导依据。到1957年，"勤俭建国"进一步上升为社会主义建设的重要方针[4]。同年，李富春在重庆提出了城市规划在贯彻"勤俭建国"方针中的不够之处，城市规划人均居住面积过大被列为一项重要问题，上海机关报《解放日报》对此予以了详细报道[5]。

对于那些曾亲自开展"大上海都市计划"人口预测研究并制定疏解方案与宏大蓝图的城市规划管理者来说，彼时城市规划建设工作所处的政治经济环境无疑使之感到困惑和无策[6]：

"过去几年来，我们对于上海市今后发展的性质规模与方向的认识，是不够明确的，我们的具体建设工作免不了或多或少在两个极端的思想，即一个是大上海思想而另一个是因陋就简的思想之间，摇摆进行。"[7]

事实上在同一时期，上海已开始在中央的计划下，通过工厂搬迁、大学与文化团体迁建、支援工业项目建设等多种途径向外地转移部分人口和工业（谢忠强，2014）。据统计，"一五"期间上海累计支援全国其他地区建设28万人，外迁272家轻工、纺织等劳动密集型工厂[8]。但是，无论是市域内有限的布局调整还是支援全国建设，都无法扭转上海市区人口的进一步密集化。到1957年，居于上海市区的户籍人口数量达634万人，

---

① 引自：李富春，关于发展国民经济的第一个五年计划的报告，1955。

② 根据吴维平（Wu Weiping）和高巴茨（P. Gaubatz）（2013），联合国推荐发展中国家城市基础设施投资占全社会固定资产投资比重应达到9%~15%，以保障城市生活质量，而"一五"期间我国城市公用事业（基础设施）投资占基本建设（固定资产）投资的比重远低于该推荐值。

③ 参见：上海城市规划志编纂委员会编，上海城市规划志，"大事记（1952年）"。

④ 1957年，毛泽东在《关于正确处理人民内部矛盾的问题》一文中提出，"要使我国富强起来，需要几十年艰苦奋斗的时间，其中包括执行厉行节约、反对浪费这样一个勤俭建国的方针。"

⑤ 参见：基本建设应该贯彻勤俭建国方针 李富春谈十方面政策 薄一波指出三大思想障碍[J]. 解放日报，1957年5月18日。李富春时任国家计委主任。

⑥ 1957年5月24日，《解放日报》刊登署名文章，其中谈到，"上海城市规划已经搞了七年之久，但是到现在尚拿不出一张城市规划总图。规划局的负责同志好像愈来愈没有信心了。"参见：郭望增. 是什么影响了设计人员积极性的发挥？[J]. 解放日报，1957年5月24日。

⑦ 赵祖康. 旧工业城市的充分利用与城市改建[J]. 解放日报，1956年7月1日。赵祖康曾任上海市工务局局长，主持制定大上海都市计划，时任上海市规划建筑管理局局长。

⑧ 参见：上海计划志编纂委员会编，上海计划志，第一篇第二章第三节，"执行结果"。

较抗战结束时300多万的规模几乎翻倍。在沿海大城市基础设施建设资金安排极为有限的情况下，上海市区的人居环境质量实际无法得到改观。

4.3.3 多管齐下向外疏解市区人口（1958—1977年）

1956年2月，苏共召开"二十大"，赫鲁晓夫在向苏共中央委员会所作的报告中指出，"苏联大城市的生活条件改善问题，在很大程度上与人口增长有关"，由于这些城市仍然面临巨大的人口自然增长与机械增长压力，要解决生活条件问题只有通过"阻止劳动力从其他地方迁往大城市，让大城市以其现有人口来满足其自身不断增长的需求"[1]，由此来解决大城市自身的住房和设施问题。但另一方面：

"同样也可以通过在莫斯科、列宁格勒、基辅、哈尔科夫等大城市周围建设舒适的小城镇来分散人口。原本分配给这些城市的住房建设资金可用于建设这些小城镇。这样的话，住宅就没有必要建在大城市内部，而是可以脱开一些距离来创造良好的生活环境，从而鼓励人们迁居。还可以向这些小城镇转移一些工业，让工人们就近工作。"[2]

尽管赫鲁晓夫在大会报告中只字未提所谓"卫星城（ГОРОД-СПУТНИК）"一词，但这段表述完全符合卫星城的经典定义。而同样也是在1956年，随着中共中央调整对国际和周边形势的判断，提出在沿海工业和内地工业的关系问题上，要充分利用和发展沿海的工业基地[3]，上海较中华人民共和国成立初期而言拥有了相对宽松的发展外部条件。

为此，上海市委提出"充分利用，合理发展"的工业方针，在利用市区空地和设施安排工业项目的同时，着手向郊区迁建及新建一部分工厂。同年9月，苏联专家建议上海建设卫星城[4]；同月，上海市规划建筑管理局编制了《上海市1956—1967年近期规划草案》，新辟彭浦、桃浦、漕河泾等近郊工业区，提出在闵行建设卫星城[5]。10月，第二十一次市长办公会议决定，"为了全市人口的合理分布，减少市区人口过分拥挤，要结合各工业迁建、新建计划，考虑工业和人口的分布规划"，但是"卫星城镇不要搞

---

① 赫鲁晓夫，在苏共"二十大"上向苏共中央委员会作的报告，1956。
② 同上。
③ 毛泽东，论十大关系，1956，引自：毛泽东选集第五卷，1977。
④ 吴静等编，上海卫星城规划（一），"二、上海卫星城初步发展阶段"。
⑤ 参见：上海城市规划志编纂委员会编，上海城市规划志，第二篇第二章第一节，"1956~1967年近期规划草案"。当时，闵行所在的上海县仍归江苏省管辖。

多，首先集中发展闵行"①。

1957年12月，中共上海市第一届第二次代表大会正式提出"在上海周围建立卫星城镇，分散一部分小型企业，以减轻市区人口过分集中"②。次年1月，考虑上海副食品的供应问题，上海、嘉定、宝山3县由江苏省划归上海市③，也为上海在更大空间范围内安排城市布局创造了条件。

是年春天，"大跃进"之风开始在全国蔓延。4月，上海市规划局完成《上海市1958年城市建设初步规划总图》，这份规划明确了近期规划草案提出的建设近郊工业区的计划，同时卫星城扩大到闵行、吴泾、安亭、嘉定、松江5处④。同年11月，松江等7县划归上海。1959年，在国家建筑工程部城市规划局的指导下，上海市完成《关于上海城市总体规划的初步意见》，编制"上海区域规划示意草图"与"上海城市总体规划草图"。《意见》提出"逐步改造旧市区，严格控制近郊工业区，有计划地发展卫星城镇"的城市建设方针，主张在市区和已建近郊工业区之间设置绿带，避免空间连绵发展，并进一步将卫星城选址扩大到12处⑤，但实际建设中仍限于1958年城市建设初步规划总图所确定的5处。至1959年底，5个卫星城陆续完成总体规划，以"闵行一条街"为代表的一批配套住宅与服务区投入使用，并且"在人均生活居住用地、住宅建筑面积、公共服务设施和建筑面积、公共绿地面积等方面，都略高于市区人均水平"⑥。上海卫星城规划建设的总体进度甚至早于"苏联老大哥"⑦。

然而，卫星城建设的热潮仅仅延续了3年时间。1960年冬，中央决定实行"调整、巩固、充实、提高"的"八字方针"，要求缩小基本建设规模，精简城镇职工和人口。上海的城市建设也因此趋于缓慢。在整个60年代里，"住宅建设大幅度减少……少量新

---

① 参见：上海城市规划志编纂委员会编，上海城市规划志，第二篇第二章第一节，"1956~1967年近期规划草案"。

② 吴静等编，上海卫星城规划（一），"二、上海卫星城初步发展阶段"；另据上海市城市规划设计研究院编，循迹·启新：上海城市规划演进，上海市委决定的具体表述为"在上海周围建立卫星城镇，分散一部分工业企业，减少市区人口过分集中"。

③ 根据裴先白口述，"社会主义建设时期上海副食品事业的建设与发展"，载于俞克明主编，现代上海研究论丛（第8辑），2010。

④ 参见：上海城市规划志编纂委员会编，上海城市规划志，第二篇第二章第二节，"1958年城市建设初步规划总图"。

⑤ 参见：上海城市规划志编纂委员会编，上海城市规划志，第二篇第二章第三节，"上海城市总体规划的初步意见"。

⑥ 参见：上海城市规划志编纂委员会编，上海城市规划志，第十篇第一章第一节，"新建居住区分布"。

⑦ 苏共"二十大"后，苏联于1958年提出在莫斯科西北郊建设泽廖诺格勒卫星城，两年后开始进行规划建设。

建住宅一部分在已建新村中'填空补齐',一部分在市区旧房改造中安排"①,到"文革"时期更是到了"见缝插针"的地步②。受此波及,市区人口向卫星城的疏解及卫星城建设也几乎停滞。以闵行、吴泾卫星城为例,在1958至1960年的三年间,两个卫星城的总人口从3.9万增长至6.5万,年均增幅超过25%,到"文革"结束时,人口仍维持在6.8万的水平(图4-2)。

与此同时,上海也经历着规模更大的人口与工业外迁过程。"二五"期间(1958—1962年)为支援全国其他省份的工、农业建设,上海共动员150万人外迁,搬迁企业282家③;三年调整期间(1963—1965年)为配合"三线建设"计划,上海外迁企业40家,随迁职工与建筑工人共计2万余人④,而在整个"三线建设"期间(1964—1978年),上海共外迁企业411家,其中迁往安徽省83家,随迁职工与家属7.3万人(谢忠强,2014);1968至1978年,上海市又动员111.3万知识青年"上山下乡",其中迁往外地61.6万人,迁往上海郊县49.7万人⑤。上述外迁人口中的绝大部分都来自上海市区。仅此估计,1958至1977年间,上海市区就因卫星城建设、支援国家工业建设、"三线建设"、知青下乡等原因至少向卫星城和郊县迁移人口60万人,向市域外迁移人口250万人,这还不包括

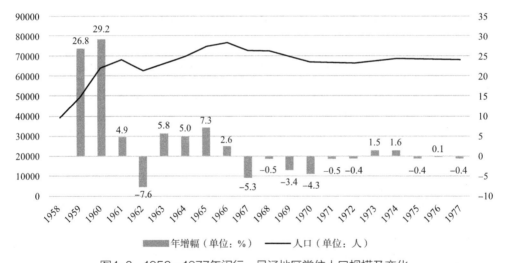

图4-2　1958—1977年闵行、吴泾地区常住人口规模及变化

(图片来源:笔者根据《闵行区志》[闵行区地方志编纂委员会编,1996]所提供的数据自绘)

---

① 参见:上海城市规划志编纂委员会编,上海城市规划志,第十篇第一章第一节,"新建居住区分布"。

② 参见:上海市城市规划设计研究院编,循迹·启新:上海城市规划演进,"十年'文革'的住宅建设"。

③ 参见:上海计划志编纂委员会编,上海计划志,第一篇第三章第三节,"执行结果"。

④ 参见:上海计划志编纂委员会编,上海计划志,第一篇第四章第三节,"执行结果"。

⑤ 参见:上海劳动志编纂委员会编,上海劳动志,第一编第五章第一节,"宣传动员"。

这些年间因城镇精简人口、战备疏散等原因而动员回乡、回原籍的其他人口[1]。巨大的机械迁移规模抵消了中华人民共和国成立后前两次"婴儿潮"给上海带来的人口自然增长。1977年，上海市区人口547万，反而较1957年减少87万。即便将时间放远至1949年，与北京相比，上海的市区人口增幅也显著较低[2]。

在城市基础设施与公共服务投入极其有限的状况未能得到有效缓解的状况下，上海市区的人居环境质量仅能依靠人口的疏解而勉强维持。外迁人口一旦返城，"骨""肉"关系失调的问题又将以更为严峻的态势重新显现。

4.3.4 在空间过密失衡中寻找出路（1978—1989年）

1978年后，知识青年与援外人员陆续返城，加之第三次"婴儿潮"的到来，上海市区人口随之经历了一段近10年的相对较快增长期。1986年，上海市区人口较1977年增长130万，年均增幅达2.2%。根据同年开展的"上海市区人口迁移抽样调查"，1978至1986年间，因知识青年返城与退休职工岗位由外地子女顶替两项原因迁入市区者占这段时期内市区迁入总人口的48%，这与1950至1957年间市区人口增长主要因职工家属随迁、投亲的情况有着显著的不同（张开敏 等，1990）。

然而，人口规模的回升仅仅伴以最低程度的基础设施扩张。根据《上海统计年鉴》的记载，在1950到1978年间，尽管基础设施投资同样十分有限，其占全社会固定资产投资的比重尚达5.8%，但到1980年，该比重竟降至2.9%[3]。基础设施的服务能力已无法跟上市区人口规模与密度，人居质量问题凸显，表现在"市区臃肿，布局混乱；住房困难十分突出；环境污染日趋严重；市政公用设施缺口很大。概括起来说，就是挤、乱、脏、缺四个字"[4]；市区有着全国最高的人口密度（4.1万人/平方公里），却也同时伴随全国大城市最低的人均道路面积（1.57平方米）、最低的人均绿化面积（0.47平方米）、最高的车辆事故发生率和最为严重的三废污染状况[5]——城市排水和污水处理设施超负荷，黄浦江每年黑臭天数150多天；煤气普及率仅49.2%，城市居民仍大量使用煤球

---

[1] 根据张坤（2015）的研究，1949至1976年间，上海市动员人口外迁规模在600万至700万之间。

[2] 根据张坤（2015）的研究，1946至1976年间，北京市区人口增幅达124.6%，同期上海市区人口增幅仅为31.8%。

[3] 为与前文的数据信息相协调，这里的"基础设施"仅指《上海统计年鉴》中的"公用设施"，而非内涵更为广泛"城市基础设施"口径。

[4] 引自：田尔，1980。

[5] 沈峻坡. 十个第一和五个倒数第一说明了什么？——关于上海发展方向的探讨 [J]. 解放日报，1980年10月3日.

炉①。城市管理者和学者们广泛认为，上海患上了"膨胀"、"臌胀"、"臃肿"的"大城市病"，并且清醒地认识到，产生"大城市病"的本质原因在于"骨""肉"比例的失调，在于人口密度与基础设施容量的失调（沈峻坡，1980；田尔，1980；薛羚，1982；胡延照，刘明浩，1986；徐以枋，1986）。

1979年，上海《社会科学》杂志发起了"建设一个什么样的上海"讨论，先后吸引数十位学者为上海城市发展出谋划策，发表见解。1980年，《解放日报》头版刊登文章《十个第一和五个倒数第一说明了什么？——关于上海发展方向的探讨》，引发热烈反响，成为期间一次标志性城市事件②。在这次大讨论中涉及的城市空间发展战略议题，曾由《社会科学》杂志于1980年、1981年两次整理发表（易新，1980；沈峻坡 等，1981），可见讨论中观点之多元、争辩之激烈。其中的主要见解可大体归纳为三类：第一，就地扩容，延续"文革"后期在市区建设高层建筑的尝试，通过大规模的旧城改造提高已建成区容积率；第二，就近疏解，以围绕市区同心圆式扩展的方式降低平均人口密度；第三，城市发展向区域腹地扩散，但至于采取近郊城镇、远郊卫星城镇，还是所谓"带形城市"、"指状城市"的形态，各方则持不同意见。但总的来看，疏解、"瘦身"是学术界的主流意见。一些学者更是主张疏散人口是解决上海市区过密问题的唯一选择③。

在各种有关疏解的观点中，建设卫星城镇仍是为各界所广泛认同的空间方案。一方面，"文革"期间因宝钢、金山石化选址而规划建设的吴淞、金山两个卫星城，进一步为上海向区域腹地发展奠定基础，继承和发展1958年以来上海建设卫星城的经验仍不失为现实途径④。另一方面，当时出现的卫星城人口产业集聚度不够、"人心向市"等问题⑤，也促使部分社会人士思考为创造有吸引力的卫星城生活方式所应采取的基础设施

① 引自：胡延照，刘明浩，1986。

② 参见：徐学明，"上海'全国十个第一、五个倒数第一'文章发表的前前后后"，载于：中共上海市委党史研究室，上海市现代上海研究中心编，口述上海：改革开放亲历记 [M]. 上海：上海教育出版社，2008.

③ 例如吴景祥提出，"上海城市拥挤的状况必须改变……办法只有一条，就是疏散城市人口……目前上海这样拥挤，要在不变动城市人口的情况下改善城市建设是不可能的"（参见：朱玉龙."带形发展"是建设上海的好方式——访全国政协委员、同济大学教授吴景祥 [J]. 解放日报，1980年11月11日）；陈敏之认为，"我们必须采取将人口、工业加以疏导的积极的方针。舍此别无选择。"（陈敏之，1985）

④ 参见：黄兴. 依托市郊县属镇建设卫星城——解决市区'臌胀病'的一种设想 [J]. 解放日报，1982年2月25日.

⑤ 有报道记载，当时有很多在卫星城上班的职工每天赶回市区，造成常住人口未随就业岗位疏解的境况。参见：梁志高，高柳根，厉播. 关于建设卫星城镇的几点设想 [J]. 解放日报，1980年5月21日.

与公共服务供给标准①。毫无疑问，为了改善人居质量问题，必须扭转"先生产、后生活"的城市建设指导思想，投入更多用于改善民生的基础设施。但在当时的政治经济话语体系中，用于改善民生的投资仍属"非生产性建设投资"，无法用于扩大再生产、进一步创造工业产值。尽管上海市政府下决心花大力气补全基础设施短板②，但在全市工业生产任务繁重，同时社会物质水平仍然十分落后的条件下，财政必然捉襟见肘，"实在没有多余的资金来改善和发展市民的生活了"③。因此，"把有限的财力、物力用在最急需的方面"④，把"有限的建设资金，用在经济效益与社会效益明显的建设项目上"⑤是上海市政府在基础设施投资决策事务上不得不仔细盘算的关键问题。

为解决经济发展资金不足的问题，中央于1979年提出了利用外资搞建设的思路⑥。1984年，中共中央、国务院决定在4个经济特区的基础上，进一步开放包括上海在内的14个沿海城市，为上海吸引外资提供了政策便利。彼时，上海市政府认识到，吸引外资的根本，在于创造良好的投资环境，而基础设施条件正是投资环境的重要体现⑦。然而一旦将"有限的建设资金"花在有助于吸引外资的基础设施建设上，就不得不牺牲用于改善民生的投资计划，城市建设再次面临"生产"和"生活"孰先孰后的抉择。

出于提高生产技术水平，增加出口和创汇的目的，改革开放初期引进的外资主要用于建设工厂和宾馆、饭店，发展加工制造业和旅游业。前者需要电厂与输变电网络、水

---

① 部分社会人士认为，卫星城的基础设施与公共服务供给标准应至少与市区保持一致，甚至更好，参见：天佐，嘉生. 从南京路的断垣残壁谈起——在调整中前进迫切需要搞好城市规划 [J]. 解放日报，1979年4月10日.

② 时任上海市副市长倪天增在市人大常委会第六次会议上就《上海市城市总体规划方案（草案）》作说明时提出，"上海城市的近期建设……以调整'骨头'和'肉'的比例，扭转城市基础设施落后状况，为主要目标"（参见：倪天增副市长说明编制总体规划的指导思想 确定近期建设是个主要项目 要求全市人民共同努力实现发展上海蓝图 [J]. 解放日报，1983年12月29日）；1984年上报中央的《关于上海经济发展战略的汇报提纲》也明确提出"改变上海城市基础设施严重落后的面貌，必须从财力、物力、人力上给予更多的投入"（上海市人民政府，国务院改造振兴上海调研组，1984）.

③ 参见：彭运鹗，"先生风范 山高水长——忆道涵同志儒雅学者的政治胸怀"，载于：上海交通大学编，怀念汪道涵 [M]. 上海：上海交通大学出版社，2007.

④ 引自时任上海市副市长倪天增讲话，参考：倪天增副市长说明编制总体规划的指导思想 确定近期建设是个主要项目 要求全市人民共同努力实现发展上海蓝图 [J]. 解放日报，1983年12月29日.

⑤ 引自时任上海市委书记芮杏文讲话，参见樊天益，薛石英. 改善基础设施 完善投资环境 提高城市质量 上海要形成多中心敞开式结构 芮杏文、江泽民、汪道涵、倪天增出席规划会议并讲话 [J]. 解放日报，1985年7月7日.

⑥ 参见邓小平，"搞建设要利用外资和发挥原工商业者的作用"，载于邓小平文选（第二卷）[M]. 北京：人民出版社，1994.

⑦ 80年代初，汪道涵市长多次提出，"上海必须提高政府工作效率，加强基础设施建设，完善涉外法规，为引进外资创造良好的环境"，参见：上海人民政府志编纂委员会编，上海人民政府志，第二篇第七章第二节，"改善投资环境".

厂与污水处理厂、公路以及港口码头等完备的电力、给排水和交通运输设施作为支撑；后者除了需要机场、火车站等必要接待设施外，也仰赖于城市整体建成环境的吸引力。尽管这两种产业对于基础设施的需求并不完全一致，但相关设施对于民生而言仍具有一定的带动作用，"投资环境"与"人居环境"之间并非全无关联。

需要指出的是，最初上海所享有的沿海开放城市政策仅限于市区范围。随着1985年国务院批准上海对外开放范围进一步扩大到市郊10个县政府所在城镇及安亭、金山两个卫星城[①]，1986年闵行经济技术开发区批准为国家级开发区，上海市郊地区也逐渐迎来园区建设投资与外资。因此，全市从早期对外开放政策中获得的基础设施受益具有相对均衡的空间分布特征。这种空间均衡性也是80年代上海城市总体规划工作所主张的基本思想：1982年制定的《上海市城市总体规划纲要》即提出应"有计划地建设和改造中心城，充实和发展卫星城"[②]；1986年由国务院正式批复的《上海市城市总体规划方案》将城市发展方向进一步描述为"建设和改造中心城，充实和发展卫星城……有计划地建设郊县小城镇，使上海发展成为以中心城为主体，市郊城镇相对独立、中心城与市郊城镇有机联系、群体组合的社会主义现代化城市。"[③]在总规纲要与总规的指导下，一些新建和扩建项目被优先安排在卫星城和郊县重点小城镇，如位于闵行的上海交通大学新校区（1985年）、位于安亭的上海大众汽车公司（1985年）等，卫星城的规模有了一定程度的增长[④]。住房建设也充分依照总规的指导要求予以实施。根据"86版总规"，中心城与卫星城、郊县小城镇新增居住用地比例将保持在大致2：1的关系[⑤]，实际执行的住房规划也基本实现了这一数量目标[⑥]。此外，在上海经济区三次扩大范围，区域横向经济联合取得一定进展的背景下，"86版总规"甚至进一步提出由中心城向上海经济区其他城镇疏解人口与产业的设想，不过因上海经济区撤销而未能实现[⑦]。

---

① 参见：上海人民政府志编纂委员会编，上海人民政府志，第二篇第七章第一节，"吸引外资决策"。

② 参见：上海城市规划志编纂委员会编，上海城市规划志，第二篇第三章第一节，"城市总体规划纲要"。

③ 参见：上海城市规划志编纂委员会编，上海城市规划志，第二篇第三章第二节，"城市总体规划方案"。

④ 例如1978至1989年间，闵行、吴泾地区人口由6.9万增长至14.7万，年均增幅达7%，数据引自闵行区地方志编纂委员会编，闵行区志，第一篇第三章第一节，"人口总量"。

⑤ 《上海市城市总体规划方案》提出，到2000年，"全市新建生活居住区需征地67平方公里，其中中心城47平方公里，卫星城及郊县小城20平方公里"。参见上海城市规划志编纂委员会编，上海城市规划志，第二篇第三章第二节，"城市总体规划方案"。

⑥ 参见：上海城市规划志编纂委员会编，上海城市规划志，第十篇第一章第一节，"新建居住区分布"，表10-8 1980～1990年上海市中心城、卫星城镇、郊县城镇居住区规划情况汇总表。

⑦ 参见：上海城市规划志编纂委员会编，上海城市规划志，第二篇第三章第二节，"城市总体规划方案"。

然而在全市近80%的财政收入上缴国家，基础设施投入水平受限的困难条件下，局部的改造和疏解仍无法从整体上改变上海市区的人居质量状况。1990年"四普"统计上海市区常住人口为739.7万，较1984年市区扩大范围后的初年人口进一步增加80万，市区人口密度进一步上升，交通拥挤与环境污染状况甚至较80年代初进一步恶化：全市超过两万名职工单日通勤时间超过4小时（1987年）[1]，越江轮渡发生严重踩踏伤亡事故（1987年），黄浦江年黑臭天数上升至229天（1988年）[2]，全市甲肝流行（1988年）。地方政府从实践中认识到，仅靠局部改造和疏解的办法无法较为便利地解决城市问题，因此提出"结合老市区改造，建设一大块现代化新市区的方针"[3]。

众所周知，这一上海城市发展的历史重任最终落在了浦东，但决策过程仍几经周折。早在1980年，上海市政协曾就上海长远规划问题召开讨论会，提出将浦东作为市区人口疏散地的主张[4]。以城市规划为代表的学术界也几乎同时提出将浦东建设为上海的政治、文化中心，且市级机关随之搬迁的设想（陈坤龙，1980；沈峻坡 等，1981）。开发浦东地区的思路被吸纳为上海城市发展的战略方向，但在1982年《上海市城市总体规划纲要》、1984年《关于上海经济发展战略的汇报提纲》与1986年《上海市城市总体规划方案》三份文件中，"发展南北两翼"这一表述的优先性却高于"开发浦东"[5]，隐约表明决策部门内部对于这一问题尚未达成一致共识。在1986年由上海市城市经济学会、上海市人民政府经济研究中心等联合召开的"上海城市发展战略研讨会"上，出现了"北上"（长江口南岸）、"南下"（杭州湾北岸）、"西移"（虹桥机场以西）和"东进"（浦东地区）四个方案，更足见意见的不一致。其中，"南下"方案的主要倡导者、经济学家于光远提出应充分利用金山到南汇的滩涂地建设"新上海"、"上海新城"，并承接上海市级机关（于光远，1986）。此后，对"南下"方案讨论持续开展，甚至当1988年市政府召开"开发浦东新区国际研讨会"，向世界表明开发浦东的决心之后，学术界

① 参见：江泽民，"人民政府要为人民办实事"，1987年，载于：江泽民. 江泽民文选第一卷[M]. 北京：人民出版社，2006.
② 参见：朱镕基，"下决心整治黄浦江上游水源污染（1989年7月26日）"，载于：《朱镕基上海讲话实录》编辑组编. 朱镕基上海讲话实录[M]. 北京：人民出版社，2013.
③ 参见：江泽民，"开发上海浦东新区"，1988年，载于：江泽民. 江泽民文选第一卷[M]. 北京：人民出版社，2006.
④ 参见：上海市人民政协志编纂委员会编，上海市人民政协志，第三篇第一章第七节，"讨论上海发展规划、计划"。
⑤ 参见：上海城市规划志编纂委员会编，上海城市规划志，第二篇第三章第一节，"城市总体规划纲要"；上海市人民政府，国务院改造振兴上海调研组，1984；上海城市规划志编纂委员会编，上海城市规划志，第二篇第三章第二节，"城市总体规划方案"。

仍在研究讨论"南下"方案①。然而出于近期建设可行性的考虑，"南下"方案最终未被采纳：

"有些同志提出，到金山去建个'大上海'、'新上海'。这个设想不是没道理，但是终究比较远，交通难以解决，要把市中心这套网点、设施搬去是不行的。一个上海，搞了几十年，你想另搞一个上海代替它，不可能。我始终认为，将来上海市的中心还应该是在现在的市区，只要把人口疏散一些，把工厂搬走一些，把花园洋房恢复起来，拆掉一些破破烂烂的房子，恢复道路和绿化面积，上海将成为一个非常美丽的城市。"②

至此，一段持续十年之久的上海城市空间发展战略大讨论尘埃落定。回顾这段讨论，"疏解"市区人口是贯穿其中的主题，具体方案则经历了从充实发展卫星城，到另立中心建设新城，再到开发新区的转变。而80年代的现实和困难也促使地方政府和学术界深刻地认识到缺乏基础设施与公共服务支撑的人居环境可能带来的严重问题，并进一步理解了人口密度与基础设施、公共服务的"骨""肉"关系、"面""水"关系对改善城市形态结构的指征意义（张绍梁，1981；薛羚，1982），这对于上海在之后一段时期大力弥补基础设施短板无疑具有积极的指导作用。

但同时也应看到，开发浦东亦可视作对上海城市中心区理论城市形态缺损部分的补全，本质上并未对城市中心—边缘关系作出根本性调整（孙施文，1995）。随着80年代末期土地批租制度的实施与空间经济规律对城市土地价值形成作用的日益显现，开发浦东、放弃"南下"实际强化了城市中心区"同心圆式"扩展的态势，并为日后大规模蔓延埋下了种子。

4.3.5 大规模增长与扩散的二十年（1990—2010年）

中华人民共和国成立以后长期阻碍上海城市发展的基础设施建设资金短缺困境在80年代末得到了显著的改观。

1986年，国务院下发"国函（1986）94号"文件，批准上海采取自借自还的方式扩大利用外资规模，第一批32亿美元扩大额度中的14亿用于投资基础设施；1988年，国务院原则批准上海市《关于深化改革扩大开放加快上海经济向外向型转变的报告》，同意上海市实行按一定基数包干的财政管理体制，财政收入上缴中央部分比例因此下

---

① 参见：于光远等在研讨会上提出 可在杭州湾北岸建上海新城 [J]. 解放日报，1989年2月2日；卢方. 上海城市重心南移，全国专家讨论本市发展战略 [J]. 新民晚报，1989年5月8日.

② 引自朱镕基，"下决心整治市内道路交通（1989年4月14日）"，载于：《朱镕基上海讲话实录》编辑组编. 朱镕基上海讲话实录 [M]. 北京：人民出版社，2013.

降，从而有条件利用更大的财政自留空间加大基础设施投入；同年，上海市亦开始实行国有土地使用权批租，土地批租收入成为基础设施投资的一大重要来源。"久旱逢甘霖"，受惠于扩大利用外资、财政包干与土地有偿使用这三项制度，"集中力量加快……城市基础设施建设"、"搞好城市基础设施建设"[①]成为90年代上海国民经济和社会发展的战略目标之一，使得90年代初、中期上海市城市基础设施投资以超过年均30%的速度增长。其中，浦东新区以8.4%的市域面积获得了全市基础设施投资的近四分之一（图4-3）。

在中国由计划经济向社会主义市场经济转型的伊始，地方政府尚不完全清楚这些政策应该如何实施为好，以及在资金条件虽有改观但整体物质困境仍未得到根本缓解的条件下，如何才能通过这些政策为城市获取最大的经济利益。此时，中国香港、新加坡等华人社会发达地区的经验以及在利用外资过程中来自国际金融组织的意见成为地方政府学习城市经营，学习如何运作基础设施建设与土地开发的第一手教材。不少海外华人专家都曾向上海市领导建议，新城区建设应从现状基础设施最为完善的地块，即土地开发增益最大的地块开始，以由近及远、分片开发的方式进行基础设施建设与滚动式批租，同时要利用旧城区与外围地区的地价差开展旧城改造项目，结合新城区建设来疏散人口

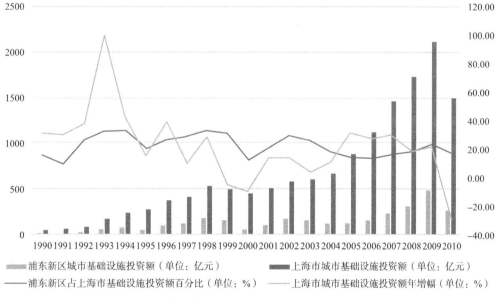

图4-3　1990—2000年上海市城市基础设施投资额及年增幅、浦东新区城市基础设施投资额及其占全市基础设施投资额的百分比

（图片来源：笔者根据历年上海统计年鉴及上海浦东新区统计年鉴数据自绘）

① 参见：上海市国民经济和社会发展十年规划和第八个五年计划纲要 1991年4月29日上海市第九届人民代表大会第四次会议批准［J］. 解放日报，1991年5月2日.

与工业，将腾出的旧城区地块开展土地批租[①]——"如此滚动开发出租，国家可以不花一分钱……上海规模也可以成倍扩大"[②]。相关思路也得到了上海市有关部门领导和专家学者的广泛认可[③]。考虑到偿贷安全和项目资金平衡等因素，世界银行等贷款提供方也十分坚持通过基础设施建设带动土地开发，收回投资成本的开发理念[④]。

从发展的规划理论视角看，这种将基础设施开发成本投入与外部收益统筹挂钩的做法已颇具所谓以基础设施为导向引导城市合理布局的思想雏形。只是由于当时正在实施的"86版总规"难以与市场经济下的城市开发逻辑充分匹配，加之90年代上海城市交通尚主要依托城市快速路与干路（尤以环路为主[⑤]），而非轨道交通或收费高速公路，实现"区域城市"的基础设施条件尚不具备，因此这一时期上海建成区空间继续沿着"同心圆"、"摊大饼"式外拓的路径发展。以《"八五"期间（1991~1995年）中心城区、近郊区、卫星城新开发地区规划》、《上海中心城区工业布局调整实施规划（初稿）》等为指导，住房建设延续80年代就近利用已有基础设施条件的布局方式，并强调环路对于新建住房基地的交通组织作用[⑥]（图4-4），工业则采取由内环以内向内环以外搬迁的方式进行疏解。1991至1998年，上海市区共动迁居民150万人，搬迁单位1.2万家，一部分人口和工业、一般服务业向市区边缘转移（张水清，杜德斌，2001）。从2000年第五

---

① 美籍华裔建筑专家林同炎曾向汪道涵提出利用土地批租建设浦东的设想（谢国平，2010）；时任香港仲量行董事的梁振英曾两次受邀与朱镕基座谈，介绍香港、新加坡等地土地开发的经验，参见"会见香港仲量行董事梁振英时的谈话（1988年8月31日）"、"会见香港仲量行董事梁振英时的谈话（1990年3月14日）"，载于：《朱镕基上海讲话实录》编辑组编. 朱镕基上海讲话实录 [M]. 北京：人民出版社，2013.

② 引自林同炎向汪道涵提出的开发浦东建议，参见：谢国平，财富增长的试验：浦东样本（1990—2010），2010：29.

③ 参见：张晖，王瑞芳，章殷. 本市有关部门领导和经济理论界人士共商浦东开发大计 统一调控 东西连动 以东促西 [J]. 解放日报，1990年6月4日.

④ 参见："会见世界银行中国局局长伯基等人时的谈话（1988年10月21日）"，载于：《朱镕基上海讲话实录》编辑组编. 朱镕基上海讲话实录 [M]. 北京：人民出版社，2013.

⑤ 朱镕基在上海市城市规划设计院同规划专家及管理人员座谈时，提出上海应借鉴天津和其他城市的环路规划建设经验："李瑞环同志修了三条环路，一下子把天津的交通和城市布局定了下来……要根据其他城市的经验，把上海的快速环线修起来"，参见朱镕基，"做好城市规划工作（1990年5月16日）"，载于：《朱镕基上海讲话实录》编辑组编. 朱镕基上海讲话实录 [M]. 北京：人民出版社，2013.

⑥ 根据"'八五'期间（1991~1995年）中心城区、近郊区、卫星城新开发地区规划"，上海全市"八五"计划新建13个住房基地（参见上海城市规划志编纂委员会编，上海城市规划志，第十篇第一章第一节，"新建居住区分布"），其中11个住房基地分布在内环高架路两侧。朱镕基曾对此谈到："'八五'期间……我们已经规划了11个住房基地……分布在今年就要开始建设的高架快速内环路的两侧。我们准备用三年时间建成这条快速环路。这样，11个住房基地的交通就十分方便。"（参见：朱镕基，"十年内基本解决上海人民的住房问题（1991年1月3日）"，载于：《朱镕基上海讲话实录》编辑组编. 朱镕基上海讲话实录 [M]. 北京：人民出版社，2013.）

次人口普查较1990年第四次人口普查结果的变化可见，距上海市中心半径5公里以内的地域（大致符合旧市区的范围）人口密度显著下降（其中核心地区人口密度下降近一半），半径6～10公里范围地域的人口密度有较大提升（廖邦固 等，2008）。旧市区范围人口密度的下降为城市环境改善创造了有利条件。

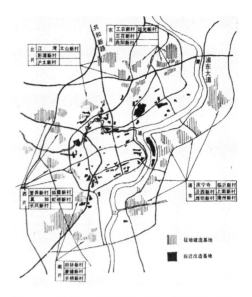

图4-4　1990—2000年上海中心城住宅基地布局规划图

（图片来源：上海城市规划设计研究院编. 循迹·启新：上海城市规划演进［M］. 上海：同济大学出版社，2007：164.）

与中心城区的拆旧建新相映照，上海的外围区域经历了前所未有的城镇化变局。顺应全球资本流动与制造业转移的大趋势，苏南地区在20世纪90年代完成了由面向国内需求的乡镇企业模式向对接海外市场的外向型经济的转换，各类工业区、开发区成为工业化与城镇化发展的主体形态（温铁军，2011）。在90年代初的第一次"开发区热"阶段，苏州高新区、昆山开发区、太仓开发区、苏州工业园区等相继批准设立①。与此同时，上海市委、市政府提出"市区体现上海的繁荣与繁华，郊区体现上海工业的实力与水平"的市域二、三产业布局战略②，松江、嘉定、青浦、莘庄等市级工业区陆续成立③。放眼上海、苏州两市，不仅每个区县都成立了本级开发、工业区，大部分乡镇也都办了下属工业区，在上海—苏州跨界地区甚至出现工业区土地开发与招商引资的低效竞争现象④。而大规模的工业发展与园区建设，也带来了外来人口与建设用地的大幅增长。

---

① 苏州高新区于1990年开始建设，1992年被批准为国家级高新区；昆山开发区于1985年开始由昆山县自费建设，1992年被批准为国家级开发区；太仓开发区于1991年成立，1993年被批准为江苏省级开发区；中、新合作的苏州工业园区于1994年批准开发建设。

② 参见：上海市规划和国土资源管理局，上海市城市规划设计研究院，转型上海 规划战略，第一部分第2章，"城市发展的历程回顾"。

③ 松江工业区于1992年成立，1994年被批准为上海郊区首个市级工业区；嘉定工业区、青浦工业园区与莘庄工业区分别于1992年、1995年及1995年成立。

④ 2002年编制完成的昆山市总体规划提出整合昆山南部乡镇工业用地，建设吴淞江工业区。该设想提出不久后，上海市于2003年推出"173计划"，在青浦、松江、嘉定三个工业区已规划61.6平方公里工业区的基础上，进一步安排111.6平方公里土地，形成总规模达173平方公里的降低商务成本试点园区。"173计划"直接威胁到上海周边市县的生产成本优势。为此，昆山市针锋相对地提出建设197平方公里的"沿沪产业带"，扩大花桥、千灯等城镇的产业发展规模。但是由于国家宏观政策的调控，"173计划"未能完全贯彻实施，"沿沪产业带"的土地开发效率和工业发展水平也并不理想。参见：昆山市规划局编，从率先全面小康到率先基本现代化：昆山市城市总体规划（2009—2030）编制全记录，第五章第一节，"成长：昆山城市空间发展演进"。

1990至2010年间，上海、苏州两市常住人口由1898万增至3349万，增幅为76%。在1451万的常住人口增量中，外来人口占1245万，占比高达86%，其中上海市外来人口增量（840万人）为苏州市外来人口增量（406万人）的2倍有余。同期，上海市城乡建设用地由832.4平方公里增至2816.8平方公里，苏州市城乡建设用地由775.4平方公里增至2719.4平方公里。在此20年内，沪、苏两市城乡建设用地增幅高达244%，是常住人口增幅的3倍之多。其中，上海中心城外围地区的建设用地增幅更是超过了300%（表4-1）。

1990—2010年沪、苏两市常住人口与城乡建设用地增长　　　表4-1

年份	常住人口（万人）*			城乡建设用地（km²）		
	上海市		苏州市	上海市**		苏州市****
	中心城区	外围区县			外围地区***	
1990年	1334.2	739.7	594.5	564.4	832.4	263.2	775.4
2000年	1608.6	693.0	915.6	679.2	1529.4	326.5	1276.1
2010年	2302.7	698.5	1604.1	1046.6	2816.8	1054.4	2719.4
20年增幅	72.6%	-5.6%	169.8%	85.4%	238.4%	300.6%	250.7%

*常住人口数据来自上海市、苏州市第四、第五、第六次人口普查资料。

** 1990年、2000年上海市城乡建设用地规模参见尹占娥等（2011），2010年上海市城乡建设用地规模参见上海市规划和国土资源管理局，上海市城市规划设计研究院，转型上海 规划战略，第三部分第7章，"人口规模与空间压力"。

*** 此处"外围地区"指除去上海中心城（外环线以内地区）、原浦东新区与崇明三岛以外的市域部分，出自田莉 等，2014。原文献中将这一地区定义为"半城市化地区"。

****苏州市城乡建设用地规模根据作者对卫星遥感影像的解译分析而得。

在全局性的空间增长面前，"86版总规"几已失去对城市空间形态发展的掌控能力。旧市区的质量问题尚未充分根除，新的"大城市病"又接踵而至：一方面，旧市区的人口与产业疏解虽然使得常住人口和本地污染排放下降，但随地租规律置换而来的商务办公、商业等功能则又给改造用地带来了更大的就业岗位数量和更高的土地开发强度，并不可避免地造成第三产业从业者通勤距离的上升及城市中心区地面沉降问题的恶化；另一方面，中心城外围外来人口的集聚和建设用地的无序发展也导致基础设施与公共服务资源配置效率的降低，并引发更广泛地域内的生态问题，必将长期影响大都市区的可持续发展能力。

为此，以"优化城市空间布局"，"促进经济、人口、资源和环境的协调发展"等为宗旨①，上海市开展新一轮城市总体规划（上海市城市总体规划［1999年—2020年］）

① 参见：徐匡迪. 政府工作报告——1998年2月12日在上海市第十一届人民代表大会第一次会议上［J］. 解放日报，1998年2月22日.

的编制工作，试图通过建立"中心城—新城—中心镇——一般集镇—中心村"的城镇体系来统筹城乡公共服务配置，为用地蔓延的外围地区构筑秩序。尽管此后上海市又提出"一城九镇"、"1966城镇体系"等空间发展概念①，但仍基本沿袭"99版总规"所确立空间布局原则，具体的行动举措则随着近期建设规划和各区县总体规划的制定而不断明确。其中，《上海市城市总体规划（1999年—2020年）中、近期建设行动计划》明确提出的中心城"双增双减"与郊区"三个集中"方针，是对中心城与外围地区形态结构问题的直接响应②，它们的共通之处在于对已建成区的减量提质。

　　中心城"双增双减"的思路并非这一时期的原创。"大上海都市计划"中对中区土地使用规划的描述就已蕴含限制土地开发强度，逐步增加空间比例的设想③，在80年代后期，一批城市主政者和建设管理者也曾对上海旧市区提出类似的空间调整建议④。从国际经验看，纽约、东京等特大城市中心区通常在以基础设施承载条件所制定的基准容积率基础上，根据开发项目对城市绿地、广场、保障性住房等公共资源的实际贡献，对具体地块的开发强度进行浮动，从而在确保开发总量维持在一定容量水平的前提下，为城市形态适应市场需求预留了弹性空间。上海市的中心城"双增双减"，便是在吸取上述通行做法的同时，大幅下调基准开发强度。2003年修订的《上海市城市规划管理技术规定（土地使用　建筑管理）》将内环线以内的高层居住建筑容积率控制指标由4.0调整到2.5，高层商业、办公建筑由8.0调整到4.0，同时明确建筑基地向社会提供开放空间者，可增加相应的建筑面积作为奖励⑤。然而，在高人口密度环境与"就地平衡"的旧

---

① "一城九镇"为"十五"期间上海市重点建设的一个新城（即松江新城）与九个具有特色风貌的中心镇（即安亭、朱家角、枫泾、浦江、奉城、周浦、高桥、罗店、堡镇）；"1966城镇体系"为上海市"十一五"规划提出的城镇中心体系概念，包括1个中心城、9个新城（即宝山、闵行、嘉定、青浦、松江、金山、南桥、临港、崇明，数量较"99版总规"提出的11个新城有所缩减）、60个左右的新市镇与600个左右的中心村。

② "双增双减"指"增加公共绿地，增加公共活动空间，减少容积率，减少建筑总量"，"三个集中"指"人口向城镇集中、产业向园区集中、土地向规模经营集中"，参见：上海市城市总体规划（1999年—2020年）中、近期建设行动计划，2003年。

③ 大上海都市计划（初稿）"曾作改良空地与建成区比例之尝试"，并提出中区商业、住宅等建筑应以"8层为限"，空地面积"采用逐渐推广之政策"，参见：大上海都市计划（初稿），"中区之土地使用"，引自上海城市规划设计研究院编. 大上海都市计划（上册）[M]. 上海：同济大学出版社，2014：58.

④ 时任上海市基本建设委员会顾问的徐以枋曾主张："改造老市区必须合理降低建筑密度，增加绿化面积……让老市区能得到一定松动，为其改造建设积极创造条件"（徐以枋，1986）；朱镕基也曾提出："不能再在浦西盖高楼了，否则我们的交通问题还是解决不了……浦西那些地方要绿化，增加城市的绿化面积，把整个上海都改造过来，那就漂亮了"，参见：朱镕基，"为上海人民办三件实事（1990年3月3日）"，载于：《朱镕基上海讲话实录》编辑组编. 朱镕基上海讲话实录[M]. 北京：人民出版社，2013.

⑤ 参见上海市城市规划管理技术规定（土地使用 建筑管理）（1994年修订版），http://www.law-lib.com/law/law_view1.asp?id=24795；上海市城市规划管理技术规定（土地使用 建筑管理）（2003年修订版），http://www.shanghai.gov.cn/nw2/nw2314/nw3124/nw3177/nw3192/u6aw1223.html.

城改造模式制约下，政策执行面临较大阻力。尽管2002至2003年上海建筑面积总量高速增长的态势因"双增双减"的初步实施得到遏制，但此后仍以年均接近10%的幅度增长（廖宇清，黄建云，2015）。据测算，2003至2012年间，上海中心城建筑面积总量由4.1亿平方米增至5.1亿平方米，其中内环线以内地区整体开发强度（1.53）远高于内外环线之间（0.61）（苏红娟 等，2015），甚至在有意识调低规划容积率指标的情况下，中心城居住和商办建筑的整体开发强度仍分别提高了30%和77%（葛岩，2014）。"双增双减"实施后，中心城的公共绿地供给状况虽然有了较大的改善，内环线以内旧市区的人口密度也显著下降，但整体开发强度的上升之势仍无法得到根本扭转。

郊区"三个集中"方针的确立同样也经过了多年的酝酿和发展。1995年，上海市就曾提出关于郊区发展的"三个集中"战略[1]，但在表述上更加侧重对乡村地区城镇化的路径引导（石忆邵，杨碧霞，2004）。而2003年所提出的"三个集中"则更加兼顾中心城疏解人口与外来人口，试图从空间布局上抑制"半城市化"问题。但在2000至2010年间上海市城乡建设用地年均增长128.7平方公里的背景下，有限的减量与集中尚无法与用地扩张相抗衡。至于"三个集中"本身，更是成为经济学家眼中通过削减农村土地来为更大规模的城镇开发腾挪空间，从而获得城镇化经济红利的政策工具原型（周其仁，2014）。

此外，中心城空间的逐渐饱和也迫使由旧市区疏解出的居住、高等教育等功能在郊区布局。这些疏解项目的选址未能在全市总规层面进行统筹安排，尤其未能为之同步匹配适足的基础设施与公共服务资源，这进一步提升了外围地区改善人居质量的难度。例如，2003年以后为落实国家保障性住房政策与上海市重大项目动迁基地建设任务而规划建设的中低价商品房基地和大型居住社区便存在居住人口数量大但配套长期不足的问题（徐毅松 等，2009；凌莉，2011），"骨""肉"关系不协调在此时的上海郊区出现了新的表现形式。社会上有不少人感叹，"上海的郊区已不如苏州"。相关规划研究也认为，上海郊区在多项指标上表现不如苏州县级市，出现了所谓大都市区发展的"价值断层"（上海市规划和国土资源管理局，上海市城市规划设计研究院，2012）。

霍尔认为，大城市发展历程中的"黄金时代"往往是其经济与人口增长最猛烈的时期，也是基础设施与公共服务需求和供给增长最旺盛的时期（Hall，2003）。从这一角度看，1990至2010年的20年对于上海而言无疑是一个"黄金时代"。大规模的基础设施建设（"健体"）与人口疏解（"瘦身"）使城市中心区的人居环境得到显著改善，支撑了2010年上海世博会等大事件的举办。但若从特大城市地区全局系统的视角观察，中心

---

[1] 即"农业向规模经营集中，工业向园区集中，农民居住向城镇集中"。（石忆邵，杨碧霞，2004）

区的质量提升不可谓不以外围地区的城乡"臃肿"、结构耗散与空间失序为代价。

4.3.6 改善区域人居环境的新时期（2011年至今）

今人尚无法历史地判断2011年至今的上海—苏州地区究竟仍处在上一个人居质量变迁阶段，还是已经开启了一个新阶段。但一些迹象表明，这一时期较1990至2010这20年而言出现了某些微妙但具风向转换意义的变化。

其一，中心城从调整"骨""肉"关系向提升微观空间品质与人性化服务水平的转变。2010年上海世博会落幕后，全市基础设施投资规模回归到相对平稳的水平，中心城的重大基础设施建设基本完成。与此同时，全市常住人口增长显著放缓，2015年出现常住人口负增长，为改革开放以来的首次，中心城区与外围区县常住人口的相对消长也趋于稳定。对中心城基础设施与人口密度之间的"骨""肉"关系进一步开展大幅度调整的余地已较为有限。而在庞大的细分市场支撑下，对公共资源的差异化、定制化需求以及对文化、商业"氛围"的消费却日益增长。对此，"上海2035"城市总体规划判断，中心城的人居环境改善将以"提升城市公共服务水平和城市空间品质"为重点[1]。期间，上海市开展了中心城袖珍广场设计竞赛（2013年）、黄浦江两岸公共空间贯通工程（2016年）等小微公共空间的规划建设行动。2015年，上海市政府颁布《上海市城市更新实施办法》，市规土局成立城市更新办，进一步对市域建成区尤其是中心城的微观空间改善与功能提升予以制度性安排，首批24个中心城城市更新试点项目，涉及商业建筑功能调整、小广场公共空间营造等内容[2]；2016年，上海市规土局启动社区空间微更新计划，首批11个试点致力于实现老旧社区小型公共空间的提升。随着城市居民生活水平的提高，"文化"、"魅力"、"健康"、"活力"、"交往"等位于需求层次上级的因素代替了一般的"就业"、"交通"、"医疗"和"教育"，成为城市规划关注的新命题。未来，这部分工作势必将伴随新一轮总体规划的实施而持续开展。

其二，外围地区的减量提质进入到实质操作阶段。2012年开展的"上海大都市城乡发展规划战略研究"成果指出，上海仍未摆脱中心城向外"摊大饼"式蔓延的困境，中心城周边地区土地资源利用效率低、生态空间破碎、公共设施、绿地与交通建设滞后于人口与用地增长，新城发展绩效逊于预期（上海市规划和国土资源管理局，

---

① 参见：上海市城市总体规划（2016—2040）文本 图集（草案公示版），第四章第二节第三十条，"城乡体系"，上海市城市总体规划编制工作领导小组办公室，2016。

② 根据《上海市城市更新规划土地实施细则（试行）》，城市更新所针对的公共要素包括城市功能、公共服务配套设施、历史风貌保护、生态环境、慢行系统、公共开放空间、基础设施和城市安全。

上海市城市规划设计研究院，2012）。原有困扰城市中心区的"骨""肉"关系问题以新的形式扩展至更大的市域范围，促使上海市于2016年提出市域常住人口2500万、建设用地总量3185平方公里的刚性控制要求[①]，以期对市域内的人口规模（密度）与基础设施、公共服务、绿地、交通设施等公共资源进行更加强势、严格的调控。"上海2035"城市总体规划相应明确了市域常住人口与建设用地的"零（负）增长"、"天花板"目标。以郊区"三个集中"战略实施及2011年上海市城乡规划、国土资源"两规合一"相关规划编制为基础，一系列以低效产业腾退、建设用地减量为抓手的整治工作逐步开展：工业用地方面，推动全市104个规划工业区块进行产业升级转型，调整位于规划工业区块外、规划集中建设区内约195平方公里工业用地的土地使用性质，同时逐步对位于规划工业区块外、规划集中建设区外约198平方公里的工业用地采取减量措施；集体建设用地方面，以"郊野单元规划"作为统筹集中建设区外建设用地减量的技术和政策平台，引导对乡镇工业和农村居民点的空间整理，一批郊野公园陆续建成并向公众开放。同时，苏州也从2013年起开展"四个百万亩"工程，保留高品质的功能性生态空间。昆山、太仓、吴江等地则通过大规模公共投资与引入社会资本参与等模式开展城市基础设施建设，昆山轨道交通、太仓污水处理厂等获批省国家级、省级PPP试点。除公共政策途径以外，自2014年起，上海市还积极动用行政手段加强对集中建设区外违法用地与违法建筑的综合治理工作，拆违规模逐年扩大，近三年内累计拆除违法建筑近5400万平方米[②]，折合消除违法用地面积约32.7平方公里[③]。尽管尚不得而知大规模拆违行动是否将持续开展，但是以各类用地管控边界为依据广泛开展空间治理仍是未来一段时间上海中心城外围地区减量提质工作的主要拓展方向。

与2015年中央提出北京"疏解非首都核心功能"相呼应，上海市委、市政府也在2016年明确提出"疏解特大城市非核心功能"的战略要求[④]。从上海市"十三五"规划

---

① 参见：谈燕. 韩正：上海加快产业结构调整，应当引进正面清单和负面清单的理念 做好疏解非核心功能大文章［J］. 解放日报，2016年1月26日.

② 2013年，上海全市拆除违法建筑约493万平方米，2014年达1007万平方米（参见http://www.shanghai.gov.cn/shanghai/node2314/n32792/n32947/n32956/n33125/u21ai999840.html），2015年进一步达到1392万平方米，2016年"力争拆违3000万平方米以上"（参见http://www.envir.gov.cn/info/2016/5/517940.htm）。而在2016年1月1日至5月25日间，全市已完成拆违2100多万平方米。（参见http://www.shanghai.gov.cn/nw2/nw2314/nw2315/nw4411/u21aw1134579.html）

③ 根据媒体报道，2016年6月底至10月初，上海全市"拆除违法建筑519.3万平米，消除违法用地4719.5亩"（参见http://www.envir.gov.cn/info/2016/10/101182.htm），按此建筑—用地比例推算，2014至2016年三年间上海全市消除违法用地面积约32.7平方公里。

④ 参见：谈燕. 韩正：上海加快产业结构调整，应当引进正面清单和负面清单的理念 做好疏解非核心功能大文章［J］. 解放日报，2016年1月26日.

纲要与"上海2035"城市总体规划对该要点的说明看，本次疏解、"瘦身"的规划对象不再局限于上海城市中心区，而是扩展至市域，功能疏解的主要目标承载地主要为周边城市[①]。事实上，上海与周边城市以及周边城市之间的自发性功能转移在近年来已多有开展，其中既有类似苏州、无锡等地借助江苏省"苏南苏北共建园区"机制，支持企业和建设项目向苏北疏解的政府行为，也有一部分企业为降低土地使用成本而由上海迁址苏州等地的市场行为。受益于日渐便捷的城际交通，城市间的功能转移与生产、生活成本的既成差距也促成上海与周边城市（尤其与昆山、太仓）之间形成复杂而紧密的通勤联系，选择居住在上海、工作在苏州或居住在苏州、工作在上海的人群规模不断扩大，上海—苏州地区乃至更大范围的长三角城市群地区共同构建包含产业与功能分工、财税与福利分配、基础设施与公共服务合作等协调机制在内的区域治理模式也比以往任何一个时期都显得迫切。但若得以走向行动，这将有可能实现80年代上海经济区规划试图达成却未竟的区域理想。

4.4 周期特征

4.4.1 两轮"密度—设施"关系内外消长

1946年至今上海—苏州地区"密度—设施"关系的空间演化历程呈现较为清晰的阶段发展特征：

（1）1946至1957年，受政权更迭与物质短缺条件的限制，以技术理性编制的规划方案未能实施，尤其在1949年以后，基本建设投资优先用于工业生产，有限的城市基础设施与公共服务供给无法应对人口密度的上升。尽管上海解放后政府曾短暂以遣返流民的方式来降低城市基础设施与公共服务负荷，但市区"肉"增"骨"不增，无法遏制人居环境质量的下降。

（2）自1958年起，上海通过建设卫星城、支援全国工农建设、"三线建设"、知识青年"上山下乡"等多种渠道向本市郊区和全国其他地区疏解市区人口，从而在基础设

---

① 上海市"十三五"规划纲要提出："加强与周边城市协同发展。着力提升上海国际经济、金融、贸易、航运、科技创新和文化等城市功能，推动非核心功能疏解"，参见：上海市国民经济和社会发展"十三五"规划纲要，第二章第34节，"深入推进长三角地区协同发展"，http://www.shanghai.gov.cn/nw2/nw2314/nw2319/nw2396/nw39378/u21aw1101146.html；上海市城市总体规划（2016—2040）提出："做强城市核心功能，逐步推动城市非核心功能向郊区以及更大区域范围疏解"，参见：上海市城市总体规划（2016—2040）文本 图集（草案公示版），第五章第一节第四十五条，"非核心功能疏解"，上海市城市总体规划编制工作领导小组办公室，2016。

施与公共服务供给规模无法得到显著改观的情况下，实现市区"骨"不增"肉"减，稍稍缓解了质量困境。这一时期，郊区卫星城基础设施高配，"密度—设施"比例关系相对市区较优。

（3）"文革"结束后，伴随上一阶段外迁人口的回流和新一波城市人口自然增长高峰的到来，市区"肉"增"骨"不增，人居环境质量再度恶化。直到80年代末，长期困扰城市发展的基础设施建设资金瓶颈问题才得以解决。

（4）以1990年浦东开发开放、举办2010年上海世博会等重大事件为契机，上海再次启动大规模人口疏解进程，并大力推进城市基础设施建设，中心城区"骨"增"肉"减，卸除质量压力；但上海—苏州地区外围增"肉"快于健"骨"，质量相对下降。

（5）2010年后，上海中心城和外围地区均进入到人居环境优化提质的新时期。中心城区"密度—设施"关系稳定，外围地区的质量出现相对回升的态势。

在前四个阶段中，中心区与外围地区的"密度—设施"比例关系也出现了两轮相对变化：在第一、三阶段，城市中心区相对外围地区"密度—设施"比例下降；在第二、四阶段，城市中心区相对外围地区"密度—设施"比例上升。

前文对空间演化过程的描述主要通过以定性测度为主的方式进行，即通过对文献资料与历史素材的系统回顾，辅以部分片段式统计数据，来认识和描摹上海—苏州地区"密度—设施"关系的总体演进历程。由于客观上难以获得贯穿全部时段，且可充分反映该地区内、外两个空间层次"密度—设施"关系变化的数据，到目前为止，本书暂时仅能尝试以上海市域1949年后几个关键年份的市区/中心城区和郊区/外围地区人均道路长度为测度，从人口密度和交通基础设施的数量关系上概要性地验证上述变化特征，而分析结果也直观体现了两次消长的演化过程（图4-5）。如果确有长居上海的市民经历这段城市发展的全过程，他（她）应能感受到这一相对变化。

4.4.2 市区两轮空间过密与一次失衡

就上海（旧）市区部分而言，在此70年空间演进过程中曾有过两轮的空间过密化过程与一次明显的"密度—设施"关系失衡状态（图4-6）。

市区的第一轮空间过密化出现在1946至1958年的第一个演进阶段。期间，市区基础设施随人口密度的增长出现边际供给规模下降的态势，空间质量被压抑在极低水平（"可谓已达极点"[①]），但是受益于期间采取的小规模疏解，"密度—设施"关系没有进

[①] 大上海都市计划（二稿）专题一，"上海市建成区暂行区划计划说明"，引自：上海城市规划设计研究院编. 大上海都市计划（上册）[M]. 上海：同济大学出版社，2014：123.

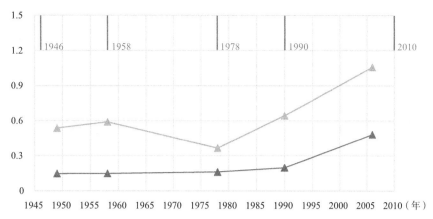

上海市区/中心城区人均道路长度（含轨道交通）
上海郊区/外围地区人均道路长度（含公路）

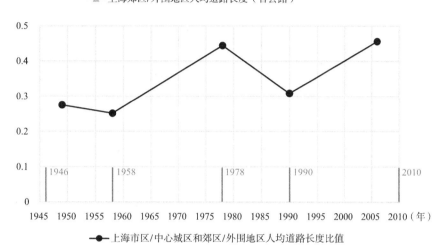

上海市区/中心城区和郊区/外围地区人均道路长度比值

图4-5　1946—2010年间上海市区/中心城区和郊区/外围地区人均道路长度变化（上）
及二者比值变化（下）[①]

---

① 资料来源：1949、1958与1978年上海市区及郊区人口数来自：毛宗维主编. 上海市人口统计
资料汇编［M］. 北京：中国统计出版社，1989；1990、2006上海中心城区及外围地区人口
数分别来自上海市1990年人口普查资料与2007上海统计年鉴；1949年上海市区道路长度来自
上海市政工程志编纂委员会编，上海市政工程志，第一篇“市区道路”，上海社会科学院出版
社，1998；1949、1958与1990年上海郊区道路长度（以公路长度计）来自上海市政工程志编
纂委员会编，上海市政工程志，第二篇“公路”，上海社会科学院出版社，1998；1958、1978
与1990年上海市区道路长度来自王志雄主编，光辉的六十载——上海历史统计资料汇编，第
九篇“城市建设与环境保护”，中国统计出版社，2009；1978年上海郊区道路长度（以公路
计）来自中国公路网（http://www.chinahighway.com/news/2010/382993.php）提供的信息；2006
年上海中心城区道路长度数据含轨道交通长度，其中道路长度来自《上海青年报》（http://
news.sina.com.cn/o/2006-07-16/09419473013s.shtml转载）提供的信息，轨道交通长度来自
2007上海统计年鉴，根据轨道交通与一般双向四车道城市道路通行能力的比例关系，将轨道
交通长度以5倍折算计入道路长度（全部计入中心城区）；2006年上海外围地区道路长度来自
2007上海统计年鉴。

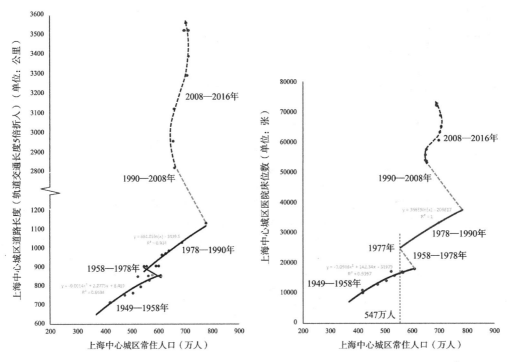

图4-6　1946—2016年间上海市区人口规模与道路长度、医院床位数关系变化①

一步滑向失衡状态，直到1958年后借由多种途径的人口疏解行动有限缓解了"密度—设施"低配比困境，密度—设施分布曲线朝左侧方向回转。

市区的第二轮空间过密化出现在1978至1990年的第二个演进阶段。随着人口回流与婴儿潮的出现，市区重演了基础设施边际供给规模下降的过程，并出现"密度—设施"关系失衡表征（1987至1988年间的通勤状况恶化、轮渡事故、河道持续黑臭与突发公共卫生事件）。这一状况随1990年后的市区大规模改造而得到改善。

---

① 说明：1946—1957年部分曲线取1949—1957年的9个年份数据，1958—1977年部分曲线取1957、1958、1977年数据，1978—1987年部分曲线取1977—1984年数据，1988年以后部分曲线为作者根据历史演进过程估绘。在1949—1984年间，上海市区空间范围经历两次调整（1956、1983年），由于两次调整年份接近本图中两段空间过密化过程曲线的末端年份（1957、1984年），因此考虑忽略空间调整的影响。数据来源：1949—1990年常住人口和道路长度、医院床位数分别来自毛宗维主编，上海市人口统计资料汇编，中国统计出版社，1989和王志雄主编，光辉的六十载——上海历史统计资料汇编，中国统计出版社，2009，其中1985、1990年医院床位数由作者根据各区县卫生志部分估算。1978年人口与医院床位数数据点根据当年市区人口与1978—1990年间曲线形态共同推断获得。2005—2016年常住人口和医院床位数来自历年上海统计年鉴、历年各区县国民经济和社会发展统计公报、历年各区县年鉴，道路长度信息由作者通过2014、2015年上海综合交通运行年报部分估算获得，并假定在此期间中心城区道路交通里程没有显著变化。相应年份的轨道交通长度由笔者通过在线地图量取获得。

4.4.3　较显著的三十年周期波动特征

单纯从数值特征上看，1946年以来的上海—苏州地区"密度—设施"关系阶段似可仅用上海城市中心区相对市域（或外围地区）人口密度的消长关系变化来进行同步刻画。在城市中心区人居环境质量相对下降的两个阶段，恰对应其相对市域人口密度相对上升的时期。反过来，城市中心区人居环境质量相对上升的两个阶段，则正好对应其相对市域人口密度相对下降的时期。由此可将1946至2010年的64年划分为1946至1976年（周期A）以及1977至2010年（周期B）两个周期，各周期时长约30年（图4-7）。

经济学理论一般认为存在四种具有不同时长的经济周期，即反映价格变化的基钦周期（Kitchin cycle，约3~4年），反映固定资产投资变化的尤格拉周期（Juglar cycle，约7~11年）[①]，反映基础设施建设与人口流动的库兹涅茨周期（Kuznets swing，约15~25年）[②]，以及反映技术创新的康德拉季耶夫周期（Kondratieff wave，约50~60年）。其中3个尤格拉周期可构成1个库兹涅茨周期（Forrester，1977），6个尤格拉周期则构成1个康德拉季耶夫周期（Schumpeter，1939）。由此推论，每个康德拉季耶夫周期大致包含两个库兹涅茨周期。

以此观察上海的相关统计数据，中华人民共和国成立以来的全社会固定资产投资、地区生产总值和改革开放以来的城市基础设施投资均较为显著地呈现以6~12年为周期的涨落态势，具有典型的尤格拉周期特征（同时也反映出投资对城市经济增长的重要带动作用）。可明确识别的尤格拉周期包括中华人民共和国成立前至1955年的第Ⅰ周期、1955至1961年的第Ⅱ周期（时长6年）、1961至1967年的第Ⅲ周期（时长6年）、1967至1977年的第Ⅳ周期（时长10年）、1977至1989年的第Ⅴ周期（时长12年）、1989至2000年的第Ⅵ周期（时长11年）、2000至2010年的第Ⅶ周期（时长10年）以及2010年至今的第Ⅷ周期。若将2010年至今的这段时期视为一个新周期的开始，则周期B正好包含3个尤格拉周期，具有库兹涅茨周期的特征[③]。

由于库兹涅茨周期反映了基础设施建设及人口流动的变化规律，这一结论应具有较高的可信度。一个重要的证据在于，北京的人口、投资等相关数据也反映出与上海相类似的周期演进特征，只是在第二个周期中，上海启动大规模人口疏解进程的时间点远早

---

① 也称"商业周期（business cycle）"。

② 也称"建设周期（building cycle）"。

③ 从相关数据来看，1977年以前的4个尤格拉周期无法与上海-苏州地区的空间演进阶段直接对应。考虑到当时相对不稳定的政治经济形势，1977年以后的数据应更能反映上述有关演进周期具有库兹涅茨周期特征的结论。

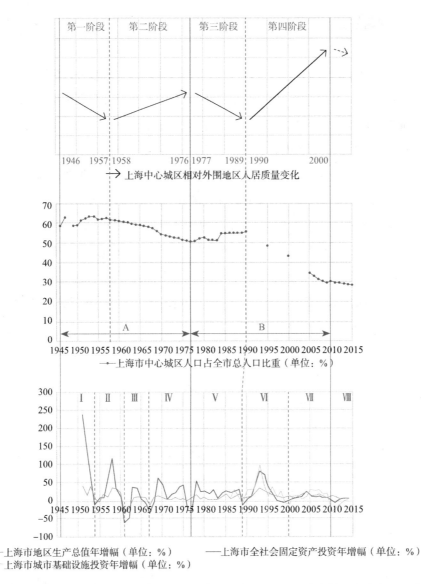

图4-7　上海人居空间演进周期与中心城区相对外围地区人居质量、中心城区占全市人口比重、
　　　　地区生产总值、全社会固定资产投资及城市基础设施投资变化周期的对应关系①

① 资料来源：1946与1947年上海特别市人口数来自邹依仁，旧上海人口变迁的研究，上海人
　民出版社，1980；1946与1947年上海县、嘉定县、宝山县、川沙县、青浦县、松江县、金山
　县、奉贤县、南汇县、崇明县人口数来自各县县志中户口、人口统计资料，其中1946年宝山
　县、川沙县人口按1947年人口数计，1946与1947年奉贤县人口数按1948年人口数计，参见上
　海市各区县志电子资料，http://www.shtong.gov.cn/node2/node4/node2250/index.html；1949至
　1988年上海市各区县人口数来自上海市人口统计资料汇编（1949—1988）编辑委员会编，上
　海市人口统计资料汇编（1949—1988），中国统计出版社，1989，其中1949至1958年人口数按
　现行区划；1989年以后上海市各区县人口数来自历年上海统计年鉴，其中1989年为户籍人
　口口径，1990年以后为常住人口口径；1949至2004年上海市地区生产总值、全社会固定资产投
　资来自国家统计局国民经济综合统计司编，新中国55年统计资料汇编-上海篇，中国统计出版
　社，2005；上海市城市基础设施投资及2005年以后上海地区生产总值、全社会固定资产投
　资来自历年上海统计年鉴。

于北京[①]（图4-8）。

　　与伦敦、巴黎、纽约、东京、首尔等特大城市地区，甚至雅加达、马尼拉等发展中国家特大城市地区相比，上海—苏州地区和北京的城市中心区较特大城市地区人口密度相对消长的变化周期更短，并且在现代化发展过程中，其他世界特大城市地区只曾经历一波相对消长变化（曲线呈"Ω"形或所谓"大象曲线"），而中国特大城市地区则经

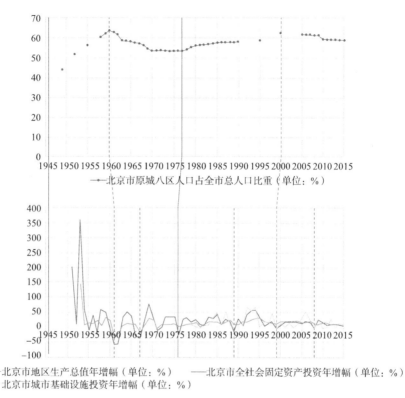

图4-8　北京市原城八区占全市人口比重、地区生产总值、全社会固定资产投资及城市基础设施
投资变化周期的对应关系[②]

----

① 根据前文所述，上海中心城区的第二次人口大规模疏解进程始于1990年浦东开发开放。北京尽管也曾在"94版总规"、"04版总规"中提出疏解旧城（区）人口的目标，但由于面临旧城更新改造的难题，人口疏解迟迟未能取得突破性进展，城四区人口常年维持在超过200万人水平，中心城区占全市常住人口比重自2000年左右起才逐渐下降。

② 资料来源：1949、1952与1955年北京市人口数来自北京市统计局编，《北京市人口统计资料汇编（1949—1987）》，中国统计出版社，1989）；1949、1952与1955年通县、大兴县、房山县、良乡县、门头沟县、昌平县、延庆县、怀柔县、密云县、顺义县、平谷县人口数自各县县志中户口、人口统计资料，其中1955年昌平县人口数取1953与1957年人口数的平均数计，参见北京市各区县志电子资料，http://www.bjdfz.gov.cn/search/searchIndex1.jsp；1958至1987年北京市各区县人口数来自北京市统计局编，《北京市人口统计资料汇编（1949—1987）》，中国统计出版社，1989；1987年以后北京市各区县人口数来自历年北京统计年鉴，常住人口口径；1949至2004年北京市地区生产总值、全社会固定资产投资来自国家统计局国民经济综合统计司编，《新中国55年统计资料汇编—北京篇》，中国统计出版社，2005；北京市城市基础设施投资及2005年以后北京市地区生产总值、全社会固定资产投资来自历年北京统计年鉴。

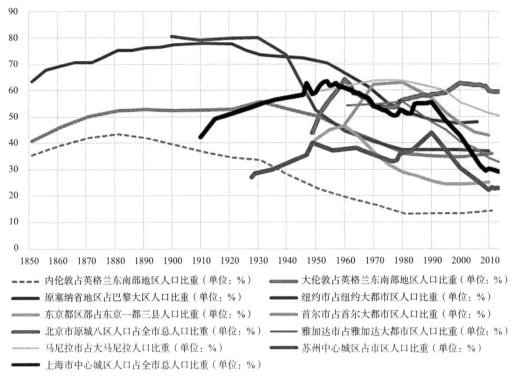

图4-9　伦敦、巴黎、纽约、东京、首尔城市中心区占特大城市地区人口比重变化与上海、苏州、北京城市中心区占市域人口比重变化比较[①]

图例：
- ----- 内伦敦占英格兰东南部地区人口比重（单位：%）
- ━━━ 大伦敦占英格兰东南部地区人口比重（单位：%）
- ━━━ 原塞纳省地区占巴黎大区人口比重（单位：%）
- ━━━ 纽约市占纽约大都市区人口比重（单位：%）
- ━━━ 东京都区部占东京一都三县人口比重（单位：%）
- ━━━ 首尔市占首尔大都市区人口比重（单位：%）
- ━━━ 北京市原城八区人口占全市总人口比重（单位：%）
- ━━━ 雅加达市占雅加达大都市区人口比重（单位：%）
- ━━━ 马尼拉市占大马尼拉人口比重（单位：%）
- ━━━ 苏州中心城区占市区人口比重（单位：%）
- ━━━ 上海市中心城区人口占全市总人口比重（单位：%）

历了两波消长变化（曲线呈"M"形）（图4-9）。

　　霍尔曾提出，伦敦、巴黎等城市在19世纪是人口与经济增长较大程度地受到康德拉季耶夫长波的影响（Hall，2003）。那么，上海—苏州地区空间演进的库兹涅茨周期特征与其他世界城市康德拉季耶夫周期特征的差异，是否意味着这两组城市存在"基建驱动"与"创新驱动"两种发展模式的不同，抑或只是由于中国特殊政治经济环境的影

① 资料来源：各城市人口统计数据，其中1910至1936年上海市人口数来自邹依仁，《旧上海人口变迁的研究》，上海人民出版社，1980；1910至1936年上海周边上海县、嘉定县、宝山县、川沙县、青浦县、松江县、金山县、奉贤县、南汇县、崇明县人口数来自各县县志中户口、人口统计资料；民国时期苏州市区、常熟县、太仓县、昆山县、吴江县、吴县人口及1990年苏州市区与市域人口来自江苏省地方志编纂委员会编，《江苏省志——人口志》，方志出版社，1999；1949至1983年苏州市区与市域人口来自苏州市档案局，《苏州年鉴1983》；2000年苏州市区与市域人口来自刘锦平主编，《江苏省苏州市2000年人口普查资料》，中国统计出版社，2002；2010年苏州市区与市域人口来自刘洪光总编，《江苏省2010年人口普查资料》，中国统计出版社，2012，其中平江区、工业园区人口根据统计口径调整前的比例数估算；2011至2015年苏州市区与市域人口来自历年《苏州统计年鉴》。其余城市数据参见附录A。

响①。倘若如此，在中华人民共和国成立后上海—苏州地区"密度—设施"关系演化已历经两个库兹涅茨周期（即一个康德拉季耶夫周期）的今天，所谓"创新驱动，转型发展"②便不再只是一句口号，而是攸关在下一个阶段城市发展的根本动力。

4.4.4 与政经体制和治理模式的潜在关联

根据第2章构建的过程模型，在"密度—设施"关系的自发调节路径下，城市居民面对内城所出现的拥挤、污染、治安等问题自发产生"逃离"心理，这一市场因素进一步为各类对外围地区的土地开发所响应，并因此带来商业服务、公共服务与就业的外迁（Fishman，1987；Knox，McCarthy，2011）。借由相应的地方政体与税收制度，居民得以通过迁居的方式，选择与其纳税能力相匹配的公共物品提供者，实现对大城市外围基层社区的"用脚投票"。这种外迁往往造成内城的进一步衰败，并使得大城市外围地区获得较内城更好的设施服务条件。而为了应对因内城设施服务水平下降而导致的大城市竞争力退化问题，城市政府往往又会通过改革城市经济模式、强化市场资本对城市经济活动和土地开发的参与度等手段，大力推动内城复兴，提升城市中心区对高级生产者服务业从业人员的吸引力，促进人口回流。纽约、芝加哥、伦敦等"盎格鲁—撒克逊"体系下的大城市在20世纪70到90年代的城市发展曲折经历，可以大体用这一机制来概括。

在上述大城市"密度—设施"关系演进的盎格鲁–撒克逊模式中，城市中心区人口外迁、人口密度较区域相对下降的时期同为城市中心区人居环境质量相对下降的时期，而城市中心区人口回流、人口密度较区域相对上升的时期也是城市中心区人居环境质量相对上升的时期。城市中心区的人口外迁主要出于市场动机，人口回流主要受益于政府对提升城市基础设施与公共服务所做的努力，实现途径则主要依靠市场的大规模参与。

上海—苏州地区"密度—设施"关系演进的内在逻辑则与英美大城市有着显著的不同。虽然城市中心区人口密度上升现象和空间过密化问题也曾在早期出现，但城市中心区人口疏解、人口密度相对外围下降的时期却是城市中心区人居环境质量相对上升的时

---

① 然而，世界上诸多特大城市地区在20世纪七八十年代都曾经历所谓"计划经济"到"市场经济"、"威权政治"到"民主政治"、"凯恩斯主义"到"新自由主义"、"福特制"到"后福特"的模式转变，但是相应地，这些地区的空间演进并未出现周期特征的变化。

② "创新驱动，转型发展"是上海市"十二五"规划纲要中提出的重要指导思想和发展要求，同时也被列为中共第十届上海市委工作的总方针，参见：上海市人民政府. 上海市国民经济和社会发展第十二个五年规划纲要［J］. 解放日报，2011年1月24日，http://newspaper.jfdaily.com/jfrb/html/2011-01-24/content_501564.htm；俞正声，"创新驱动 转型发展 为建设社会主义现代化国际大都市而奋斗——在中国共产党上海市第十次代表大会上的报告"，http://newspaper.jfdaily.com/jfrb/html/2012-05-24/content_810500.htm，解放日报，2012年5月24日.

期。由于土地使用制度、行政体制等方面的差异，城市居民无权在外围乡村地区自主置业，市域内基础设施与公共服务资源的配置也主要由市级政府通过指令和计划调控完成，人口迁居与基层地方社区公共服务供给之间无法直接形成良性互动机制（所谓"宁要浦西一张床，不要浦东一间房"），因此城市中心区的密度调整主要通过政府自上而下的疏解为主（甚至在一段时期内由中央政府直接推动）（图4-10）。

除了整体模式特征外，上海—苏州地区在不同的经济社会条件下解决两次空间过密化困境的思路有着一定差异。在1958至1977年的第二个演进阶段，地方政府无能力通过增加设施的手段调整"骨""肉"关系，疏解、"瘦身"成为唯一选择。其中，疏解至卫星城的人口享受到较市区标准略高的基础设施与公共服务，但对卫星城的公共资源倾斜未能长期得到贯彻；支援全国建设的人口则通过所属单位获取公共服务，避免对其他城

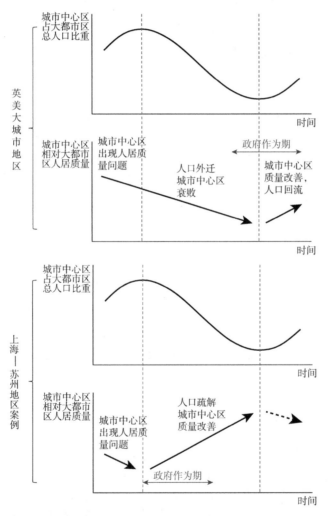

图4-10　典型英美大城市地区（上）与上海—苏州地区（下）在"密度—设施"关系、人居质量表征演进阶段及其动力机制方面的差异

（图片来源：笔者自绘）

市产生负担；而"上山下乡"的知识青年则通过自上而下的"逆城市化"来卸除其对城市基础设施与公共服务的需求；在1990至2010年的第四个演进阶段中，公共资金状况得到显著改善，于是采取"瘦身"和"健体"双管齐下的办法深度调节"密度—设施"关系。总的看来，强大的行政动员能力，使得上海得以在一定时期内仅通过调控人口来改善或维持"密度—设施"配置关系，但是随着历史进程进入第二个周期，调控手段的选择也发生了变化。

4.5　本章小结

本章以历史语境中的"密度—设施"关系，即"骨""肉"关系的视角重新梳理了上海—苏州地区的空间演进过程，分析了"瘦身"（疏解人口）与"健体"（提升设施）两类调控策略在改善特大城市形态结构和人居空间质量过程中所产生的实际影响。本章得出，1946年以来上海—苏州地区人居空间演进呈现出两轮"密度—设施"关系内外消长变化特征，中心部分相对外围地区的空间质量渐次涨落；上海旧市区的人居空间质量在1990年以前总体处于低水平状况，市区相应经历了两轮空间过密化过程与一次"密度—设施"失衡态，对包括旧市区在内的城市中心区人居空间质量的规划建设干预是触发特大城市地区结构性空间增长的重要源头。上述进程同时表现出以三十年为周期"密度—设施"关系波动特征，但潜在的波动规律及其与内、外部条件的关联仍待分析验证。

透过这段历程，我们得以清晰地发现对"骨""肉"关系的概念理解是如何透过决策者与规划师的认识和行动而对特大城市地区空间形态演进产生作用的。对"密度—设施"关系的调控既非完全由地方行政主体的意志所控制（它无关地方政府换届与地方党政领导人更替），也非规划战略调整的产物（也无关总体规划修编的时间节点），它更似政府、社会与规划技术人员对当时、当地城市发展状况及其可能导致后果的集体反馈。

第 5 章

"密度—设施"空间波动与过密空间内外转换

本章将对上海—苏州地区人居空间演化进程中隐现的"密度—设施"空间波动特征进行初步证明。验证分析工作将以医疗设施为设施代表，并基于以乡镇街道尺度为基准的空间测度单元，解析区域整体以及上海市域、苏州市域、沪苏走廊地区、特大城市中心区和外围地区等子区域在1990年、2010年两个典型时相上的"密度—设施"空间分布图谱，同时揭示"密度—设施"空间波动对上海—苏州地区内部"过密空间"变迁的实际影响。

5.1 验证原理与分析方法

5.1.1 波动验证原理

"波"是振动在空间中的传播运动。鉴于有关自然界各类波动现象的理论研究均源自于物理学，且经济学、社会学等学科对经济社会活动"波动性"研究中所采用的术语也均来自物理学，因此严格意义上，在城乡规划学科范畴下对特大城市地区"密度—设施"关系波动特性的初步研究尚只能借助其他学科的成熟理论进行类比。物理学主要采用"波动周期"、"波源"、"波动介质"等概念来描述波的基本运动特征。

波动周期：根据前章的研究，1946年以来上海—苏州地区"密度—设施"关系演进的第一个周期为1946至1977年，第二个周期为1978至2010年。

波源：广义上的城市中心是引发空间过密化问题的策源地，也是政府调节、干预"密度—设施"关系的始发地。在上海—苏州地区的对象范围中，两市的城市中心区无疑扮演了"波源"的角色。

波动介质：弗雷指出，城市与区域经济社会活动和规划干预活动都无法脱离"地点"[①]而独立发生（Frey，2011）。理论上，波动介质由特大城市地区中的各级居民点（更确切地说是各级居民点所在的空间单元）而不仅由各个空间圈层所组成。

波谱和位相：本章后文将上海—苏州地区"密度—设施"关系在空间坐标系中的分布图像定义为"波谱"，并将某一时刻的空间分布图像视为这一波谱的"位相"。

理论上，如果比较一列波谱在时、空两个维度上任意时间间隔的时相差与波谱位相差，并且证明时相差Δt等于位相差ΔT，则可验证"密度—设施"关系演进的空间波动律（图5-1）。

但是，城市研究并不具有精确的实验室条件，城市也并非能够被精确控制的实验对象，上述验证途径难以通过精确的数学解来实现。此外，来自数据可获性方面的限制也让本研究难以获得任意时间间隔的波谱位相。因此，本部分暂只能采取图解方法，通过比较固定时相间隔期（如整10年，或某周期、某阶段的始末年）的波谱位相，来尽可能客观地判断波动猜想是否成立。从上海—苏州地区的"密度—设施"关系的空间演进历

[①] 在德语城市规划研究语境中，"地点"（德：Ort，英：place）除了人文地理学中的作为场所、位置等一般含义外，也同时具有作为空间规划基层单元的地位。在欧洲德语区国家的空间规划（Raumplanung）体系中，以单个城镇、乡村居民点为对象的基层空间单元规划（Gemeindeplanung）也被称为"地点的规划（Ortplanung/Ortsplanung）"或"地点的空间规划（örtliche Raumplanung）"。因此，除了学术概念上的意义之外，"地点"一词也具有系统的实践意义。

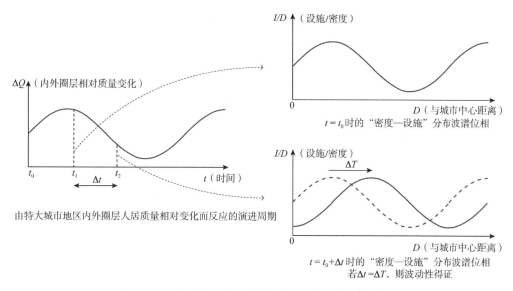

图5-1 "密度—设施"关系波动律验证的基本原理

程与实际可获数据资料条件来看，如能获得间隔至少半个波动周期（或一个阶段）的"密度—设施"配比波谱，并确认两个波谱的位相差与时相差大体一致，则将证实笔者的波动律猜想。

5.1.2 测度分析方法

（1）取1990年、2010年为首、末时相

研究时段选取的关键要求在于时相间隔是否长于半个波动周期，以及对应时相年份的细粒度密度、基础设施数据是否较易于获取。鉴于以乡、镇、街道为空间单元的人口普查数据以整10年为记录周期，同时1990年与2010年为上海—苏州"密度—设施"关系波动周期更迭的标志年份，且二者之间恰间隔半个波动周期，本部分将选取1990年至2010年作为研究时段。

（2）以医疗设施为基础设施代表

第3章曾以交通设施、医疗设施分别作为工程性基础设施与社会性基础设施的代表，先期开展了有关特大城市地区"密度—设施"圈层分布规律的讨论。在交通设施与医疗设施两类设施中，后者的数据粒度更细，且获取多时相数据的难度相对较低。鉴于此，本章仍以医疗设施为基础设施代表，并相应以床位数表征医疗设施的供给规模。除医疗设施外，以中、小学为代表的教育设施也较为符合本部分工作对设施类型的要求，但因数据可获性的原因未能参与本书的定量部分研究。

（3）采取圈层断面与廊道断面两种空间分析构造方式

鉴于中国特大城市基础设施与公共服务配置的行政区分割特征，本章将首先对上海、苏州市域内部的波谱变化进行独立分析。同时考虑沪苏走廊地区空间连绵发展与要素流动的整体趋向，本部分还将进一步抽取沪苏走廊地区的空间单元进行"双波源"视角的分析。"密度—设施"配比的空间测度将以乡镇街道尺度空间单元为数据点，将单元内部的医疗设施床位数加总后配合人口密度数据而算得。其中，上海、苏州市域内部的波谱是以空间单元到城市中心距离为横坐标、以人均设施享有量为纵坐标的散点图，即以城市中心为原点的极坐标断面；沪苏走廊地区的波谱是以空间单元到其中某个城市中心距离为横坐标、以人均设施享有量为纵坐标的散点图，以此表达上海、苏州两个城市中心连线断面的"密度—设施"分布状况。这种"断面分析"法也曾被用于对城镇密集地区人口与经济产值关系的研究（赵民 等，2016）。

（4）通过多项式拟合的方法逼近波谱位相

经由上述方法得到的坐标散点图应被视为"波谱"的理论分布态在现实中的投射，这种假想的理论分布态应为多个三角函数组合而成的函数曲线。本章考虑以较为简便的函数图像拟合手段，采取最小二乘法多项式拟合来逼近三角函数曲线，从多项式函数曲线图像中提取形态意义上的"波峰"和"波谷"的位置，并通过比较"峰"、"谷"位置识别不同时相波谱的位相差，进而判断波动律是否得证。

5.1.3　数据来源

（1）"波动介质"均一化的空间测度单元划定

空间测度单元的划定应以尺度适中为宜。若单元面积过大，则坐标散点数量相应降低，不利于获得波谱位相；但若面积过小，则将可能使容纳医疗服务设施的单元出现测度极大值，而未容纳但邻近医疗设施的单元出现零值的情形，有违基础设施具有一定空间服务延展范围的特性。鉴于中国基层医疗设施（卫生院、社区医院等）主要按镇级单元配置，本章在1990年、2010年两个时相上海—苏州地区乡、镇、街道边界地理信息的基础上，对部分位于上海中心城区、郊区县人民政府所在地和苏州旧城，且面积较小的街、镇空间单元进行合并处理，形成空间测度单元，保障"波动介质"的均一性（详见附录D）。

（2）精确到医疗设施具体位置的床位数信息

为使医疗服务设施的床位数信息得以精确落位到空间测度单元内部，为此需要获得医疗设施的位置信息，以及精确到单个医疗设施的床位数信息。

上海市域部分：经检索，1998年出版的《上海卫生志》中详细记录了1990年上海市全部医疗机构名单及床位数。上海市政府数据服务网[1]提供了2014年上海市三级医疗机构、二级医疗机构与各区县社区卫生服务中心的名单及地址。经向上海市卫生和计划生育委员会信息公开办公室咨询后证实，上海市卫计委不具备2010年全市公立医疗机构床位数统计资料，但网络公开的2014年全市医疗机构名单可作为2010年相应信息的基本依据。在上述信息基础上，笔者通过进一步检索、查询上海市各区县卫生部门网站及各医疗机构网站，获得以2010年为基准的全市三级、二级医疗机构及社区卫生中心床位数，同时根据网络信息获得1990年全市各医疗机构的详细地址，进而通过电子地图拾取工具[2]，将1990年和2010年两个时相的医疗机构地址转换为坐标信息，参照上海市乡、镇、街道边界进行坐标修正后，建立有关全市医疗机构空间位置与床位数的地理信息数据库。

苏州市域部分：苏州市相关统计资料未能提供1990年全市全部医疗机构名单及床位数，但是一部分市志和区县志提供了1985年或1987年的医疗机构名单、地址及床位数信息[3]。以《苏州统计年鉴1991》所提供的1990年苏州市各区、县（市）医院床位总数与1985/1987年各区、县（市）数据的比值对各医疗机构床位数进行处理计算后，可近似获得1990年各医疗机构的床位数。2010年苏州全市全部医疗机构名单、地址及床位数则通过网络资料获取[4]。通过将1990年和2010年两个时相的医疗机构地址转换为坐标信息，参照苏州市乡镇街道边界进行坐标修正后，可得苏州全市医疗机构地理位置与床位数的地理信息数据库。

鉴于数据可获性与空间构造的便易性等原因，上海市域的崇明、长兴、横沙三岛以及苏州市域的张家港未纳入研究范围。

（3）人口数据

人口密度数据根据人口普查信息及空间测度单元面积计算而得。因2010年"六普"的乡、镇、街道常住人口数据可从《2010中国人口普查分乡、镇、街道资料》（中国统计出版社，2012）中直接获得，数据收集整理工作关键在于获取1990年时相点的同等精度人口资料。

经查发现，《上海市1990年人口普查资料》（"四普"数据）不具备乡、镇、街道精度。有研究曾以"四普"上海市各区县常住人口总量为口径，根据1982年"三普"上海

---

① 网址www.datashanghai.gov.cn.

② 本书研究采用百度地图API工具，参见api.map.baidu.com/lbsapi/getpoint/index.html.

③ 其中，《苏州市志》、《苏州卫生志》提供了1985年苏州市区与市属医院的名单、地址与床位数；《平江区志》、《沧浪区志》、《金阊区志》、《苏州郊区志》、《吴江县志》、《常熟市志》、《太仓县志》提供了1985年各自辖域范围内医院名单和床位数；《吴县志》、《昆山县志》提供了1987年各自辖域范围内医院名单和床位数。

④ 2010年苏州全市全部医疗机构名单、地址及床位数数据来源于"苏州市医疗机构名单"，http://www.docin.com/p-293252384.html.

市各区县内部乡、镇、街道人口比例，对1990年上海市各乡、镇、街道常住人口进行分配后，获得上海全市人口空间分布状况（刘贤腾，2016）。本研究在缺少"三普"数据支撑的条件下，主要通过查询上海市各区县志与各区县年鉴，直接获得1990年部分区县的乡、镇、街道常住人口数据[①]，或以1990年"四普"上海市各区县常住人口总量为基准，根据近似年份区县内部乡、镇、街道的人口比例进行配比获得[②]。

苏州方面，部分地方志材料提供了1990年苏州市区和郊区乡、镇、街道常住人口数据[③]。苏州市域内其他市辖县的1990年乡、镇、街道常住人口数据则以相关地方志对1985年或1987年的乡、镇、街道人口统计为基数[④]，根据地方志提供的各县人口数和《江苏省志 人口志》[⑤]提供的1990年"四普"人口数的比值进行配比后获得。

其中，部分城市中心区与郊区县人民政府所在地乡、镇、街道的人口数据进一步根据空间测度单元的划定方式进行加合，经与医疗服务设施数据进行组合后，获得上海—苏州地区1990年与2010年两个时相的人口密度与医疗服务设施配比数据库。

5.2　上海—苏州地区"密度—设施"空间波动律

5.2.1　上海市域部分

（1）空间测度单元基本信息

自1990年至2010年间，因乡、镇、街道大规模撤并，上海市域空间测度单元的个数由214个降至136个，相应带来每单元平均人口规模与平均医疗机构床位数的大幅上升。在此过程中，每单元平均千人医疗机构床位数略有下降（表5-1）。

---

① 包括南市区（来源:《南市区志》，1997）、卢湾区（来源:《卢湾区志》，1998）、静安区（来源:《静安区志》，1996）、徐汇区（来源:《徐汇区志》，1997）、长宁区（来源:《长宁区志》，1999）、杨浦区（来源:《杨浦区志》，1995）、闵行区（来源:《闵行区志》，1996）、宝山区（来源:《宝山年鉴1991》）、川沙县（来源:《川沙县续志》，2004）、嘉定县（来源:《嘉定年鉴1988—1990》）。

② 包括黄浦区（1992年数据，来源:《黄浦区志》，1996）、普陀区（1992年数据，来源:《普陀区志》，1994）、闸北区（1993年数据，来源:《闸北区志》，1998）、虹口区（1993年数据，来源:《虹口区志》，1998）、松江县（1985年数据，来源:《松江县志》，1991）、金山县（1985年数据，来源《金山县志》，1990）、奉贤县（1995年数据，来源:《奉贤县续志》，2007）、上海县（1984年数据，来源:《上海县志》，1993）、青浦县（1992年数据，来源:《青浦年鉴1990—1992》）、南汇县（1985年数据，来源《南汇县续志》，2005）。

③ 苏州市区1990年街道常住人口数据可分别由《沧浪区志》、《平江区志》、《金阊区志》获得，苏州市区1990年街道常住人口数据由《苏州郊区志》获得。

④ 《常熟县志》、《太仓县志》提供了1985年所辖地区乡、镇、街道的人口统计数据；《吴县志》、《吴江县志》、《昆山县志》提供了1987年所辖地区乡、镇、街道的人口统计数据。

⑤ 参见: http://www.jssdfz.gov.cn/book/rkz/D3/D2J3.HTM.

1990 年、2010 年上海市空间测度单元（不包括崇明、长兴、横沙三岛）
常住人口、医疗机构床位数和每千人医疗机构床位数统计　　表 5-1

	1990 年	2010 年
统计分析范围内常住人口（单位：万人）	1251.4	2202.2
统计分析范围内医疗机构床位数（单位：张）	59991	85961
空间单元数（单位：个）	214	136
每单元平均常住人口规模（单位：人）	58476.7	161926.6
每单元平均医疗机构床位数（单位：张）	280.3	632.1
每单元平均每千人医疗机构床位数（单位：张）	4.79	3.90

资料来源：笔者整理

（2）全市域初始时相波谱

1990年上海市域空间测度单元每千人医疗机构床位数的分布呈现出相对均质的特征（图5-2）。

因彼时上海中心城区的大规模人口疏解进程尚未启动，中心城区的医疗资源集聚优势为较高的人口密度所冲抵，例如静安区、徐汇区位于内环线以内地区等医疗设施富集单元在人均指标上并不突出，而长宁区西部等具备疗养职能且常住人口规模相对较小的

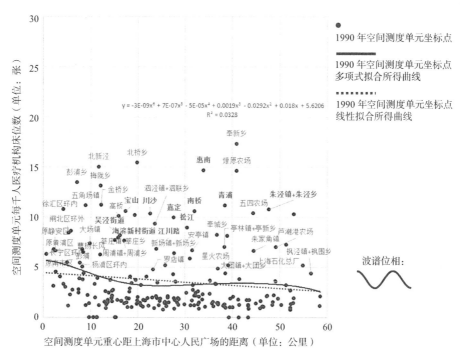

图5-2　1990年上海市乡、镇、街道空间测度单元
（不包括崇明、长兴、横沙三岛）每千人医疗机构床位数波谱位相
（图片来源：笔者自绘）

单元则成为中心城区人均床位数突出的地区。

在郊区县中，宝山友谊路街道、海滨新村街道、闵行华坪路街道、碧江路街道（今江川路街道）、吴泾街道，以及川沙、南汇惠南、奉贤南桥、金山朱泾、松江、青浦、嘉定等卫星城或郊区县人民政府所在单元呈现出较为显著的人均医疗资源优势。此外，诸如高桥、金桥、周浦、新场、大团、奉城、亭林、泗泾、莘庄、朱家角、安亭、罗店等重点乡镇，以及位于杭州湾北岸的奉新、燎原、星火、五四、芦潮港等市属农场所在地区的指标也相对较高，表明这些城镇中心或政策性地区扮演了维持市域公共服务设施均等化的关键角色。

在Excel中对离散坐标点进行高阶多项式拟合，拟合多项式在六阶次上获得相对较高的拟合优度，所得曲线的波动形态较为平缓，但拟合优度绝对水平低（$R^2=0.033$），表明对于上海市域整体而言，1990年的人口密度与医疗设施配比波谱曲线尚不具备对大多数空间测度单元"密度—设施"配比值的统计解释力。

（3）全市域终末时相波谱

较1990年而言，2010年上海市域空间测度单元每千人医疗机构床位数分布的非均衡性显著增强（图5-3）。

在20年持续不断的人口疏解与高等级医疗设施扩容后，上海中心城区空间单元的千人均床位数水平大幅提升，医疗设施服务在市域内居于支配地位。

在（原）郊区县人民政府所在街镇/新城中，宝山（友谊路街道）、嘉定（嘉定镇街道、新成路街道）、南汇（惠南镇）的人均床位数指标仍大体保持1990年的水准，但是奉贤（南桥镇）、青浦（夏阳街道）、松江（岳阳街道）、闵行（江川路街道）的医疗资源相对人口密度的富集程度已不及20年前。而随着部分郊区乡镇基层社区卫生院随乡、镇、街道行政区划调整而撤并，并且伴随中心城外围地区常住外来人口数量的增加，原有郊区县重点乡镇至2010年时已不具备人口密度与医疗设施配置的相对优势，进一步造成了市、区县中心居民点配比值的极化态势。

值得一提的是，距离上海市中心近60公里的临港新城和金山新城均因市域新城战略的推进和区县人民政府驻地的迁址落地而获得额外医疗资源的注入[1]，使得两地的千人均床位数指标达到甚至超过中心城区部分空间单元的水平。但这一现象在较大程度

---

[1] 1997年，金山撤县建区，区人民政府驻地由朱泾镇迁至金山卫。此后，金山卫成为上海"1966"城镇体系中"金山新城"所在地。2010年后，金山卫的医疗服务仍在持续扩容：2015年，复旦大学附属金山医院完成新址建设，2016年，金山医院新址开始二期扩建工程。2009年，上海市第六人民医院东院（临港分院）开工，并于2012年建成，成为临港新城重要的医疗服务资源。复旦大学附属金山医院新址与上海市第六人民医院东院虽均于2010年后投入使用，但为充分说明上海市域范围人口密度与医疗设施服务关系的演化特征，将两者纳入本部分对2010年全市医疗资源的计算中。

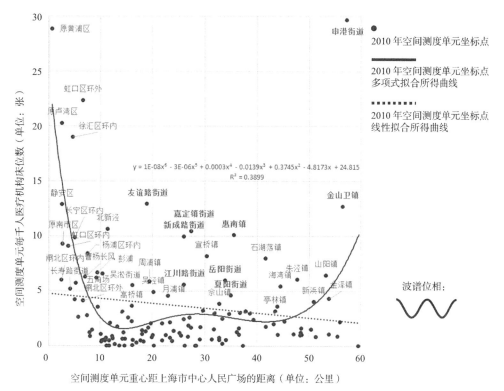

图5-3　2010年上海市乡、镇、街道空间测度单元
（不包括崇明、长兴、横沙三岛）每千人医疗机构床位数波谱位相
（图片来源：笔者自绘）

上是由于两地常住人口集聚状况不及规划战略预期所致，是一种"伪高配比"的例外状况。

　　对离散坐标点进行高阶多项式拟合后所得曲线的波动特征较1990年显著，拟合优度提升（R^2=0.390），波谱位相形态同时出现较大幅度的变化。

　　（4）全市域波谱时相-位相差比较与波动特性验证

　　将1990年与2010年两个时相的上海市乡、镇、街道空间测度单元每千人医疗机构床位数分布图像叠合后，进一步借助波峰、波谷位置的错动比较二者的位相变化（图5-4）。

　　1990年波谱呈现"N"形，在距离人民广场0~5公里（内环线以内地区）、40~45公里（郊区县重点乡镇及市属农场地区）的位置出现阶段性波峰P_{1990a}、P_{1990b}，并在25公里左右（卫星城及部分郊区县人民政府所在街镇单元）、55~60公里（金山卫、芦潮港等市域边缘地区）的位置出现阶段性波谷V_{1990a}、V_{1990b}。

　　2010年波谱呈现"W"形，在距离人民广场0~5公里（内环线以内地区）、25~30公里（部分郊区县人民政府所在街镇单元）、55~60公里（金山卫、临港新城）的位置

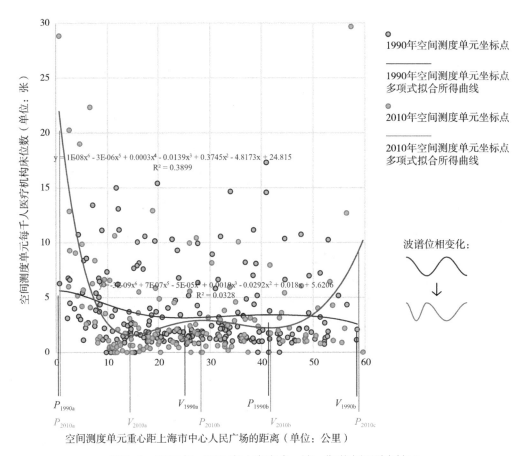

$$y = 1E08x^6 - 3E\text{-}06x^5 + 0.0003x^4 - 0.0139x^3 + 0.3745x^2 - 4.8173x + 24.815$$
$$R^2 = 0.3899$$

$$y = 3E\text{-}09x^6 + 7E\text{-}07x^5 - 5E\text{-}05x^4 + 0.0018x^3 - 0.0292x^2 + 0.018x + 5.6206$$
$$R^2 = 0.0328$$

波谱位相变化：

空间测度单元每千人医疗机构床位数（单位：张）

空间测度单元重心距上海市中心人民广场的距离（单位：公里）

P_{1990a}　P_{2010a}　V_{2010a}　V_{1990a}　P_{2010b}　P_{1990b}　V_{2010b}　V_{1990b}　P_{2010c}

1990年空间测度单元坐标点

1990年空间测度单元坐标点多项式拟合所得曲线

2010年空间测度单元坐标点

2010年空间测度单元坐标点多项式拟合所得曲线

图5-4　1990年、2010年上海市乡、镇、街道空间测度单元
（不包括崇明、长兴、横沙三岛）每千人医疗机构床位数波谱位相比较及峰、谷位置关系
（图片来源：笔者自绘）

出现阶段性波峰P_{2010a}、P_{2010b}、P_{2010b}，并在15公里左右（外环线外围）、40～45公里（郊区县原重点乡镇）的位置出现阶段性波谷V_{2010a}、V_{2010b}。外围圈层中同时计入了郊区县人民政府所在地与一般乡镇单元，因此郊区县人民政府所在街镇单元的实际峰值应高于拟合曲线中的阶段性峰值。

由于上海城市中心区始终扮演全市医疗服务最高等级中心的职能，P_{1990a}与P_{2010a}在距离城市中心0～5公里处对位。但因20年间中心区的医疗资源并未相应跟随人口疏解进程而迁移至中心区外缘（15公里左右位置），致使P_{2010a}在数值上高于P_{1990a}，并在15公里左右位置出现谷值V_{2010a}。

在25～30公里处（郊区县人民政府所在地及周边同圈层乡镇），峰值P_{2010b}与谷值V_{1990a}处于相近位置，半周期后峰值替代谷值，但数值水平不及此前，表明市域新城战略对新城基础设施与公共服务的倾斜效果为新城人口规模的增加所冲抵。

在40～45公里处，谷值V_{2010b}替代了峰值P_{1990b}，在一定程度上表明原重点乡镇所扮演的区县内部医疗服务次中心地位不再，原有相对优势被常住人口增长及医疗资源布局的集中化趋向所稀释，医疗服务资源由乡镇层级向区县、城市中心区收束。

在55～60公里处，金山新城与临港新城成为区域空间战略重点，获得额外医疗资源支持，使其由谷值V_{1990b}上升为峰值P_{2010c}。

两个时相中除0～15公里上海中心城范围以外的各个峰、谷值均在半个波动周期中实现了"峰—谷"或"谷—峰"转换。根据前章的历史回顾，这一转换并未曾在此20年间往复发生，因此可以判断，2010年的波谱位相是1990年的波谱位相经历半个波动周期变化后的结果。

对于这一比较结果有必要作两点额外说明：第一，1990年波谱位相曲线的拟合优度极低，因此上述工作仅为基于形态的比较，具有统计意义的比较工作有待进一步研究；第二，针对0～15公里范围内的变化状况，虽然表面上2010年上海市域距城市中心0～15公里范围内的波谱并非由1990年的波谱直接移动半个周期位相而得（表现为0～5公里处的"峰—峰"对位与15公里左右处的"谷—峰"对位），但这一现象主要由于中国特大城市在空间发展进程中尚未出现显著的内城衰败和公共服务流失，城市中心区始终扮演特大城市地区最高等级公共服务中心角色所致。距中心0～15公里范围内在相隔半个波动周期的不同时相上出现"峰—谷"、"谷—峰"对位的严格推演情景可能更适用于描述部分英美发达国家大城市地区的"密度—设施"关系空间演进状况。

（5）典型断面波谱时相—位相差比较与补充验证

鉴于由上海全域空间测度单元所获波谱曲线的拟合优度较低，本节进一步尝试绘制若干径向典型断面在不同时相的波谱，以弥补以上研究在统计解释力方面的欠缺。选取的4个典型断面均沿联系上海城市中心与郊区县人民政府所在地的公路干道展开，分别为人民广场—临港新城（沪南公路沿线）、人民广场—奉贤海滨（沪闵路—沪杭公路沿线）、人民广场—松江李塔汇（漕宝路—沪松公路沿线）与人民广场—淀山湖（沪青平公路沿线）。

结果显示，4个典型断面波谱高阶多项式曲线拟合的拟合优度较全市域的波谱有了显著的提升，1990年波谱曲线的R^2值达到0.3～0.4的水平，2010年则更达到0.9以上，表明波谱曲线已具备对大多数空间测度单元"密度—设施"配比值的统计解释力。从波谱位相形态上看，1990年与2010年的波谱位相仍大体呈现"N"形与"W"形的分异。虽然两组波谱的波峰与波谷并不具备较严格的对位关系，但仍可为前文以全市域单元为对象的分析结果提供佐证（图5-5）。

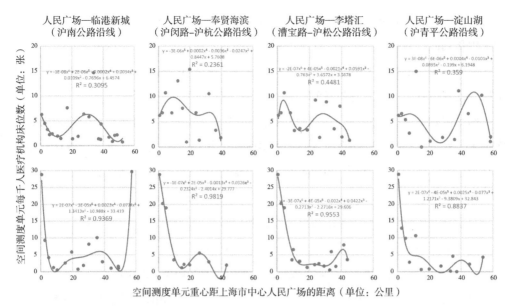

图5-5　1990年（上排）、2010年（下排）上海市域4个典型
径向断面每千人医疗机构床位数波谱位相比较

（图片来源：笔者自绘）

5.2.2　苏州市域部分

（1）空间测度单元基本信息

1990年至2010年间，苏州市域同样经历乡、镇、街道撤并，空间测度单元数量由139个降至69个，降幅接近50%，而统计范围内的常住人口数量与医疗机构床位数则大致翻倍，相应带来每单元平均人口规模与平均医疗机构床位数出现4倍左右的规模提升。但与上海市域有所不同的是，在这一过程中，苏州市域单元平均每千人医疗机构床位数水平保持了相对稳定的状态（表5-2）。

1990年、2010年苏州市空间测度单元（不包括张家港）
常住人口、医疗机构床位数和每千人医疗机构床位数统计　　表5-2

	1990 年	2010 年
统计分析范围内常住人口（单位：万人）	475.7	921.3
统计分析范围内医疗机构床位数（单位：张）	14115	27536
空间单元数（单位：个）	139	69
每单元平均常住人口规模（单位：人）	34225.7	133523.6
每单元平均医疗机构床位数（单位：张）	101.5	399.1
每单元平均每千人医疗机构床位数（单位：张）	2.97	2.99

资料来源：笔者整理

（2）全市域初始时相波谱

与上海市域的情况相似，1990年苏州市域空间测度单元每千人医疗机构床位数的分布也呈现出相对均质的特征（图5-6）。在各空间测度单元中，苏州市区、市辖县人民政府所在地及部分重点乡镇的"密度—设施"配比值相对优势显著，但三类单元之间的数值水平接近，苏州市区在医疗资源富集水平上不具有支配性优势地位。

离散坐标点的高阶多项式拟合所得曲线在距市中心15公里以外地区的波动形态相对平缓，拟合优度值虽高于同期上海市域波谱，但数值仍然较低（$R^2=0.165$），表明所获波谱曲线也不具备对苏州市域大多数空间测度单元"密度—设施"配比值的统计解释力。

（3）全市域终末时相波谱

2010年苏州市域空间测度单元每千人医疗机构床位数分布态势较1990年几乎无异。苏州市区空间单元医疗设施服务在市域内的中心地位并非进一步提升。苏州市辖县（县级市）人民政府所在地及部分重点乡镇的"密度—设施"配置水平虽有所降低，但在广大市域腹地中仍然具有相对优势（图5-7）。

离散坐标点的高阶多项式拟合所得曲线在距市中心15公里以外地区的波动形态仍然较为平缓。曲线的拟合优度虽有所提高（$R^2=0.349$），但仍无法较大程度地解释空间测度单元坐标点的分布状态。

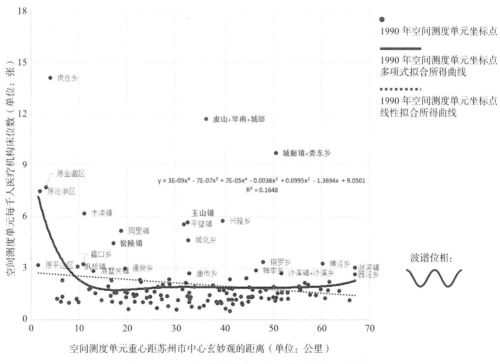

图5-6　1990年苏州市乡、镇、街道空间测度单元
（不包括张家港）每千人医疗机构床位数波谱位相
（图片来源：笔者自绘）

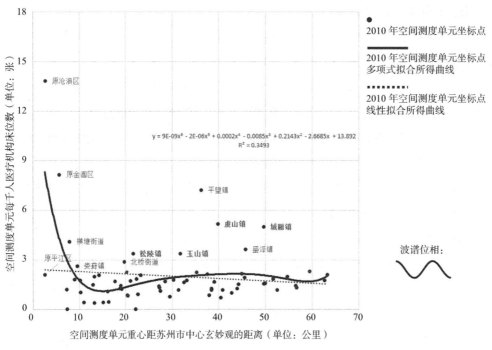

图5-7　2010年苏州市乡、镇、街道空间测度单元
（不包括张家港）每千人医疗机构床位数波谱位相
（图片来源：笔者自绘）

（4）全市域波谱时相—位相差比较与波动特性讨论

将1990年与2010年两个时相的苏州市空间测度单元每千人医疗机构床位数分布图像叠合可见，拟合后的两条波谱曲线在位相形态差异上并不显著（图5-8）。由于苏州市域两条曲线的拟合优度值均较低，尚仅能较牵强地比较二者的相位差。

1990年波谱呈现微弱的"W"形，在距离玄妙观0～5公里（旧城区）、30～35公里（部分市辖县人民政府所在地）的位置出现阶段性波峰P_{1990a}、P_{1990b}，并在15～20公里（吴县地区）和45公里左右的位置出现阶段性波谷V_{1990a}、V_{1990b}。

2010年波谱呈现"N"形，在距离玄妙观0～5公里（旧城区）和45公里左右的位置出现阶段性波峰P_{2010a}、P_{2010b}，并在15公里左右（原吴县地区，今吴中区、相城区所在圈层）和60公里的位置出现阶段性波谷V_{2010a}、V_{2010b}。

因苏州旧城区长期承担全市医疗服务最高等级中心的职能，P_{1990a}与P_{2010a}在距离城市中心0～5公里处对位。但与上海的情形有所不同的是，两时相波谱的第一个波谷位置V_{1990a}与V_{2010a}也同样对位。仅有的"峰—谷"转换出现在45公里左右，且形态特征微弱。这一现象一方面表明，在1990年至2010年的半个波动周期中，苏州市区空间发展的"大都市区化"相对温和，并未围绕中心城区外缘形成显著的"密度—设施"低配比地带，另一方面也反映出苏州通过医疗设施空间配置动态应对人口密度圈层结构变化的干预调

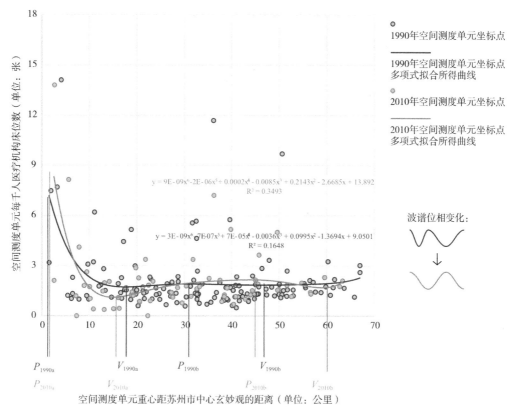

图5-8　1990年、2010年苏州市乡、镇、街道空间测度单元（不包括张家港）
每千人医疗机构床位数波谱位相比较及峰、谷位置关系
（图片来源：笔者自绘）

控能力更优于上海。

（5）典型断面波谱时相—位相差比较与补充讨论

由于从苏州市域空间测度单元所获波谱曲线的拟合优度也并不理想，本节仍然选择对苏州市域若干径向典型断面的波谱开展进一步分析。选取的3个典型断面均沿联系苏州旧城区与市辖县（县级市）人民政府所在地的公路干道或河道展开，分别为玄妙观—常熟港（227省道沿线）、玄妙观—浏河口（娄江—浏河沿线）与玄妙观—苏浙边界（227省道/230省道沿线）。

结果显示，3个典型断面波谱高阶多项式曲线的拟合优度较全市域的波谱也有显著的提升，波谱曲线的R²值普遍达到0.4左右的水平，断面三的曲线拟合优度更高，表明波谱曲线具备对近半或更高比例空间测度单元"密度—设施"配比值的统计解释力。

但是，苏州市域3个典型断面不同时相的波谱位相并未如上海的情形一般出现显著的"峰"、"谷"转换。相反，2010年的波谱位相在形态特征上较1990年并未发生根本变化，二者波谱"峰—峰"、"谷—谷"相应对位（图5-9）。由此进一步说明，在1990年至2010年的半个波动周期中，苏州市域的人口密度与医疗服务设施配比波谱位相保持

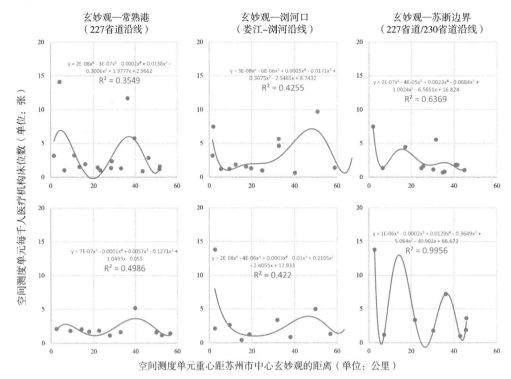

图5-9　1990年（上排）、2010年（下排）苏州市域3个
典型径向断面每千人医疗机构床位数波谱位相比较
（图片来源：笔者自绘）

了形态连贯性，配比分布并未随周期的推移而出现波状扩散的发展态势。

5.2.3　沪苏走廊地区

本节讨论的"沪苏走廊地区"为上海城市中心区与苏州旧城区之间的束状地带，轴向延伸约80公里。沪宁铁路/312国道、吴淞江与沪苏机场路—北青公路等三股交通廊道由北向南串联沪苏走廊地区的各个空间测度单元。当前，沪苏走廊地区城镇空间发展已呈连绵之势，贝蒂将其描述为"由高层建筑紧密簇群而成的一种不同寻常的城市蔓延"（Batty，2012），各类空间要素也在高强度交通干线的带动下沿沪苏走廊进行跨行政区边界的流动和再选址。

（1）初始时相与终末时相波谱位相差比较

与对上海、苏州市域的分析结果相比，沪苏走廊地区的波谱曲线呈现相对更高的拟合优度与波动形态可识别性，同时也进一步确认了上海、苏州两市在1990年至2010年半个波动周期过程中波谱位相变化特征的差异性（图5-10）。

1990年沪苏走廊地区离散坐标点的高阶多项式拟合所得曲线拟合优度值仍相对较低

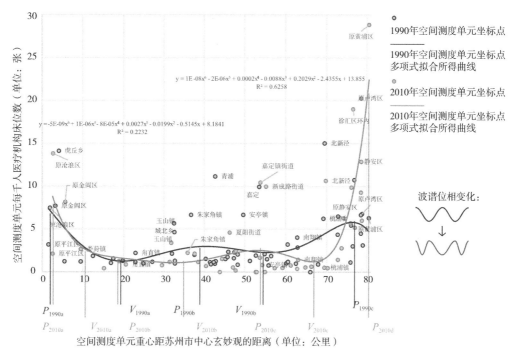

图5-10　1990年、2010年沪苏走廊地区乡、镇、街道空间测度单元
每千人医疗机构床位数波谱位相比较及峰、谷位置关系
（图片来源：笔者自绘）

（R^2=0.223），但高于同时相年份上海、苏州市域波谱曲线的拟合优度。波谱呈现"W"形，在距离人民广场0~5公里（上海内环线以内地区）、距玄妙观0~5公里（苏州旧城区）和沪苏走廊中点位置（40公里处）出现阶段性波峰P_{1990a}、P_{1990b}与P_{1990c}，并在距苏州市中心20公里（原吴县与昆山交界处）和上海市中心25公里位置出现阶段性波谷V_{1990a}、V_{1990b}。

2010年沪苏走廊地区离散坐标点的高阶多项式拟合所得曲线拟合优度相对理想（R^2=0.626），且更优于同时相年份上海、苏州市域波谱曲线的拟合优度，因此具有更高的统计解释力。波谱曲线同样在上海内环线以内地区和苏州旧城区获得阶段性波峰，但在距上海市中心15公里处（上海中心城外缘）和沪苏走廊中段出现阶段性波谷。此外，波谱曲线在距苏州市中心10~35公里地带的波动形态特征相对微弱。

将1990年与2010年两个时相的沪苏走廊地区空间测度单元每千人医疗机构床位数分布图像叠合后进一步可见，除了距上海、苏州市中心0~5公里范围的峰值与峰值对位外，在距苏州市中心20公里处波谷V_{1990a}在半个波动周期后转化为波峰P_{2010b}（尽管波峰P_{2010b}的形态特征并不显著），在距上海市中心25公里处的波谷V_{1990b}转化为波峰P_{2010c}，同时沪苏走廊中段地区的波峰P_{1990b}也转化为波谷V_{2010b}。即两个时相中除距两个城市中心0~15公里范围以外的各个峰、谷值均在半个波动周期中恰好实现"峰—谷"或"谷—

峰"转换。考虑这一转换并未曾在此20年间往复发生，可以判断，2010年沪苏走廊地区的人口密度与医疗服务设施配比波谱位相是1990年的波谱位相经历半个波动周期变化后的结果。

（2）对沪苏走廊地区相关波动特性的补充讨论

对沪苏走廊地区人口密度与医疗服务设施配比波谱的分析进一步凸显了上海—苏州地区"密度—设施"配比空间波动在总体和局部单元层面的若干特性：

第一，上海、苏州两地的波动特征存在显著差异。半周期过后，上海市域波谱的位相形态变化显著，两时相波谱在距城市中心15公里以外部分出现波峰与波谷的转换，表明外围地区各圈层的"密度—设施"配置相对关系经历了动荡变化的过程。相比之下，苏州市域的波谱位相并未出现明显的形态变化，各圈层"密度—设施"配置关系保持稳定。可见对于上海—苏州地区整体而言，上海扮演了"密度—设施"配置分布波状扩散"策源地"的角色。

第二，部分空间测度单元的配比值变化对波谱位相变化产生直接影响。沪苏走廊地区的波谱位相形态变化集中反映于上海及苏州市辖区、县（县级市）人民政府所在地及部分重点乡镇空间测度单元人口密度与医疗服务设施配比值的变化。由此，借由对这些单元配比值上下起伏变化的分析，可揭开驱使波谱位相变化形成的基本动能。

第三，上海—苏州跨界地区空间测度单元可能出现"干涉"现象。物理学中将两列频率（周期）相同、位相差恒定的波相遇后而形成的局部振幅放大或消减现象称为"干涉（interference）"。假设苏州市域的"密度—设施"波动律依然成立，则由于从上海、苏州市中心发端的"密度—设施"配比"波"具有较一致的位相和周期，将在上海—苏州跨界地区产生"干涉"效应，放大局部空间单元"密度—设施"配置的过程变动幅度。这将对跨界地区居民点的设施供给治理带来挑战。

5.3 空间波动进程中的过密空间转换

5.3.1 各级居民点"密度—设施"变化

本节进一步尝试对特大城市中心区、区县政府所在地/新城、原重点乡镇、一般乡镇等空间测度单元进行剥离分组后进行独立的配比值分析，归纳不同类型、等级的居民点在1990年至2010年半个波动周期中对于波谱传递的作用差异。鉴于上海市域板块"密度—设施"配比波动特征较苏州更为显著，分析工作将以上海市域范围的测度单元为重点。

（1）特大城市中心区

抽取位于上海市中心城区浦西部分的11个空间测度单元，将1990年与2010年两个时相的各单元空间位置与每千人医疗机构床位数绘入同一个坐标系中。结果显示，2010年上海市中心区各单元平均每千人医疗机构床位数为11.79张，较1990年的5.43张上升116.9%，医疗资源相对人口密度的中心集聚度显著提高。在11个空间测度单元中，仅四平路街道、控江街道、延吉街道和长白街道所在的杨浦区控江路地区出现配比值下降的情况。中心区空间测度单元配置分布的变化直接导致了2010年上海市域人口密度与医疗服务设施配比波谱峰值P_{2010a}显著高于1990年的P_{1990a}（图5-11）。

（2）区县政府所在地/新城

抽取郊区县人民政府/新城所在的13个空间测度单元，则可见2010年这些单元内部的医疗资源相对人口规模的平均富集水平低于1990年，单元平均每千人医疗机构床位数由1990年的9.23张下降到2010年的6.43张，降幅30.3%，且下降程度总体随单元距上海市中心距离的上升而增加。在13个单元中，仅吴淞、宝山地区出现上升的情况。这可以在一定程度上解释2010年上海市域人口密度与医疗服务设施配比波谱峰值P_{2010b}不及1990年的波谱谷值V_{1990a}的现象（图5-12）。

（3）原重点乡镇

抽取13个郊区县原重点乡镇，则可见2010年的总体水平较1990年出现较大幅度的下

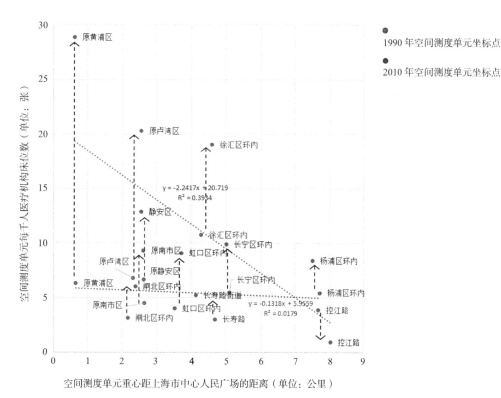

图5-11　1990年、2010年上海市中心城区空间测度单元每千人医疗机构床位数分布

（图片来源：笔者自绘）

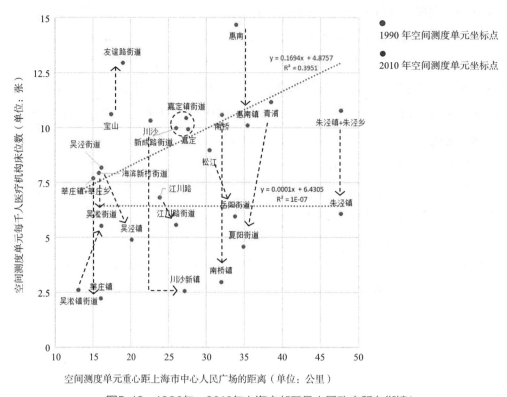

图5-12　1990年、2010年上海市郊区县人民政府所在街镇/
新城空间测度单元每千人医疗机构床位数分布

（图片来源：笔者自绘）

降，单元平均每千人医疗机构床位数由6.13张降至2.58张，降幅达57.9%，13个单元中无一出现指标上升的情况，且总体降幅水平未随单元距上海市中心距离的变化而增减（图5-13）。

（4）一般乡镇

对于余下的一般乡镇而言，除1990年各空间测度单元人口密度与医疗服务设施配置分布的空间均衡度更高这一特征外，两时相年份的整体配置水平差异并不显著（图5-14）。经计算，2010年上海郊区县一般乡镇的每千人医疗机构床位数（1.92张）较1990年（2.32张）仅下降17.5%，在四类空间测度单元中变化幅度最小，总体配置水平虽仍不及原重点乡镇，但已十分接近（图5-15）。

（5）各级居民点对空间波动位相变化的贡献

在上述四类空间测度单元中，中心区与原重点乡镇的配比值变化幅度最为剧烈，中心区代替20世纪80至90年代的卫星城和市郊县城，成为上海市域内医疗资源相对人口密度的集聚水平最高的区域；原重点乡镇扮演的郊区县公共服务"副中心"角色不再；郊区县政府所在街镇/新城与一般乡镇的变化幅度相对较低，担负起了市域公共医疗服务

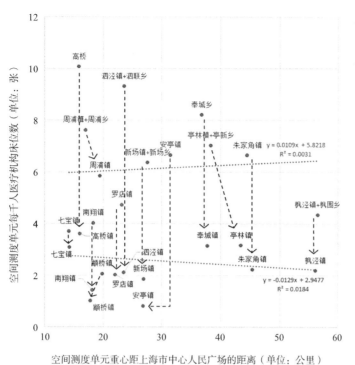

图5-13　1990年、2010年上海市原重点乡镇所在空间测度单元每千人医疗机构床位数分布
（图片来源：笔者自绘）

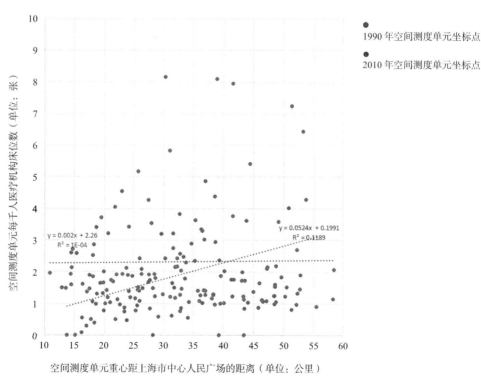

图5-14　1990年、2010年上海市郊区县一般乡镇空间测度单元每千人医疗机构床位数分布
（图片来源：笔者自绘）

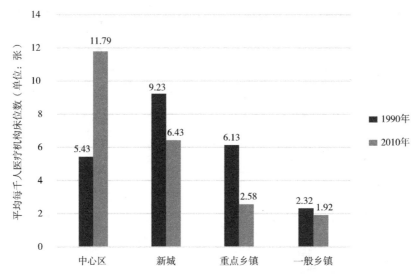

图5-15　1990年、2010年上海市各类居民点所在空间测度单元平均每千人医疗机构床位数变化
（图片来源：笔者自绘）

供给稳定"锚固点"的职能。根据前文分析，1990至2010年间上海市域部分波谱位相的变化主要反映在0～5公里部分的显著极化以及15公里左右、40～45公里圈层的波谱下移现象，这三处变化恰好对应中心区和原重点乡镇的空间测度单元的"密度—设施"关系分布变化。

5.3.2　特大城市中心区与外围地区"密度—设施"变化

除了作为空间波动介质的城乡居民点以外，空间波动也表现在上海—苏州地区内部的若干次区域之间。

（1）3D波谱位相变化

本节采用GIS系统中反距离加权插值法（距离系数P=2.00，单元格取1公里×1公里），将1990年、2010年两个时相年的上海—苏州地区空间测度单元人口密度与医疗设施床位数配比值点云（x、y坐标取空间测度单元重心位置经、纬度，z坐标为本单元每千人医疗设施床位数）转化为DEM模型，以此近似表征两个时相年的上海—苏州地区每千人医疗机构床位数空间分布3D位相。3D位相的变化也反映了由前文得到的上海中心城区与苏州市区"密度—设施"配比值上升、原县城、原重点乡镇和部分新城配比值下降以及一般乡镇配比值水平相对恒定的分析结果。

将两个3D位相分别设色后叠加，可进一步判断本地区内部不同次区域板块的"密度—设施"关系变化。模型显示，2010年人口密度与医疗设施床位数配比值较1990年上升的地区主要位于上海中心城、苏州市区、上海市域内的浦南地区（松江西南部与金山区）和原南汇区，以及苏州市域内的太仓和吴江。而在上海中心城与苏州市区周边的两个环状地带以及沪苏走廊沿线地区（包括上海宝山、嘉定、青浦、松江、闵行、原浦东新区部分地区及苏州昆山、吴中、相城、高新区和工业园区），2010年人口密度与医疗设施床位数配比值则不及1990年的水平。该结果符合前节对各级居民点的分析结论。

（2）特大城市中心区与外围地区密度—设施分布图像变化

以3D位相分析得到的空间分布特征为依据，将上海—苏州地区2010年人口密度与医疗设施配比值较1990年上升和下降的区域相互分离，分别绘制密度—设施分布图像。其中在配比值上升的地区中，考虑上海市域浦南地区、原南汇区和苏州吴江、太仓大部的城镇化水平相对较低，仅留下上海中心城区和苏州旧城等特大城市中心区部分作分析用。

由图5-16可见，1990年特大城市中心区部分的人口密度与医疗设施分布图像呈现不太明显的设施边际供给规模随测度单元密度增长而下降的曲线形态。结合第4.4.2节中以交通设施为例的数值分析，可判断该时相年的特大城市中心区存在空间过密化特征。但在半个波动周期过后，2010年的中心区人口密度与医疗设施分布图像则显著表现出设施边际供给规模随测度单元密度增长而上升、空间过密化态势得到根本突破的状况。

与中心区部分相反，1990年特大城市中心城周边地区以及沪苏走廊沿线地区的人口

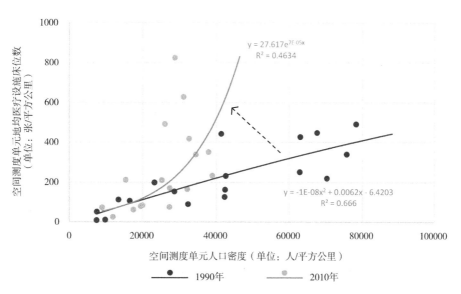

图5-16　上海—苏州特大城市中心区空间测度单元1990年、
2010年人口密度与医疗设施分布图像
（图片来源：笔者自绘）

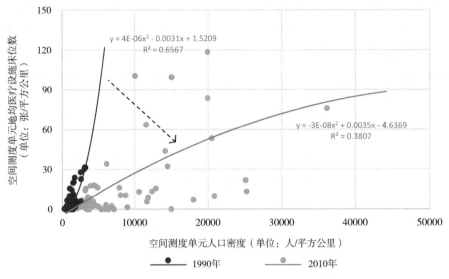

图5-17 上海—苏州特大城市外围地区空间测度单元1990年、
2010年人口密度与医疗设施分布图像
（图片来源：笔者自绘）

密度与医疗设施分布图像尚具有设施边际供给规模随测度单元密度增长而上升的特征。
但在半个波动周期过后，2010年的人口密度与医疗设施分布图像则呈现设施边际供给规
模随测度单元密度增长而下降的曲线形态（图5-17）。仅凭这一图像信息，我们无法坚
实地判断这一地区是否进入了仅能维持基本设施服务质量的空间过密化进程中。但结合
第4.3节的历史进程归纳，这一时期的上海外围地区已存在人口与空间开发大规模增长
但配套长期不足的"密度—设施"关系不协调状况。我们可以谨慎地认为，该曲线形态
说明外围地区已具备了空间过密化的属性特征。

5.3.3 空间过密化区域随波动进程转换

综合第4章对上海市区两轮过密化的归纳以及前节对1990至2010年间过密空间在
上海—苏州地区特大城市中心区与外围地区之间转换的判断，我们可以在更加宏大
的叙事语境下重新概括、解释"密度—设施"空间波动与过密空间转换之间的一般
关联。

在1946至1957年的人居空间演进第一阶段，上海旧市区空间持续过密化。通过1958
至1977年人居空间演进第二阶段的多途径人口疏解，大城市市区的空间过密化压力向郊
区和区域腹地的农村地区转嫁。这些大城市外围地区的人居质量困境部分借由70年代中

后期的乡村工业化探索和农村改革等途径逐步缓解，后又随"知青返城"等方式转移回市区。

在1978至1989年的人居空间演进第三阶段，上海市区出现第二轮空间过密化并出现"密度—设施"关系失衡态。直至1990年以后，才通过人口疏解与城市改造手段摆脱人居质量困境，但过密空间随之再次由市区转移到中心城周边地区与上海—苏州跨界地区等外围地带。

尽管在上海—苏州地区人居空间演进过程背后运行的"密度—设施"空间波动律得以使原有的过密空间脱离长时间低质量状况的困扰，但也直接造成了其他地区新一轮的空间过密化。当一地的空间质量改善以另一地的空间过密为代价，"密度—设施"关系的空间波动也就等价为过密空间的交替转移。

5.4　本章小结

本章以人口密度和医疗设施关系为例，初步验证了上海—苏州地区"密度—设施"空间演进的波动特征。这种特大城市地区空间发展的波动模式可视为依托各级、各类居民点，受政治经济社会活动与规划干预两股力量往复影响的"密度—设施"时—空变化的结果，是不同规模等级居民点和不同次区域板块波动变化的传导和叠加，既是圈层空间的波动，也是居民点的波动。以空间单元为媒介，上海—苏州地区的"密度—设施"关系的"峰"与"谷"如同涟漪般由特大城市中心向区域腹地波状散开。在本章分析的两个时相年中，2010年上海—苏州地区的"密度—设施"波动态势较1990年更强，不同等级居民点的"密度—设施"配比值分布更加极化。在不同空间板块中，上海市域的波动特征较苏州更为显著。

借由对空间波动的分析，本章进一步揭示了上海—苏州地区人居空间演化进程中随"密度—设施"波动伴生的空间过密化区域交替转移现象。在1990至2010年的半个周期中，过密空间由上海—苏州地区特大城市中心区向中心城周边和上海—苏州跨界地区转移，并形成连续的"密度—设施"配比下降地带。由此使得外围地区成为当前阶段（2011年至今）开展过密空间治理的目标地区。

城乡规划学术先驱曾试图探索城市形态结构的"波动演化"命题。林奇曾提出聚落形式的"波浪变化（waves of change）"发展模式——"变化的波浪似乎从聚居中心，也即人口密度的高峰处向外运动"（Lynch，1981）[449]——并将其与芝加哥学派提出的静态同心圆模型、多核模型与扇形模型并置（Lynch，2001［1981］）[229]。但是从文献检索情况看，这方面的探索似乎未能进一步延续开展。本章以人口密度和基础设施为变量对上海—苏州地区空间演化波动模式的归纳则为这一命题提供了实证案例。

此外，鉴于"密度"和"设施"两个变量本身与特大城市由中心向外围逐步减弱的"实体性"特征高度相关，本章的研究结果似乎还可揭示出特大城市地区形态结构演化"实体性+波动性"的"二象性"特征①。这一推论从方法论层面表明，任何仅凭"单时相"实体断面信息对特大城市人居空间质量做出的解读和判断都将是片面的。

---

① 若特大城市地区形态结构演化的"实体性+波动性"的"二象性"特征成立，则人居空间的"质量"这一宏观物质层面上的概念便有了与微观粒子"波粒二象性"的"对偶"关系。在量子力学体系中，"波粒二象性"直接导出了海森堡"测不准原理"，即无法同时测得微观粒子的位置和动量。以此为借鉴，城市研究者也同样无法在不知晓质量变化周期与位相（时—空）特征的情况下而直接获得对特大城市地区空间发展质量状况的全面把握。

第**6**章

外围过密空间的治理实践

两轮"密度—设施"空间波动过后，外围地区成为现阶段上海—苏州地区的过密空间。本章将从政府主体与社会主体两个角度，将外围地区空间过密化的形成解释为低成本空间开发与外来人口集中落脚两种机制在空间上叠加的结果。外围地区的过密化空间发展符合政府主体与社会主体的经济理性，对外围地区的大规模疏解改造都将带来巨大成本，小规模设施改善成为合理选择。由此，本章进一步考察了上海中心城周边地区和上海—苏州跨界地区等两类重点地区近年来所开展的地方基础设施与公共服务治理实践。案例分析结果显示，重点地区的自主实践体现了通过调整设施配置结构、多元供给设施服务等方式修复、优化"密度—设施"关系的新模式。

6.1 边界外侧作为空间开发的优先区位

在上海—苏州特大城市地区空间增长的进程中，紧邻上海中心城区、苏州旧城区的外沿地区以及上海市域边界外侧地区成为各级地方政府进行空间开发、布局各类人口与产业承载建设项目的首选区位。区位选择动机受到基础设施供给成本因素的强烈驱动，造成此类地区长期处于"密度—设施"低配状况。

6.1.1 现象：外围地区大规模空间"贴边"开发

20世纪90年代末以来，中国特大城市外围地区各级地方主体积极介入城市开发建设事务。辖域内靠近特大城市中心的地带成为地方政府攫取最大开发利益、优化自身空间资产的绝佳区位。特大城市外围地区也随之出现各类"接轨发展"（陈晨，赵民，2010）、"贴边发展"（王凯，2016）现象，形成对特大城市中心城区或市域的贴边围堵。

在特大城市中心城边缘及中心城区边界外侧，市级政府以空间圈层式连绵拓展的形式布置动迁社区、大型居住社区等人口疏解安置项目，郊区县政府大量供给规划建设用地，吸引市场资本开发商品住宅。与此同时，集体土地也作为一种非正式的空间资源参与城市经济，产生巨大的租金收益。

在特大城市市域边界外侧，具有良好区位与交通条件的市县乡镇也纷纷利用更低廉的要素成本以及特大城市的外溢效应建设通勤社区，承接产业项目转移。这些城镇、园区有意无意占据特大城市市域边界夹缝地带，例如在上海市域边界外沿，昆山花桥商务城犹如一枚"楔子"钉入上海市域版图，太仓城区则越过浏河发展科教新城，占据了昆山、太仓、嘉定三地交界区位；在北京市域外侧，燕郊开发区、廊坊开发区等空间的选址特征也同样如此。在一些区县交界地区还出现了两个或两个以上的地方主体同时争夺有利区位的现象，形成由属地各自管理的城镇簇群（图6-1，图6-2）。

然而，中心城的圈层式"摊大饼"扩展与外围开发项目的"贴边发展"并不符合传统城乡规划对良好城市形态结构的期盼。从聚落空间布局角度看，一些外围地区的土地开发速度与规模已经超出了专业从业者对于有序空间的一般心理预期，但是基于地方政府事权的传统城市规划难以对这一现象进行干预[①]。从人居空间质量的角度看，尽管在

[①] 截至2015年，邻近北京通州的河北燕郊城市建设用地开发规模超过50平方公里，接近北京房山良乡、大兴黄村、顺义新城主城区等新城组团的规模；邻近上海嘉定的昆山花桥城市建设用地开发规模近40平方公里，超过上海嘉定新城与嘉定工业区的土地开发规模之和。从笔者调研所见，京、沪两地规划管理与编制部门人员对于市域外围城镇的大规模开发持明显的否定态度，并希望通过建立跨界协调管控机制，对市域外围土地开发予以控制或限制。

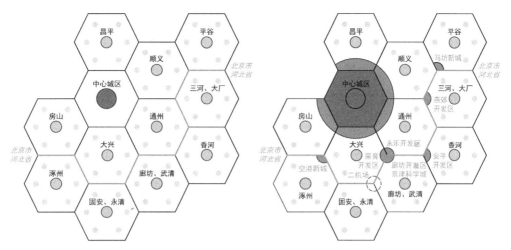

图6-1　基于六边形区县单元模型的北京市域及东南部地区沿京、津、冀边界的新城镇
开发情况（右图）及与原有城镇布局模式（左图）的比较
（图片来源：笔者自绘）

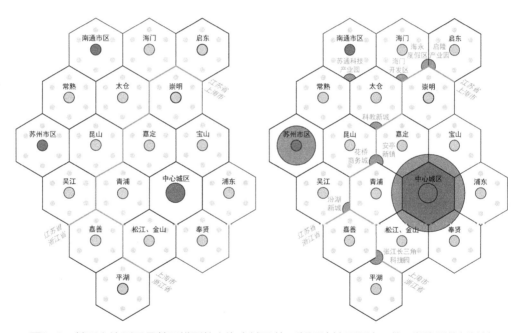

图6-2　基于六边形区县单元模型的上海市域及苏、浙近沪地区沿沪、苏、浙边界的新城镇
开发情况（右图）及与原有城镇布局模式（左图）的比较
（图片来源：笔者自绘）

地方主体的积极开发下，中心城外缘城市拓展区与跨界地区城镇簇群也具备基本的设施
支撑条件，但一方面这些地区具有长期依附特大城市中心城或市域基础设施和公共服务
物质基础的先天区位优势，使得地方政府缺乏充足供给公共资源的强烈动机；另一方
面，在邻域间缺乏广泛有效的设施供给合作机制的情况下，将本地公共资源的外部收益

全部内部化势必成为每个基层单元的优先选择，因此地方也缺乏在邻界地区提升设施规模与水平的内在积极性。

6.1.2 原因：设施供给成本角度的情景模拟解释

本节将采用情景模拟的方法解析在上海—苏州地区和大北京地区人居空间演化进程中屡屡出现的"摊大饼"、"贴边发展"等"就近疏解"或"就近承载"规律现象背后，是否具有潜在的"密度—设施"关系逻辑。模拟工作仍以交通设施和医疗设施为代表，并以本书第3章得到的上海—苏州地区人口密度与交通、医疗设施配置关系圈层空间分布图像为基础，通过比较特定区域发展理念和人口疏解目标下不同空间方案对应的设施投入成本来完成。

（1）情景设定

人口疏解与设施供给情景：考虑当前中国特大城市地区仍在着手实施疏解核心区人口并限制核心区公共设施供给的空间策略[①]，假设上海内环线以内的旧市区以疏解15%的常住人口且不再增建公共设施为调控目标[②]。

规划干预价值标准：考虑上海旧市区部分因人口疏解带来的"密度—设施"关系改善不以疏解人口承载地出现"密度—设施"配比下降为代价，设定人口承载目标圈层在承载疏解人口前后的"密度—设施"配比值保持不变，为此需要对该圈层额外供给设施。

空间方案设定：在现实情境下，上海—苏州地区的空间（再）开发与人口承载主要通过以下三类空间实现：第一，借由中心城存量用地，尤其是存量工业用地与废弃地的更新改造，进行住宅和配套设施开发建设；第二，通过上海中心城外缘及市郊区县的大型居住社区与新城建设，承接中心城疏解人口与外来人口（"圈层式"拓展）；第三，在轨道交通、高速公路的带动下，在上海市郊区县和苏州市域内的部分地区形成通勤社区（"蛙跳式"开发）。

考虑现实情况下医疗设施供给与城市行政区划的高度关联特征，对医疗设施供给情景的模拟将与交通设施部分采取不同的圈层构造方案（各空间圈层数据详见附录B、

[①] 例如《北京市卫生和计划生育委员会关于进一步做好医疗机构审批和医疗床位调控有关工作的通知》提出，"在本市东城区、西城区，不再批准建立设置床位的医疗机构，不再批准增加医疗机构床位总量和建设规模；在本市朝阳区、海淀区、丰台区、石景山区的五环以内，禁止新建综合性医疗机构，不再批准增加政府办综合性医疗机构床位总量"，参见：http://www.supdri.com/2040/index.php?c=channel&molds=oper&id=6；《上海市医疗机构设置"十三五"规划》要求，"中心城区原则上不新建公立医院，不增加现有三级公立医院床位"，参见http://www.wsjsw.gov.cn/wsj/n429/n432/n1485/n1496/u1ai141627.html。

[②] 需要说明的是，"15%"的人口疏解规模只是本文的一个虚拟设定，不具现实参考性。

C）。其中，对于上海—苏州地区人口疏解与目标圈层交通设施补充供给的情景，内核区取上海内环线范围，中心区圈层取内、外环之间，第一层外围区为余下的上海市域部分，第二层外围区为苏州市域。根据不同空间方案，形成以下三种情景：

Ⅰ：内核区（内环以内）疏解+中心区圈层（内、外环间）填充开发且"密度—设施"配比维持不变；

Ⅱ：内核区（内环以内）疏解+第一层外围区（上海市域除外环线部分）圈层式拓展且"密度—设施"配比维持不变；

Ⅲ：内核区（内环以内）疏解+第一、第二层外围区（上海、苏州市域除上海外环线部分）蛙跳开发且"密度—设施"配比维持不变。

对于人口疏解与目标圈层医疗设施补充供给的情景，内核区取黄浦区、原静安区范围，第一层中心区圈层取除黄浦区、原静安区以外其余中心城区范围，第二层中心区圈层为宝山区、闵行区和原浦东新区，外围区取余下的上海市域部分，相应形成以下三种情景：

Ⅳ：内核区（黄浦、原静安）疏解+第一层中心区圈层（中心城区）填充开发且"密度—设施"配比维持不变；

Ⅴ：内核区（黄浦、原静安）疏解+第二层中心区圈层（闵行、原浦东、宝山）的圈层式拓展且"密度—设施"配比维持不变；

Ⅵ：内核区（黄浦、原静安）疏解+外围区（其余上海市域部分）蛙跳开发且"密度—设施"配比维持不变。

利用上海—苏州地区人口密度与基础设施关系的圈层空间分布图像，可以测试在本书研究设定的规划干预价值标准下，每一种情景所需的设施投入。

（2）对交通设施投入成本的测试

本部分初始情景为内核区（内环线以内地区）疏解15%常住人口（约50万人），同时内核区的交通设施服务规模不再继续增长。根据该条件，上海—苏州地区人口密度与交通设施圈层空间分布图像中代表内核区的A点将向左平移至A′处。代表其他圈层的坐标点将因空间圈层承接方案的差异而产生不同的移动轨迹（图6-3）。

情景Ⅰ中，疏解而出的50万人全部在中心区圈层（内、外环间）安排，中心区圈层人口密度上升约6%，达1.53万人/平方公里，代表中心区的B点向右平移至B′处；

情景Ⅱ中，该50万人全部疏散至第一层外围区（上海市域除外环线部分），将使该圈层人口密度上升约4%，代表第一层外围区的C点向右平移至C′处；

情景Ⅲ中，该50万人全部疏散至第一、第二层外围区（上海、苏州市域除外环线部分），将使该地带人口密度上升约2%，代表第一、第二层外围区的D点向右平移至D′处。

进一步考虑人口疏解不能造成承接地的"密度—设施"配比下降这一价值标准，则

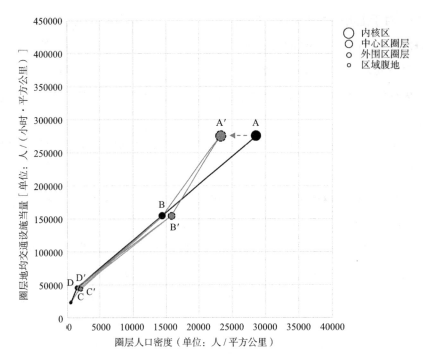

图6-3 上海—苏州地区人口密度与交通设施供给圈层调整情景测试1，
坐标点斜率表征圈层人均交通设施当量［单位：人/（小时·人）］

（图片来源：笔者自绘）

承载疏解人口的圈层需要额外增加基础设施供给。模拟结果表明，不同的调控路径带来不同的设施供给成本：

情景Ⅰ中，中心区圈层（内、外环间）需额外供给约550万人/小时的交通设施当量（相当于新增69公里地铁线路），B′点相应向上移动至B″，以保障该圈层人均设施拥有量不低于调整前的水平；

情景Ⅱ中，第一层外围区（上海市域除外环线部分）需新增980万人/小时的交通设施当量（相当于新增122公里地铁线路，或245公里市郊铁路线路），C′点向上移动至C″；

情景Ⅲ中，第一、第二层外围区（上海、苏州市域除外环线部分）共需新增1100万人/小时的交通设施当量（相当于新增137公里地铁线路，或275公里市郊铁路线路），D′点向上移动至D″（图6-4）。

在上述三种空间方案中，情景Ⅰ引发的交通设施额外投入成本最低。可见，为使上海—苏州地区的内核区的人口疏解不至于损害外围圈层的"密度—设施"配置水平，理论上相对经济的策略是将疏解人口安排在紧邻内核区外缘、"密度—设施"配比值最低的中心区圈层，并在此加密交通设施。

（3）对医疗设施投入成本的测试

同理，同样假定内核区（此处对应黄浦区、原静安区范围）的中远期人口疏解目标

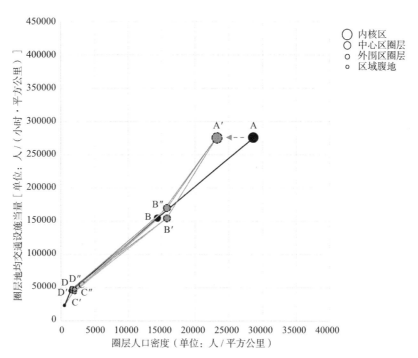

图6-4　上海—苏州地区人口密度与交通设施供给圈层调整情景测试2，
坐标点斜率表征圈层人均交通设施当量［单位：人／（小时·人）］

（图片来源：笔者自绘）

为15%（约14万人），则在内核区医院床位数不再增长的情况下，上海—苏州地区人口密度与医疗设施圈层空间分布图像中代表内核区的A点将向左平移至A′处（图6-5）。

情景IV中，疏解而出的14万人安排在第一层中心区圈层（中心城区除黄浦区、原静安区部分），该圈层人口密度上升2.3%，代表第一层中心区的B点向右平移至B′处；

情景V中，该14万人疏散至第二层中心区圈层（闵行区、宝山区、原浦东新区），该圈层人口密度上升约1.7%，代表第二层中心区的C点向右平移至C′处；

情景VI中，该14万人疏散至外围区（上海市域其他区县），该圈层人口密度相应上升约1.8%，代表外围区的D点平移至D′处。

仍以人口疏解不能造成承接地的"密度—设施"配比下降为目标，进一步在图中对额外设施投入成本相对较低的方案进行测试，结果显示：

情景IV中，第一层中心区圈层需额外供给约900张床位（相当于新建一所大型三级综合医院），B′点相应向上移动至B″，以保障人均床位数拥有量不低于调整前的水平；

情景V中，第二层中心区圈层需新增约350张床位（相当于新建一所二级综合医院），C′点向上移动至C″；

情景VI中，外围区需新增约400张床位，D′点向上移动至D″（图6-6）。

三种空间方案中，情景V引发的医疗设施额外投入成本最低。这意味着将人口疏解

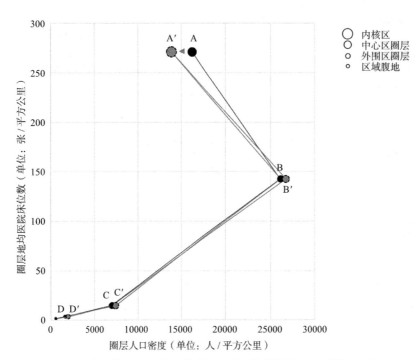

图6-5　上海—苏州地区人口密度与医疗设施供给圈层调整情景测试1，
坐标点斜率表征圈层人均医院床位数（单位：张/人）

（图片来源：笔者自绘）

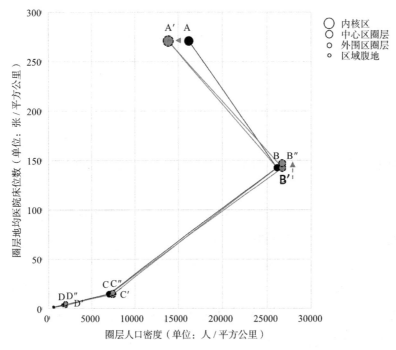

图6-6　上海—苏州地区人口密度与医疗设施供给圈层调整情景测试2，
坐标点斜率表征圈层人均医院床位数（单位：张/人）

（图片来源：笔者自绘）

至现状人均医院床位数水平最低的中心城周边地区（闵行区、宝山区和原浦东新区）是多种路径下医疗设施投入额外成本最低的选择。

6.1.3 结果：空间拓展首选"密度—设施"配比洼地

情景模拟分析的结果表明，当特大城市地区内核区人口向"密度—设施"配比值相对最低的外围可开发地区进行疏解时，相应的设施额外投入最小。从上海—苏州"密度—设施"分布的实际情况看，"交通设施/人口密度"配比"洼地"出现在任意外围圈层靠近特大城市中心的边界处，"医疗设施/人口密度"配比"洼地"出现在位于中心城周边的闵行、宝山和原浦东新区所在圈层。因此从理论上判断，如果不以外围地区的"密度—设施"关系恶化为代价，那么采取使得额外设施投入最小化的空间方案，将引发"贴边发展"或中心城周边地区的城市扩展（A）。其中，当行政区或规划政策区边界对于土地开发行为的限制因素较弱时（如行政边界级别较低，土地开发监管力度不大）将直接呈现的圈层式"摊大饼"形态。当行政边界对于土地开发行为的限制因素较强、准入门槛较高时（如行政边界级别较高）将表现为"贴边发展"形态（图6-7）。

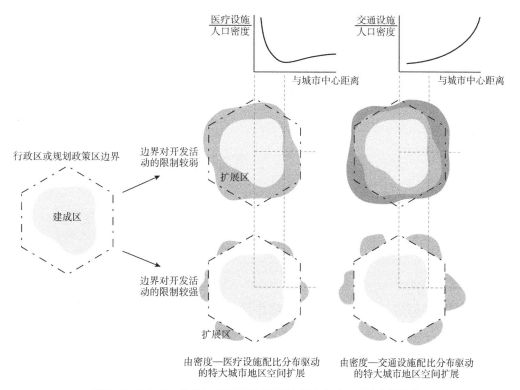

图6-7　"密度—设施"配置规律引发特大城市地区"摊大饼"与"贴边发展"两种空间形态的过程机制图示
（图片来源：笔者自绘）

与此同时，本书第4章对上海—苏州地区人居空间演化进程的分析中也多次提到，在试图以较少的设施投入获得较大土地收益的"效益优先"思维下，城市开发主体倾向于直接利用现成的设施条件来支撑新的土地开发，这直接导致了紧贴现有建成区外缘的圈层式"摊大饼"空间发展形态，同时也使得中心区的"密度—设施"关系优化以外围地区的恶化为代价（B）。

在上述两种"密度—设施"变化过程机制中，过程B等效于将"摊大饼"或"贴边发展"形态与外围地区的"密度—设施"配比值恶化共同作为设施投入"效益优先"思维的逻辑演进结果，而在过程A中，"摊大饼"或"贴边发展"形态则作为防止外围地区"密度—设施"配比值恶化与设施投入"效益优先"思维的逻辑演进结果（图6-8）。在两组逻辑关系下，我们可以进一步将描述"配比"变化的两项视为逻辑演进的"非关键条件"，由此在基础设施投入"效益优先"与"摊大饼"、"贴边发展"二者之间建立直接的逻辑因果关系。

可见，空间"贴边"开发恰恰是一种"自私的最优解"，它实现了局部子系统的财务最优，但却以牺牲特大城市地区实现更好形态结构的可能性为代价。而政府主导的空间开发和疏解人口承载地首选特大城市地区"密度—设施"配比洼地的机制更强化、固化了上海—苏州特大城市外围地区的"密度—设施"低水平配比状态。

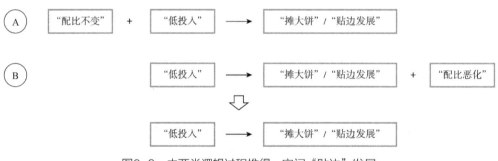

图6-8　由两类逻辑过程推得，空间"贴边"发展
是空间开发"效益优先"思维的直接结果
（图片来源：笔者自绘）

6.2　外围圈层成为外来人口落脚集中地

同一时期，随着中国大城市地区人口自发迁移规模的不断上升，因各类社会主体自主选择落脚、定居地点而产生的人口密度分布调整也给大城市地区内部特定地带"密度—设施"关系带来重要变化。

6.2.1　现象：外来人口分布集聚地圈层外移

自20世纪90年代起，北京、上海等特大城市户籍人口的自然增长幅度便维持在较低水平，外来人口成为特大城市人口增量的主体。因此较户籍人口而言，外来人口落脚、定居的区位选择及其总体分布状况对于特大城市人口密度分布进而对"密度—设施"关系具有关键影响。

已有研究认为，寻求城市就业是早期外来人口迁移的主因，城市外来人口主要流向低附加值、低工资的制造业和服务业（顾朝林 等，1999），并分布于棚户区、城中村等地带。随着空间经济规律对城市发展的影响日益显现以及市场参与下的旧城、旧厂与旧村改造不断推进，城市中心区的外来人口集聚区规模逐渐萎缩。对2000年、2010年等人口普查年份的实证表明，北京、上海、广州等特大城市外来人口的主要增长与集聚地由城市中心区向中心区外缘与近郊区内缘转移（周婕 等，2015），同时局部又向一些交通条件较好的乡、镇、街道集聚（汤苍松，2015）。这些特征与不同城市区位的居住成本（蒋丽，吴缚龙，2014）以及一般制造业与中低端服务业就业供给地的分布高度相关（彭震伟，路建普，2002；付磊，唐子来，2008；耿慧志，沈丹凤，2009）。

本节将以2000年和2010年上海—苏州地区人口普查数据为基础[1][2]，以乡、镇、街道为单元，通过绘制常住、外来人口数量、增量以及外来人口分布集聚程度等数据信息的径向断面分布图像，研判外来人口在特大城市圈层空间断面上的投射分布状态是否呈现一定的特征规律。从上海—苏州地区作为"主副型"特大城市地区的形态特征出发，本节还将构造由京（北京市）、津（天津市）、廊（廊坊市区、固安、永清及北三县）组成的特大城市地区作为上海—苏州地区的参照对象[3]。京津廊地区总面积3.48万平方公里（为沪、苏两市的2.35倍），常住人口超过4100万（为沪、苏两市的1.08倍），规模总体相仿。

仅从人口规模增长态势看，2000至2010年间，两地常住人口与外来人口增长的主要

---

① 这里的"外来人口"指"常住外来人口"。

② 提取《中国乡、镇、街道资料》（"五普"）、《中国2010年人口普查分乡、镇、街道资料》（"六普"）中上海、苏州、北京、廊坊、天津各乡、镇、街道"总人口"及"居住本地，户口在本地"数据，以"总人口"为常住人口，以"总人口"减去"居住本地，户口在本地"为外来人口，分别输入2000年、2010年沪苏、京津廊地区乡、镇、街道形状边界地理信息，获得两地常住人口与外来人口增长分布。

③ 京、津、廊三地中，廊坊的经济社会发展水平最低。利用紧邻北京的区位优势与土地成本优势，近年来廊坊环北京县市建设了一系列大型居住社区与产业园区，吸引了一部分北京的通勤人口与产业项目。大厂、香河、固安县城及廊坊、燕郊开发区成为以北京中心城为核心的功能性城市地区的组成部分。以北京建设通州副中心为契机，加强北京市域东部地区与廊坊的统一规划、协同发展也以纳入京、冀两地规划部门的议事日程。

发生地均位于域内特大城市（北京、上海、天津、苏州）中心区外围以及各区县内原县城所在镇/街道。因外来人口为常住人口增量的主体，常住人口与外来人口增长的空间分布具有一致性[①]。

进一步对上海—苏州地区距上海市中心（人民广场）半径65公里范围、京津廊地区距北京市中心（天安门）半径70公里范围[②]内各乡、镇、街道分别计算2000年与2010年外来人口占常住人口比重，以表征外来人口集聚度。由图6-9、图6-10可见，2000年京、沪两地外来人口集聚水平在距离各自市中心约12公里处达到峰值，峰值处乡、镇、街道外来人口比重约85%。到2010年，峰值所在位置向外推移到距离市中心约20公里处，且峰值处乡、镇、街道外来人口比重近90%[③]。上海—苏州地区与京津廊地区外来人口分布的历时特征与空间规律总体均十分接近，体现出过去十余年间两个特大城市地区在人口与空间发展阶段进程上具有相对同步的特点。

各空间圈层外来人口的绝对数量分布也同时确认了京、沪两地外来人口总体分布集聚地向外围推移的趋势（图6-11，图6-12）。在此10年间，京、沪两地18~24公里半径圈层的外来人口数量均出现较大幅度增长。但在外来人口比重有所下降的12公里左右半径圈层中，外来人口的实际规模仍有较大幅度增长，表明这一圈层同时也通过建设商品

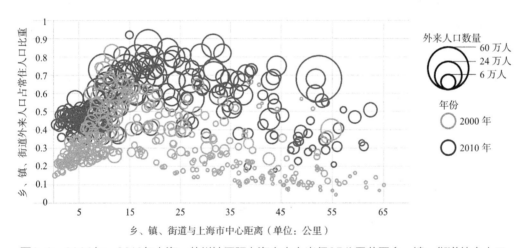

图6-9　2000年、2010年上海—苏州地区距上海市中心半径65公里范围乡、镇、街道外来人口占常住人口比重及乡、镇、街道与上海市中心距离变化关系的比较

（图片来源：笔者自绘）

---

① 京津廊地区的相似结论参见于涛方，2012。

② 上海—苏州地区距上海市中心半径65公里范围覆盖上海市域（除崇明、长兴、横沙三岛）及苏州昆山市、太仓市。京津廊地区距北京市中心半径70公里范围覆盖北京市域及廊坊市区、固安县、永清县及北三县（三河市、大厂回族自治县、香河县）地区。

③ 这些乡、镇、街道包括上海松江区九亭镇、新桥镇，北京大兴区旧宫地区、西红门地区，北京昌平区东小口地区、回龙观地区、北七家镇，以及上海宝山城市工业园区、金桥出口加工区（金桥镇）、青浦工业园区（香花桥街道）、北京经济技术开发区等产业区。

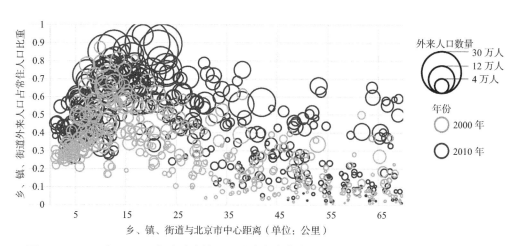

图6-10 2000年、2010年京津廊地区距北京市中心半径70公里范围乡、镇、街道外来人口占常住人口比重及乡、镇、街道与北京市中心距离变化关系的比较

（图片来源：笔者自绘）

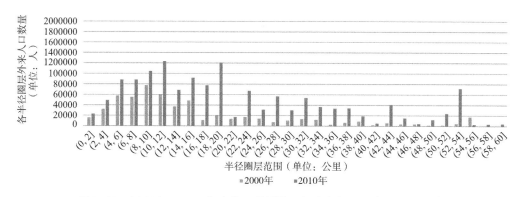

图6-11 2000年、2010年上海—苏州地区各个半径圈层（2公里间隔）
外来人口数量（纵坐标）与半径圈层范围（横坐标）变化关系的比较

（图片来源：笔者自绘）

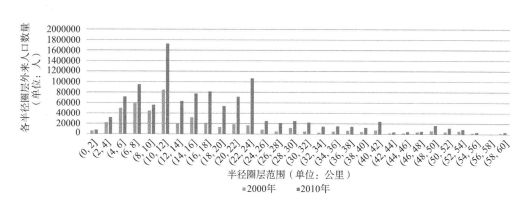

图6-12 2000年、2010年京廊地区各个半径圈层（2公里间隔）
外来人口数量（纵坐标）与半径圈层范围（横坐标）变化关系的比较

（图片来源：笔者自绘）

住宅、承载动迁社区等方式吸纳了大量常住户籍人口。此外，上海—苏州地区的昆山、太仓，以及京廊地区的廊坊市区、北三县所在圈层（40～55公里）在此10年间也经历了较大幅度的外来人口增长，尽管增长规模不及中心城周边地区，但增长态势延续至今[①]。

6.2.2 原因：落脚定居综合成本角度的解释

城市经济学通常将住房竞租成本与通勤成本作为影响城市居民空间区位选择的最主要变量（O'Sullivan，2015［2011］，等）。从已有研究结果看，这两项成本因素对于中国大城市外来人口分布也有着直接的关联。本节尝试进一步解释落脚定居成本对外来人口圈层分布态及其变化的影响。考虑前节获得的分布图像是特大城市地区所有外来人口个体选择的集合叠加，我们可以通过对抽象个体的分析来解释这一分布态。

在通常情况下，经济理性的外来人口个体在落脚空间的区位选择上面临自身成本付出的综合决策。如果将外来人口个体在特大城市地区中的落脚、定居区位选择视为一个多变量函数L，那么这个函数将由相关成本与收益因素加和而成，即：

$$L=ax_1+bx_2+cx_3+\cdots+\lambda x_n$$

其中，变量x包括个体支付能力、租金/房价、交通条件、通勤成本、环境品质、公共服务水平等一系列成本与收益因素，这里将住房竞租和通勤成本视为最主要变量。据此，若将外来人口的区位选择L主要视为住房竞租成本H与距就业地通勤费用与时间成本C的双变量函数，则：

$$L'=\alpha H+\beta C$$

假设特大城市主要就业中心与服务中心均位于城市几何中心，该特大城市的住房竞租成本H与距就业地通勤成本C均可视为与城市中心距离z的函数：

$$L'=L(z)=\alpha H(z)+\beta C(z)$$

经验表明，外来人口在某地落脚、定居的可能性与该地的综合成本之间具有负相关性。进一步，框定特大城市大都市区的半径范围为d_0，则外来人口微观个体在与城市中心距离z处落脚、定居的概率密度函数P为：

$$P=\frac{\varepsilon}{L(z)}=\frac{\varepsilon}{\alpha H(z)+\beta C(z)}, \qquad 0\leq z\leq d_0$$

[①] 例如，2010年廊坊燕郊地区（含燕郊镇、燕郊经济技术开发区）常住人口29.2万人，其中外来人口14.9万人。根据2016年北京市城市规划设计研究院"通州区综合交通规划"阶段成果，2015年燕郊地区常住人口约60万，其中外来人口约37万人，5年间外来人口规模增长148%；2010年昆山花桥镇常住人口10.5万人，其中外来人口7.5万人。根据http://bbs.kshot.com/read-htm-tid-4875566.html提供信息，2015年花桥镇常住人口20.1万人，其中外来人口16.3万人，5年间外来人口规模增长117%。

该概率密度函数的分布函数F为：

$$F(z) = \int \frac{\varepsilon}{\alpha H(z) + \beta C(z)} d(z), \qquad 0 \leq z \leq d_0$$

且

$$\int_0^{d_0} F(z) \, dz = \int_0^{d_0} \frac{\varepsilon}{\alpha H(z) + \beta C(z)} d(z) = 1$$

根据城市经济学一般原理，住房竞租成本H对距城市中心距离z的函数$H(z)$为单调递减的下凸函数，通勤成本C对距城市中心距离z的函数$C(z)$为单调递增的线性函数，$H(z)$与$C(z)$在任意区间内连续可导，上式成立（图6-13）。

特大城市外来人口落脚、定居的综合成本，即住房竞租成本H对距城市中心距离z的函数$H(z)$及通勤费用、时间成本C对距城市中心距离z的函数$C(z)$之组合$\alpha H(z) + \beta C(z)$也为下凸函数[①]，且在$\alpha H(z)$与$\beta C(z)$函数值相等的d_1位置出现最小值。相应地，外来人口在d_1处出现最大分布概率（图6-14）。

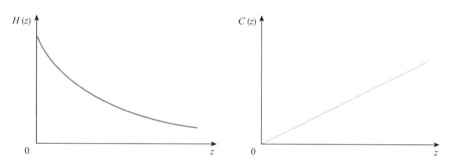

图6-13　住房竞租成本H对距城市中心距离z的函数$H(z)$（左图）与通勤费用、时间成本C对距城市中心距离z的函数$C(z)$（右图）的一般形态

（图片来源：笔者自绘）

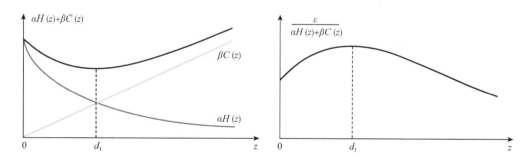

图6-14　特大城市地区外来人口落脚、定居的综合成本对距城市中心距离z的函数一般形态（左图）与外来人口落脚、定居区位概率密度对距城市中心距离z的函数一般形态（右图）

（图片来源：笔者自绘）

---

① 需要说明的是，这里的"通勤成本"一项不仅指代通勤费用成本，也包含通勤时间成本。因中国大城市地区的公共交通通勤费用相对较低，外来人口的通勤费用成本远小于住房竞租成本，只有将时间成本（等价于因通勤时间而损失的工作收益）计入通勤综合成本后，才可比于住房竞租成本。

将前文通过人口普查数据获得的外来人口常住地与到京、沪两市中心距离关系的图像（图6-9~图6-12）视为常住地选择这一随机变量行为概率密度函数在现实中的投影，则其分布态与由理论推演出的概率密度函数图像高度一致。由此说明，特大城市中心城外缘、边缘居住社区、绿化隔离地区及郊区新城内缘地区的外来人口"蓄水池"特征正是不同外来人口个体根据经济理性对区位进行集体选择的结果[①]。

现实情境下外来人口分布概率高峰向特大城市外围地区推移的趋势也可以用函数图像移动的方法进行解释。例如，当住房竞租成本H整体水平上升时，综合成本出现最小值位置与城市中心的距离更大，外来人口落脚、定居区位概率密度峰值相应向外侧推移（图6-15）；当交通成本C整体水平下降（即通勤交通的费用、时间成本降低），综合成本出现最小值处距城市中心距离d_3同样较d_1更大，外来人口落脚、定居区位概率密度峰值也同样向外侧推移（图6-16）。因此，无论住房租金上升还是通勤成本下降（尤其是

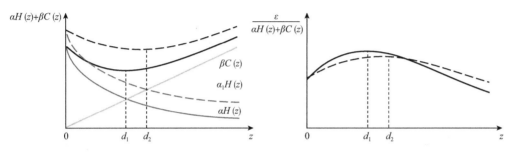

图6-15　住房竞租成本上升对特大城市外来人口落脚、
定居区位概率密度函数形态的变化影响
（图片来源：笔者自绘）

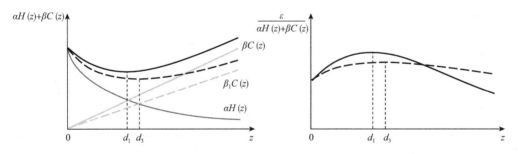

图6-16　通勤费用、时间成本下降对特大城市外来人口落脚、
定居区位概率密度函数形态的变化影响
（图片来源：笔者自绘）

---

① 假设居住在上述分布峰值地带的外来人口每人每月住房租金成本为1200元，工作日（按每月22天计）公共交通通勤费用10元/天，额外通勤时间1.5小时/天（按时薪30元计，通勤时间成本为45元/天），每月通勤综合成本为1210元，与住房租金成本大致相等，表明该解释具有合理性。

因轨道交通建设带来的通勤时间成本下降）都将使得外来人口分布概率峰值出现外移的趋向。

6.2.3 结果：公共设施与外来人口高度错配

新古典经济学理论认为，在完全竞争市场中，供给和需求关系可以通过价格机制进行充分调节。然而，简单的供需理论难以解释城市空间的供需匹配问题。首先，"城市空间"较一般市场产品具有更长的"生产"周期，城市居民对于区位选择的信息获取与信息反馈也存在一定的滞后性；其次，基础设施、公共住房等城市公共品具有较高的"生产门槛"或垄断经营特征，并非完全竞争市场；再者，位于规划城镇建设用地内且受公共设施支撑的"正规空间"与城中村、城边村等各类"非正规空间"共存，使得城市中无法通过正规空间满足的外来人口落脚需求可以通过非正规市场予以匹配。对中国特大城市外来人口空间需求与供给关系的研究认为，各类非正规空间接纳了外来人口相对低层次的居住和就业需求（闫小培，赵静，2009），外来人口的分布总体上也与城中村、城边村等非正规空间的分布相契合（袁媛 等，2007）。

外来人口的增长催生了对非正规空间的需求，这也在一定程度上推动了20世纪90年代以来上海—苏州地区城乡建设用地的大规模扩张。2010年，上海市域内的建设用地规模为2891.2平方公里[①]，至2014年达3050.7平方公里[②]，以市域面积6340平方公里计，建设用地占市域面积比例达48.1%；相似的，2014年苏州市建设用地规模也已达2432平方公里，建设用地占市域陆地面积的49.8%[③]。为了加强对建设用地规模的管控，上海、苏州两市均试图通过框定集中建设区或城镇开发边界，对边界外侧"拆违"、"减量化"等规划政策或政令手段来抑制、消减非正规空间，而压缩正规空间的供给也便意味着相应减少公共设施的供给。

然而在现实情境中，正规空间与非正规空间之间的增减博弈最为激烈的上海中心城周边地区（对应半径12～20公里圈层，也是历版总体规划图景中极力避免出现大量人口与建设用地分布的地带），恰好覆盖了2000至2010年这十年间上海—苏州地区常住外来人口的集聚峰值的移动区间，造成了该地区持续存在公共设施与外来人口分布"空间错配"的现象。以医疗设施为例，若将上海—苏州地区乡、镇、街道尺度单元外来人口占

[①] 数据来源：上海市2010年度土地变更调查数据，http://www.shgtj.gov.cn/tdgl/tdbgdc/201304/t20130401_588623.html.

[②] 数据来源：上海市2014年度土地变更调查数据，http://www.shgtj.gov.cn/tdgl/tdbgdc/201512/t20151225_673088.html.

[③] 数据来源：《姑苏晚报》，2015年1月13日，http://news.subaonet.com/2015/0113/1442238.shtml.

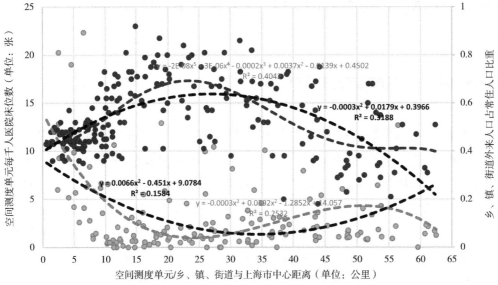

图6-17　2010年上海—苏州地区乡、镇、街道外来人口占比和空间测度
单元每千人医院床位数的径向分布关系比较

（图片来源：笔者自绘）

比的径向分布图像和人均医疗设施的分布图像进行比较，则可见二者的径向分布态几乎
形成高低互对的"镜像"关系，10～55公里圈层外围地区的设施与外来人口高度错配
（图6-17）。

　　该结果表明，迟至2010年，外来人口实际仍被排除在上海中心城区及周边区县优
化"密度—设施"配置关系的议程以外。倘若以服务户籍人口为主的公共设施配置逻辑
不发生根本变化，外来人口的规模增长与集聚地外移同样将强化外围地区的空间过密化
状态。

6.3　上海—苏州外围地区空间反过密化自主实践

　　鉴于现阶段外围地区的空间过密化是地方政府以"效益优先"思维配置辖域内空间
资产以及以外来人口为代表的社会主体受"空间成本"驱动调整居住区位的综合结果，
那么任何对该地区空间过密化状况的大规模突破行动都将引发新一轮人口密度重布或基
础设施投入，带来更大的质量提升成本。在普遍的"经济理性"之下，外围地区的地方
主体日益倾向于选择通过小规模基础设施与公共服务增补、改善的方式"修复"密度—
设施关系而非进一步"推波助澜"，并体现在上海中心城周边地区和上海—苏州跨界地
区两个重点地带的自主实践中。

6.3.1 人居空间质量提升难点

（1）上海中心城周边地区：基层设施服务支撑能力不足

参照上海市地方规划文件对中心城周边地区的一般限定（参见第4.2.2节），上海中心城周边地区主要指位于外环线以外、距上海市中心径向距离约12～20公里地带，涉及浦东、宝山、闵行、松江、嘉定和青浦等市辖区，其中位于闵行区的部分面积最大。在闵行区372平方公里行政辖区中，有超过300平方公里位于中心城周边地区范围内。

中心城周边地区无疑是近十余年来上海市人口与空间增长速度最快、变动最为剧烈的区域。受益于大规模扩张的轨道交通系统，这一区域为商品住宅开发所青睐，是动迁房、保障房等政策性住房优先选址的区域（参见第4.3.5节），也成为外来人口首选落脚地（参见第6.2.1节），非正式建设量大面广。与此同时，这一地区的公共设施却相对匮乏。据统计，在以闵行区、宝山区、浦东新区为代表的中心城周边地区范围内，公共设施、绿地和城市道路用地占城镇建设用地的比重位列上海市除崇明以外所有区县的倒数三位（上海市规划和国土资源管理局，上海市城市规划设计研究院，2012），也是特大城市地区各圈层中人均设施（以医疗设施为例）水平最低的地区（参见附录C）。

中心城周边地区的交通与市容环境问题也成为近年来上海市民生工作的重要着眼点之一。例如，上海市委市政府于2015年启动为期三年的区域环境综合整治与综合交通管理行动，针对"五违问题"（违法用地、违法建筑、违法经营、违法排污、违法居住）开展治理试点，并集中进行公共交通基础设施建设以及整治区县之间"断头路"等工程。从公开报道看，大量工作主要集中在中心城周边地区。此外，市级相关部门也通过郊野公园规划建设等方式保护、整治中心城周边地区的绿色空间，遏制低质量建设。

闵行区的"密度—设施"关系特征在上海中心城周边地区中具有典型性。除南部江川路街道与吴泾镇拥有上海第一代卫星城开发所奠定的城市建设基础以外，闵行区位于卫星城与上海中心城区之间的大部分建设用地均成型于1990年以来上海中心城外缘的不断拓展和蔓延。2015年，闵行区常住人口总量达253.8万，较2000年翻了一番有余，其中常住外来人口127.3万，是2000年的近3倍。全区建设用地规模占辖区面积比重超过70%，现状土地资源以存量建设用地为主体，建设用地上人口密度约1万人/平方公里，紧邻中心城外缘的部分街镇则达1.5万人/平方公里。

受境内沙冈地形与河道走向的影响，闵行区的道路与建设用地沿偏西北—东南向的格网布局。在这一相对均质化的空间基底之上，医院、学校、轨道交通、公园等设施的分布较为分散，作为区政府所在地莘庄镇的公共服务辐射作用并不突出。布局相对分散的基础设施和公共服务设施主要根据全市与地方总体规划在区级和街镇两个层面实施。由于闵行区街镇人口规模相对较大，平均每个街镇需服务、管理常住人口19.5万人，梅陇、莘庄、七宝等街镇更需应对30万左右的常住人口规模[①]，而其资金投入又以政府财政支出为主，在面对本区较大规模及多样化的设施服务需求时，势必产生覆盖面不广、需求应对不足的问题。随着2014年以后上海市陆续将街道和乡镇的经济发展权上收至区县，一些基层社区更面临财政支出下滑的状况。外部环境与内部条件的双重变化使得"密度—设施"关系的总体改善需要街镇强化作为城市公共服务基层据点的职能，而以某种途径寻求上级资源支持或利用潜在的社会资源将是在短期内突破街镇资源能力束缚的必要出路。在现有的地方政府治理结构下，这仍需要由区级以上层级政府领衔组织相关的财务计划和政策项目，构建可供各级资源注入与社会力量参与的项目平台。

（2）上海—苏州跨界地区：行政边界割裂"密度—设施"关系

第二类"密度—设施"关系优化重点地区涉及上海—苏州跨界地区的嘉定、青浦、宝山以及昆山、太仓、吴江等区县市。前文已述，该地区行政边界的凹凸退进形态与苏州一侧地方政府对沿沪地区空间价值的攫取等因素共同塑造了一系列由属地各自管理的跨界城镇簇群（参见第6.1.1节），可识别的有太仓浏河—宝山罗泾、太仓科教新城—嘉定外冈、嘉定安亭—昆山花桥—青浦白鹤、吴江汾湖新城—青浦金泽等。其中，位于沪苏走廊门户位置的安亭—花桥—白鹤地区地处长三角区域协调发展的前沿，三镇总面积共计197平方公里，2015年常住人口约60万人。

国家和地方曾采取设立区域开发办公室（如上海经济区规划办公室）、组织编制区域协调发展规划（如长三角地区区域规划、长三角城市群发展规划）、举办市长联席会议等方式，试图破解区域协调发展的困境，也取得了颇多成效，但是这一地区的跨行政区规划在资源利用、空间统筹等方面仍存诸多难题（吴唯佳，2009）。在经济发展的逐鹿竞赛中，行政边界因素在较大程度上影响了地方政府配置空间与设施的逻辑，塑造了今日上海—苏州跨界地区的"密度—设施"配置状态。

上海—苏州跨界地区各城镇簇群和功能区的人口密度水平（建设用地上人口密度不到5000人/平方公里）尚不及上海中心城周边地区，但是具有明显的空间过度供给特征。2003年，上海推行"173计划"，大幅增加嘉定、青浦、松江等长三角腹地方向区县的工业用地供给，政策所涉范围达173平方公里。同年，嘉定便在区内紧邻昆山、太仓的位置设立嘉定工业园区（北区）及外冈工业园区，规划用地近40平方公里。紧随"173计划"，昆山于2004年针锋相对地推出"沿沪产业带"规划，规划面积197平方公

[①] 数据来自2000年上海市第五次全国人口普查资料、2005年上海市1%人口抽样调查资料、上海市第六次全国人口普查资料、2015年闵行区国民经济和社会发展统计公报。相比之下，上海中心城区镇、街平均常住人口规模为9.2万人，上海全市（除崇明外）乡镇街道平均常住人口规模为11.4万人，上海—苏州地区（除崇明外）乡镇街道平均常住人口规模也仅为11.3万人（根据2010年上海市及江苏省第六次人口普查资料）。

里。在江苏省的大力支持下，昆山又于2005年启动花桥国际商务城建设。在《昆山城市总体规划（2009—2030年）》中，昆山还正式提出建设"新兴大城市"的目标，并将总计470平方公里的土地划为中心城市集中发展片区的范围。经笔者不完全统计，多轮低成本商务计划与土地供应计划为上海—苏州跨界地区提供了超过500平方公里的规划用地增量[①]。

与空间过度供给相映衬的是这一地区的设施邻避现象。上海一侧的多个生产与生活废弃物处理设施被布局在紧邻市域边界的位置。其中，2004年建成的上海固体废弃物处置中心至今已完成三期扩建，同年启动的青浦垃圾综合处置场和2015年启动的外冈垃圾焚烧厂、嘉定垃圾填埋场扩建项目距离沪苏边界均不足1公里。邻避设施的贴边选址也给边界另一侧的居民生活带来干扰[②]，并加剧了双方在行政层面的战略不信任。为此，江苏方面呼吁对相关设施的规划和使用予以协调（陈小卉，钟睿，2017）。

总体上看，上海—苏州跨界地区近十余年的空间博弈在一定程度上割裂了密度与设施的关系。在上层规划协调统筹机制尚不具备的情况下，该议题的突破仍需要通过边界两侧政府主体的协商合作来实现，但是边界两侧同尺度行政区互差半级的特点也使得行政主体之间具有形成多种交错配对关系从而达成协商合作网络的可能性。

6.3.2　上海中心城周边地区设施服务改善实践

对上海中心城周边地区而言，提升基层设施服务对人口的支撑能力是修复"密度—设施"关系的首要挑战。在资源能力有限的条件下，以社区这一感知人居环境质量的最基层单元为平台，通过资源整合与结构调整，提升地方基础设施与公共服务对居民的"获得感"成为理性选择。此外，社区具有"半公共、半私密"的空间特征，使得对街道空间、公共交通、公共绿地等城市公共资源的改造、提升无法直接带动居住社区内部的质量改善，尤其对特大城市外围的老旧存量社区而言，环境脏乱、公共设施与公共空间退化的问题较为普遍。因此，对中心城周边地区的社区人居环境质量进行提升也具有现实意义。本节仍以闵行作为上海中心城周边地区的典型代表，并以闵行区在现阶段开展的设施服务改善行动项目为核心考察对象。

[①] 然而，长期的规模扩张也遗留下用地效率不高、生态环境品质下降、特色丧失和公共服务欠账等问题。例如，《昆山市国民经济和社会发展第十三个五年规划纲要》就指出，昆山"城市'摊大饼式'粗放发展已不可持续"，"城市建设欠账还比较多，城市基础性、功能性设施亟需充实完善……教育、文化、交通、医疗卫生等服务供给亟待加强"，"资源环境人口压力日益凸显……土地、能源、环境等方面面临的约束越来越大，粗放型经济发展方式已难以为继。"

[②] 2015年10月21日的江苏新闻广播报道了太仓市民深受嘉定邻避设施困扰的情况，参见http://2fwx.vojs.cn/2014new/c/k/a/tw_content_287.shtml.

（1）案例一：社区环境提升项目

2016年11月，闵行区启动为期一年的"美丽家园"老旧社区改造提升项目，旨在对近1000个在2000年以前建成的老旧社区进行公共设施与公共环境改造提质，加强基层社区的治理能力与水平。

该项目由闵行区区委区政府发起，镇政府和街道办事处作为实施主体负责统筹安排本辖区内的改造计划与实施行动，在流程设计上不但体现政府对项目的把控引导，也充分顾及业主的意志和实际需求。在街、镇启动本级项目后，社区业主委员会在居委会党组织的领导下，通过研究、识别本居住社区的人居环境问题，以决定在该项目计划提供的15项改造提升内容清单中选择哪些作为本社区的主要工作重点①。街、镇主管部门遂根据该社区违法建设整治情况、物业费收缴情况等条件对业主委员会提交的改造申请进行审核②。审核通过后，由街、镇主管部门委托的规划师、建筑师等专业力量介入到对社区公共设施、公共环境状况及居民意愿的进一步调研，通过参与式规划设计的方法形成实施方案。改方案经由公示并得到业主委员会通过后，将由镇政府、街道办事处向区政府有关部门申请立项，审批通过后进入实施操作阶段。通过竣工验收的公共设施、公共空间将移交社区业主，并由业主委员会委托物业公司代为运营维护（图6-18）。

该项目的核心机制在于将以往由政府部门单独投入、包干运作的模式调整为由政府和业主分摊改造投资，增强地方居民对社区人居环境改造的参与度。具体比例根据街、镇实际情况执行，例如在J街道案例中，项目改造资金中的90%以对社区业主自行拆除违建的"奖励"名义由区财政下拨，其余10%由社区业主通过缴纳物业费的形式筹集③；而在W镇，区、镇政府与业主三方则以6：3：1的比例共同出资。单个项目的初始投资约300万～400万元，改造完成后的长期维护费用也将由社区物业维修基金支出，未能自行完成违建整治工作的社区将无法获得占改造投资大额的奖励资金。

根据"关键多数（critical mass）"理论，单一主体对人居环境改善投资的决策取决于这一地区的其他主体是否具有相同的投入预期。一旦投入规模达到一定程度，使得任何人居环境的改善都将吸引更多投入，那么该行动将进入正向反馈（Shimomura，

---

① 15项内容分别为：（1）房屋修缮，（2）楼道改造，（3）老旧电梯安全改造，（4）小区停车改造，（5）小区公共道路，（6）二次供水设施及雨污水分流，（7）排水设施改造，（8）小区内河道维护改造，（9）小区安防设施改造，（10）公共绿化改造，（11）环卫设施改造，（12）公共消防设施改造，（13）集中充电设施改造，（14）小区文体等公共服务设施改造，（15）小区无障碍设施改造。参见：覃丛丛，"主动作为、主动申请、主动参与创建'美丽家园'十问十答"，闵行报，2016年11月25日，http://mhb.shmh.gov.cn/content/2016-11/25/content_8249.htm.

② 在实际执行过程中，小区拆违与物业费收缴完成率达到90%后可准许实施。

③ 参见："逃离老小区的居民为何搬回来了 闵行755个小区启动'美丽家园'建设"，中国上海网，2017年2月9日，http://www.shanghai.gov.cn/nw2/nw2314/nw2315/nw4411/u21aw1195339.html.

Matsumoto，2010）。有报道指出，为保证本社区的改造申请通过街、镇层面的审核，有的社区形成了对个别违建户的舆论压力[1]，有的开始主动探索可持续的物业管理费收缴模式[2]，形成了对公共资源"搭便车者"的倒逼效应。可见在这一模式下，公共财政支出成为"诱导"社会资本，"激励"社区居民建立治理机制、跟投资源并维护公共环境集体建设成果的一项有效治理工具（图6-19）。

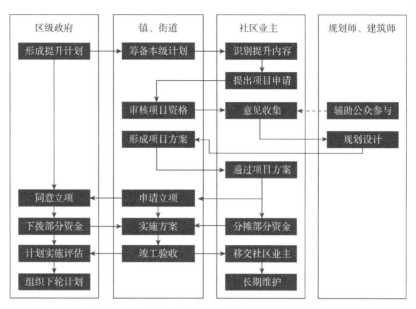

图6-18　闵行区社区环境提升项目组织流程
（图片来源：笔者自绘）

图6-19　闵行区J街道DW社区（左）、DF社区（右）"美丽家园"实施效果
（图片来源：笔者摄于2017年4月）

---

① 参见："逃离老小区的居民为何搬回来了 闵行755个小区启动"美丽家园"建设"，中国上海网，2017年2月9日，http://www.shanghai.gov.cn/nw2/nw2314/nw2315/nw4411/u21aw1195339.html.
② 参见：覃丛丛，黄佳英，"美丽'莘'家园老旧小区先尝甜头 哪些'急、难、愁'问题上改造'菜单'，黎安一村放手让居民唱主角"，闵行报，2016年12月23日，http://mhb.shmh.gov.cn/content/2016-12-23/content_8424.htm.

（2）案例二：邻里中心建设计划

"邻里中心"是闵行区自2011年起探索，并于2016年在全区范围内推广的一项社区公共设施建设计划。与苏州工业园区邻里中心带动增量土地开发、提供商业服务的模式有所不同的是，闵行区的邻里中心全部面向存量社区，主要提供各类公共服务。

邻里中心的服务层级和空间尺度介于街、镇与居委会之间，以1公里半径（15分钟步行距离）为覆盖标准，服务2万～3万人，旨在解决街、镇级别的公共设施服务半径过大、空间覆盖不足，而社区级别公共设施规模过小、多样性覆盖不够的两难问题。根据规划，到2020年闵行区将建设完成约100个邻里中心，实现对常住人口的基本全覆盖[①]。以J街道为例，街道辖域内设置10个"香樟家园"邻里中心，每个邻里中心平均覆盖4个居委会，服务常住人口约2万人（图6-20）。单个邻里中心的建筑面积规模约1000平方米，建筑空间主要采取盘活存量的方式，通过功能置换、租赁以及利用街、镇及居委会闲置建筑等途径获得。

作为每个邻里中心项目的治理核心，邻里中心理事会由所涉社区党群组织负责人担任主任，其成员涵盖社区居民骨干、企业代表与非政府组织代表。在本中心覆盖的各居委会党组织领导下，邻里中心理事会负责根据社区公共服务需求，提出针对性建设方案与服务清单，并对各项服务进行监督。例如根据本地老龄人口比重超过30%的特点，

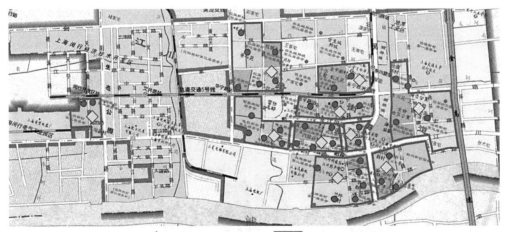

图例：◇ 邻里中心　● 居委会　▭ 邻里中心服务范围

图6-20　闵行区J街道邻里中心、居委会分布及邻里中心服务范围
（来源：笔者根据网络资料自绘[②]）

---

① 参见：闵行区社会建设办公室，"闵行区推进2016年邻里中心平台建设工作情况"，http://www.docin.com/p-1668796919.html.

② 底图：http://m.onegreen.net/maps/Upload_maps/201310/2013101206323698.jpg；邻里中心与居委会位置、邻里中心服务范围：http://jcjd.shmh.gov.cn/ContPageDetail.aspx?objid=9e843dd8-8e53-434e-b759-d08df25686c1.

J街道DF社区邻里中心将老年人日间照料等养老服务作为本中心的核心定位[1]。

在"出钱"与"出力"两方面，邻里中心都采取两级政府配合、政府与社会力量合作的模式。资金方面，邻里中心改造费用主要由镇政府、街道办事处牵头筹措。每个邻里中心项目的改造费用约为数百万元，其中区财政将对每个项目予以100万元补贴[2]，区、镇街两级出资比例约为1∶2至1∶6不等。因社区内的企业离退休人员也直接受益于邻里中心，一些区内企业也向邻里中心建设提供资金支持[3]。服务供给方面，邻里中心各项服务由区政府、镇政府或街道办事处、居民委员会、企事业单位、非政府组织与社区志愿者合力完成：区政府各委办局负责各口公共服务资源向邻里中心的下沉与综合；镇政府、街道办事处的工作侧重于本级事务范围内各类公共服务资源的整合；居民委员会等社区党群组织负责组织邻里中心理事会，并动员居民提供力所能及的支持；与社区开展结对共建的企事业单位和非政府组织借助邻里中心平台开展各类公益慈善服务与居民生活服务，并协助各项邻里事务。邻里中心理事会负责对六方力量进行协调（图6-21，图6-22）。

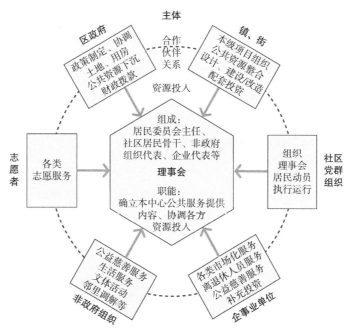

图6-21　闵行区邻里中心组织模式

（图片来源：笔者自绘）

---

① 参见：苏善燕，李晶莹，"为在地市民群众提供更便捷有效的社区服务'香樟家园'开启老城区新生活"，闵行报，2012年4月27日，http://mhb.shmh.gov.cn/content/2012-04/27/content_962.htm.

② 参见：杨金志，刘品然，"'邻里中心'：上海闵行搭建社区治理新平台"，新华每日电讯，2016年12月16日，http://news.xinhuanet.com/mrdx/2016-12/16/c_135910243.htm.

③ 参见：陆一波，"江川路社区联手校企服务居民'1+14'共建15分钟服务圈"，解放日报，2011年6月26日.

图6-22　利用闲置幼托建筑改建的闵行区J街道HB邻里中心（上）
及其社区医疗（下左）、幼儿照看（下右）服务
（图片来源：笔者摄于2017年4月）

6.3.3　上海—苏州跨界地区设施服务合作探索

伴随上海—苏州功能性特大城市地区内部的跨界联系日益频密，边界两侧地区在交通、环境、社会治安等公共事务上的共同利益诉求不断扩大。地方行政主体寻求建立公共部门跨界协商合作关系，突破设施服务被边界"割裂"的困境。跨界地区空间治理呈现"去边界化"倾向。

（1）案例一：多层级基础设施与公共服务跨界合作

以昆山、太仓为例，近年来两市就曾多次根据事务类型，灵活选择与上海市本级或区级政府开展合作。两市与嘉定、宝山等上海市辖区的合作以环保、交通议题居多。例如，2012年，太仓市与嘉定区环保部门成立联动工作领导小组并签署相关协议，实现了两地环保联动防控及信息、资源共享[1]，该机制还进一步扩展至上海宝山

① 参见："太仓嘉定成立环保联动工作小组 首创跨省环境合作机制"，中国太仓网，2012年6月27日，http://www.taicang.gov.cn/art/2012/6/27/art_50_159072.html；徐盛兵，"两地环保部门联合执法 改善太仓嘉定环境质量"，太仓日报，2015年4月9日，参见http://taicang.gov.cn/art/2015/4/9/art_50_264115.html.

区[1]；2014年，昆山市与嘉定区也就两地道路对接问题开展交流协商[2]。尽管当前昆山、太仓的部分发展质量指标较嘉定等上海郊区县更优[3]，但两市也意识到自身进一步提升优质公共服务与文化创新水平的最大动力仍来自上海。为此，两市也尝试在公共服务、文化等议题上谋求与上海市层面的进一步合作。例如，太仓提出要通过与上海医疗机构、高等院校、中小学及文化机构的合作，提升自身社会服务水平[1]；昆山也提出要与上海高校及科技创新基础设施开展合作的设想[5]。可见，在高等教育、高品质医疗服务、文化、科创等位居需求层次上位的公共服务方面，苏州下辖县级市对上海的合作意向更为积极。

（2）案例二：安亭—花桥—白鹤跨界治理

在边界两侧各层级行政主体"因事而异"的非正式协商合作下，安亭—花桥—白鹤地区成为凝聚跨界设施服务议题、修复被割裂"密度—设施"关系的重要空间载体（图6-23）。

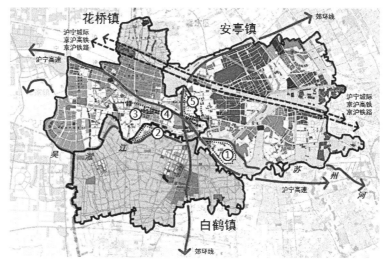

图6-23　安亭—花桥—白鹤部分设施服务跨界合作项目分布（①白鹤西园村等划归安亭；②白鹤万狮、新江村由花桥提供基础设施与公共服务；③上海电信、宽带接入花桥；④上海地铁11号线延伸至花桥；⑤安亭Y社区与花桥C社区基层服务合作）

（底图来源：笔者根据三镇总体规划土地利用规划图拼合）

① 参见：宝山区环保局，"宝山、嘉定、太仓共商三地协作　加强跨区域环境保护"，上海宝山网，2016年10月14日，http://bsq.sh.gov.cn/bswz_website/HTML/bsmh/bsmh_zwxx_zxbd/2016-10-14/Detail_93243.htm.

② 参见：李传玉，"昆山嘉定共商做'好邻居'"，昆山日报，2014年2月21日，http://news.ks.js.cn/item/show/210220.html.

③ 例如，2013年，昆山、太仓每千人医疗设施床位数分别达3.96张、4.66张，建成区绿化覆盖率均达到42%，高于嘉定每千人医疗设施床位数2.39张、建成区绿化覆盖率38.3%的水平。

④ 参见：太仓市《2016年融入上海工作要点》，http://www.wjxvtc.com/s/56/t/57/4b/d5/info19413.htm.

⑤ 参见：史赛，"江苏昆山接轨上海发展，跑出转型加速度"，昆山日报，2015年11月4日，http://www.js.chinanews.com/ks/news/2015/1204/3839.html；金燕博，"昆山做透'融入、配套、服务上海'大文章"，昆山日报，2015年11月12日，http://www.js.chinanews.com/ks/news/2015/1112/3753.html.

前期——设施服务范围调整伴随边界重划：在边界思维尚主导跨界事务的长三角区域协调早期阶段，任何地方设施服务范围的调整必将涉及行政边界的重新划定。

在安亭—花桥—白鹤三镇中，白鹤镇与安亭、花桥大致隔吴淞江（苏州河）分界，但由于受历史上吴淞江改道及人工截弯取直的影响，以及沪宁高速、上海郊环高速等大型基础设施的切割作用，白鹤与安亭、花桥的交界线实际与吴淞江相互交错，一部分辖区范围与镇域主体之间为河道、基础设施所分割，使得白鹤镇镇级公共服务设施相对其北部部分地区的可达性甚至低于安亭和花桥镇镇区的设施。2001年，为配合安亭新镇建设，实现新镇形态与管理的完整性，白鹤镇位于沪宁高速以北的西园村等划归安亭镇，基础设施、公共服务转由安亭镇供给，解决了这部分偏远村庄的城镇化与公共服务问题（图6-23中①）。

过渡期——设施服务范围调整脱离边界限制：当前一种治理模式涉及省界重划问题时，通常由于较大的行政成本而难以实现。此时，边界两侧行政主体转而寻求不以行政区划调整为代价达成协议。就设施服务协调议题而言，往往采取以扩大某一方设施服务的规模效应，来补偿该方为放开自身设施服务而做出努力的办法。

仍以白鹤镇为例，长期以来，白鹤镇内紧邻花桥镇区但与本镇域主体之间为吴淞江所分隔的万狮、新江两村缺乏必要的设施服务支撑。因涉及跨省问题，行政壁垒阻碍了两村通过就近获得基础设施与公共服务来提升自身发展水准，解决两村的基础设施与公共服务配套也难以通过调整边界来完成。与此同时，在放任发展的状态下，两村散乱工业引起的环境问题也给邻近地区带来一定的负面影响，花桥方面也具有介入两村事务的意愿和动机。为此，白鹤镇寻求与昆山市、花桥商务区合作解决问题。经两地协商，花桥商务区的公交服务、市政设施对两村开放共享，而白鹤镇则开展总体规划修编工作，在不改变镇域规划建设用地总规模的前提下调整规划用地边界，将两村范围划入集中建设区，纳入"正规空间"序列管理，但也以压缩镇域内其他组团的建设用地规模，进而减损白鹤镇区核心公共设施的服务规模效益为代价[①]。在此合作经验的基础上，白鹤镇也进一步明确了"向北融合发展"而非向南依靠青浦城区的战略，冀充分利用境内青龙古镇等历史文化资源比较优势，对接、服务花桥、安亭两镇[②]（图6-23中②）。

新趋向——设施服务互通共享：随着跨界地区的流动性越来越高，边界两侧的共同

---

① 参见：高雪原，戴国华，"边界携手对接互利和谐共荣 白鹤镇与昆山市两地互动发展"，青浦报，2012年2月7日，http://www.shqp.gov.cn/gb/content/2012-02/07/content_456496.htm；青浦区白鹤镇城镇总体规划修编（2013-2020）公众参与草案，http://www.qpstar.com/thread-604741-1-1.html.

② 参见：黄勇娣，"白鹤镇：如何担当'上海门户重镇'角色"，解放日报，2013年1月5日，http://newspaper.jfdaily.com/jfrb/html/2013-01/05/content_951011.htm.

利益逐步扩大，基础设施与公共服务的互联互通、共建共享成为趋势。边界两侧主体尝试通过分担投资、跨境服务开放等形式，利用基础设施和公共服务天然的流动特性来局部调整"密度—设施"关系。

上海轨道交通11号线花桥段采取了由昆山方面配套投资，以补偿因地铁运营方扩大服务规模所需设施成本的实施策略。在早期上海市轨道交通规划中，11号线支线末端终止于安亭镇，并未考虑进一步向昆山延伸。2009年开通的11号线一期工程也是按此方案建设的。但因江苏省大力推进以"融入上海"、发展上海服务外包基地为定位的花桥国际商务城建设，以及工作在上海、居住在花桥的跨省通勤者规模日益增长，将11号线延伸至花桥成为一项符合两地利益的选择。在江苏省与上海市的共同协商下，11号线延伸项目采取由上海市上报国家发改委审批立项、昆山市出资并增购地铁列车[①]、上海轨道交通11号线发展公司与昆山轨道交通投资公司共同招标建设的方式进行，项目建成后仍由上海地铁集团统一运营管理。通过邻域间的合作，昆山市仅以付出17亿工程投资的代价就获得了使花桥这一重要战略承载区接入上海轨道交通网络的机遇，并提升了花桥国际商务城及昆山东部地区的开发价值；而上海也在付出一定项目运作努力且不增加额外投资的情况下扩大了轨道交通线网服务范围和地铁车队规模。两地在这一项目的成本—收益关系上实现了双赢（图6-23中④）。

在基层社区层面，边界两侧通过发挥各自有限公共服务的比较优势，开展服务资源的交换共享，从而以相对较低的额外投入成本来扩大服务类型、提升服务水平。自2007年起，花桥、安亭镇党委、政府、各对口职能部门，以及边界两侧村、居社区陆续签订"共建协议"。在这一长期协调机制下，两地在司法、环卫、公共治安、市场秩序、交通秩序、园林绿化、流动人口管理、精神文明建设以及社区服务资源共享等基层治理领域积累了合作经验[②]，对这一地区的公共服务改善起到了积极作用[③]。例如，花桥镇辖域内紧邻上海市域边界、与镇域主体间被上海郊环高速公路分割的C社区和安亭镇Y社区之间便建立了便民服务共享与治安管理合作制度。具体操作方式上，社区内部向邻域共享的公共服务开销主要来自该社区所在的乡镇根据年度申请下拨的款项，社区不向邻域

① 有报道提及，上海与昆山合作开展11号线延伸段项目的协议中"提到了昆山将负担增购列车的费用"，参见：王铭泽，李娜，"花桥站客流井喷 昆山为上海地铁11号线增购6列新车"，东方网，2013年10月25日，http://sh.eastday.com/m/20131025/u1a7734892.html.

② 参见："打造省际交界文明共建样板示范区——花桥国际商务城与安亭国际汽车城开展文明同创共建活动"，昆山市创建全国文明城市工作简报第四期，2009年，http://www.ksnews.cn/item/show/7529.html；何洛先，徐蒙，"'牵手模式'化解跨界难题——沪苏边界安亭、花桥双城记（二）"，解放日报，2012年8月26日，http://newspaper.jfdaily.com/jfrb/html/2012-08/26/content_870326.htm.

③ 参见：樊万朝，茅玉东，姚晓燕，史赛，"行政区划淡化 花桥安亭分界不分'家'"，昆山新闻网，2011年10月28日，http://www.ksnews.cn/item/show/106413.html.

居民收取服务费用。由此，C社区、Y社区得以在不谋求扩大自身服务规模的同时，通过向对方居民开放已之服务所长来实现各自公共服务的整体多样化①（图6-23中⑤）。尽管当前两地共享服务的类型与水平仍然有限，但借助这一合作机制，安亭与花桥已基本实现公共部门间的互信，表现为两地已共同撤去辖域内的部分省界边检站。

类似上海—苏州跨界地区的合作联盟也同样在沪、浙边界涌现。例如，上海市金山区与嘉兴市嘉善县于2016年签署协议共建"沪浙毗邻地区合作发展示范区"。其中，两地将开展公路、轨道交通与公交服务的对接工作，同时建立环境保护信息共享与联防联控机制。在乡镇街道层面，金山区枫泾镇与毗邻的嘉善县姚庄镇、惠民街道也将在上述协议框架及以往两地基层治理合作经验的基础上，就环境卫生治理、城市管理、社会治安等内容开展合作②。沪浙跨界地区的邻域合作关系及议题类型均不出上海—苏州跨界地区已有模式其右。

6.4　实践的治理性

6.4.1　以柔性治理摆脱"权"、"利"困境

当前，中国特大城市地区基础设施与公共服务治理大致可归纳为两类模式。第一类以"收束权力"为根本。无论是设立各类区域开发办公室、编制区域规划、行政区划调整、建立区域性政府或议事机构，还是近年来设立中央级别的京津冀协同发展领导小组等方式，本质上均有赖于一定程度的顶层协商与设计，为此需要收束或让渡权力，核心机制在于权力分配的方式与比例。第二类以"利益交易"为途径，即参照西方国家在区域治理议题中有关资源购买、税费补偿的市场化利益交换制度（包括开发权、水权、排污权、林权等方面的交易），使地方政府从市场经济的直接参与者身份退回到维护市场秩序的基本角色上。无论是权力收束还是利益交换模式，近年来在我国区域协调事务进程中都有不同程度的应用，但是从一般经验看，自上而下的权力分配模式虽可充分发挥体制优势，却难以避免与基层主体发展意愿相违背，且极易扼杀发达地区具有一定经济实力与社会活力的基层主体的积极性，落回"计划"的窠臼；而利益交换的手段虽然有助于使市场规律及行为主体意愿得到尊重，但中国尚不具备这一手段所必需的行政体

①　由对居委会干部的访谈得知，C社区专注于举办科学普及与文化艺术技能培训，而Y社区则发挥在家用日常维修与卫生保健方面的资源优势，定期举办相关活动。

②　参见：李荣，"沪浙共建毗邻地区一体化发展示范区"，新华网，2016年3月19日，http://www.sh.xinhuanet.com/2016-03/19/c_135203417.htm；"金山与嘉善共建沪浙毗邻地区一体化发展示范区在枫签约"，中国枫泾网，2016年3月18日，http://www.fengjing.gov.cn/html/xwsd/fjxw/469163420097.html.

制、产权制度与财税体系基础。若制度环境难以保障行为主体交易的自愿平等性原则，则可能产生大城市对小城市、高层级对低层级行政主体进行权力凌驾的现象。因此，充分合理的"利益交易"制度移植也并非在短时间内能够完成。

在上海—苏州地区过往经历的两轮"密度—设施"空间波动中，通过"看得见的手"疏解人口、干预密度分布始终是地方政府调节"密度—设施"关系的优先选项，而利用空间经济规律进行土地与基础设施联动开发的"城市经营"模式也主导了1990年后的城市大规模空间增长进程（参见第4.3.5节）。2014年以来由上海市级层面主导的外围地区"拆违"、"减量化"等"去密"行动仍可视为是上述体制与政策惯性的延续。

随着特大城市公民社会的逐步成熟，自上而下的强势调控可能在执行过程中遭遇更多来自社会层面有形或无形的阻力，而大规模引入市场手段调节城市公共资源也可能加剧特大城市地区内部空间与社会发展的不平等性，二者亦有悖于日益深入人心的"以人为本"理念。在近年来上海—苏州外围地区的基层设施服务改善自主实践案例中，既未大范围出现由上层行政架构所把控的人口重布、行政区划调整等"硬举措"（仅见于白鹤镇西园村等划归安亭镇的孤例中），也没有大规模引入市场竞价机制进行调节，而是通过协商、合作、共治等柔性治理手段实现政策意图。这为当前特大城市地区基础设施与公共服务治理提供了一种相对柔性的"第三条道路"。

6.4.2 以多元投入代替单一主体供给公共资源

相较于以往由单一政府主体自上而下包揽主导或由单一企业市场化运作等旧有模式而言，多层次、跨地域的府际合作（上下级政府、邻域政府间）和多元主体参与合作（涉及企业、非政府组织、居民团体等）将带来更多的可注入资源，也使得特大城市地区治理更具弹性（图6-24）。但这也并非意味着高层级政府从地方设施供给的任务中全

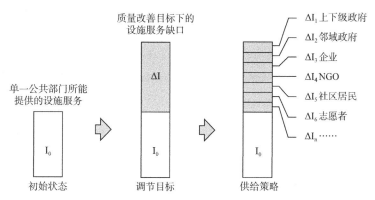

图6-24 多元投入模式下的设施服务供给策略
（图片来源：笔者自绘）

盘退出，它们仍可通过合理的项目组织和激励机制带动基层组织和其他社会力量共同实现设施服务改善目标。此类"解决急难问题"优先于"制定长远计划"的模式将允许项目实施主体发挥"自主性"，在整体计划框架下作出符合自身意愿、需求和条件的"子规划"或实施行动计划，实现政策框架制定者与实施者的互动。

在上海中心城周边地区案例中，上下级政府之间不再分饰"命令者"与"执行者"两个角色，所有资源均由两者合作供给。区级政府作为实践项目的发起者与政策规则制定者，采取"奖励"、"补贴"的手段激发广大项目直接受益人的主动性，利用社会资本分担乡镇街道的财政压力；乡、镇、街道同时承担部分投入，统筹开展长效管理，同时接受来自区级层面的项目质量监测。尽管项目规模有限，但其中体现的"府际配合"、"权力自主"等项目运作特征已十分接近国际通行的城市人居环境质量提升政策项目组织模式。借助分散在各级地方政府以及个人、家庭、企业和社会组织中的资金和行动力量开展"众筹"式的政府—社会合作，不失为上海中心城外围地区提升基层设施服务水平，修复局部"密度—设施"关系的可负担途径，也符合各方利益诉求和能力要求。

尽管没有来自法律层面或行政体系内部的长效制度保障，上海—苏州跨界地区的行政主体间仍尝试在非正式制度框架下（如合作协议、联席会议等），根据实际问题、需求或共识来选择合理的协商对象并制定相应的合作方案。这也使得合作议题的制定具有先易后难的特点。其中，较高等级行政单元间的合作往往从环保、交通等受益面广、成本收益对等、易于协调实施的议题入手，而乡镇街道之间则在社会基层治理等攸关实际感受并涉及具体"人"的工作层面展开。各个层级的合作实践也表明，上层（省市层面）与基层（乡镇及以下层面）的合作易于开展，而区县层面的公共服务共享仍然是跨界地区基础设施与公共服务提升工作中一块相对"难啃的骨头"（图6-25）。

若利益相关社会资本和邻近地域公共资源对地方基础设施与公共服务的补充供给进程得以走向常态化，则现有机制亦具有演化为以"受益人支付"为原则的地方设施服务改善税收制度及地方财政共享制度的潜力，而这两种制度对于建立特大城市地区人居环境改善协调治理长效机制都具有积极意义。回首上海城建史，通过受益人分摊推进地方基础设施和公共服务改善计划的思想早在70年前便有萌芽[①]，只是至今仍难以付诸实

---

① 1946年，旧上海市工务局曾计划以"受益人分摊"的方式推进上海城区道路拓展工程。对此，赵祖康指出："该局为拓展道路，以市库支绌，不得不就地征收工费，办法已由临时参议会议决通过，并呈行政院备案，其计算方法以受益面受益线为区别，因地价增值面征收受益面摊费，因市面繁荣而征收受益线摊费，希望市民能明了此项经费之目的与办法之公允，与政府充分融合协助建设。"但是未有证据表明，"受益人分摊"的方式在实际项目中得到贯彻推行。参见："建设上海 设施计划 推行状况 赵局长昨在市府报告"，申报，1946年6月18日，载于吴静等编. 上海卫星城规划（一）[M]. 上海：上海大学出版社，2016：32，33.

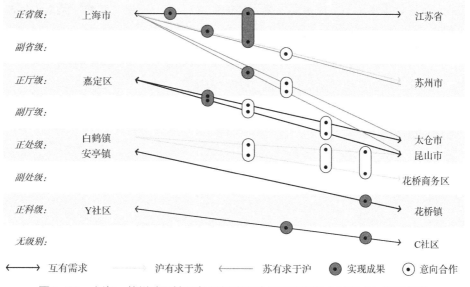

水利　环保　交通　公服　市政　治理

图6-25　上海—苏州跨界地区各级行政主体间设施服务合作诉求与议题分布
（图片来源：笔者自绘）

践。倘若能以社区尺度或乡镇街道级别的小规模日常设施服务改善项目为起始，逐步建立人居环境质量提升的多元主体投入模式机制，进而走向常态化、法制化轨道，将可能为特大城市地区区域治理的制度变革提供探索经验。

6.5　本章小结

本章认为，现阶段上海—苏州外围地区的空间过密化态势是市域边界外侧和外围圈层等局部地带出现疏解人口叠加外来人口、城市拓展空间叠加非正规空间的结果，实质是受政府主体和社会主体"经济理性"因素影响而在外围地区出现的城市形态结构失序与"密度—设施"干预失位问题。面对空间过密化状况，外围地区的地方主体尝试开展小规模的设施服务改善和合作项目主动修复基层社区的"密度—设施"关系。本章考察的上海中心城周边地区和上海—苏州跨界地区实践案例中表现出了地方公共资源供需调节抓手由"密度"转向"设施"、设施服务改善方式由政府包干转向多主体多元供给，并积极利用地方关系与社会资本的治理模式转变趋向，展现出局部地区在地方基础设施与公共服务供给上渐趋灵活的权力关系和尺度政治。这些自主实践具有在当前中国特大城市地区发展制度环境下探索人居环境质量提升路径的试验意义，同时具有向设施服务改善税费、地方财政共享等区域治理长效机制发展的可能，对特大城市地区协调发展的体制机制创新具有探索价值。

"好的城市规划、建设、管理过程"是塑造"好的城市"的重要机制保障。上述地方实践对新阶段下中国特大城市高质量发展的启示在于，"密度—设施"关系优化和质量提升无法仅仅凭借一份简单的空间规划技术文件来完成，而需要通过对资源投入与行动组织的策略性安排来实现。以对特大城市地区空间演进规律和逻辑机制的历史认识为基础，分地区、分类型识别需要解决的"密度—设施"关系问题，进而采取合理的空间政策与实施手段，乃至进行一定的体制机制改革创新，将是可供未来上海—苏州地区高质量空间发展所参考的思路。

第 **7** 章

试论上海—苏州地区人居空间
演化机制与质量调控策略

结合实证研究结果，本章将尝试初步归纳70年来上海—苏州地区空间演化与治理的逻辑机制，讨论"密度—设施"空间波动与过密空间交替转换的合理性寓于何处，又有哪些城市与区域发展的基本因素塑造了这一机制。在此基础上，本章还将简要探讨上海—苏州地区优化"密度—设施"关系、提升人居空间质量可能采取的战略方向及对策建议。

7.1 质量调控导向的人居空间演化

7.1.1 长期空间过密化与过密空间周期转换的过程逻辑

如果说以上海为代表的中国特大城市相对其他广大后发特大城市而言较成功地实现了"脱困"，那么在客观资源能力同样长期有限的条件下，中国特大城市必然需要在体制的使用与路径的选择两方面有特殊作为。本节将借助第2章构建的基于"密度—设施"关系的大城市空间发展过程模型，再次审视从1946年至今上海—苏州地区空间演化与治理的互动关系，并对几个关键时点上的"密度—设施"调节策略动机进行解释。

在第一个空间波动周期覆盖的"前三十年"中，上海曾长期面临公共资源有限的状况。从国家宏观战略层面看，一方面在"变消费城市为生产城市"、"先生产后生活"、"勤俭建国"等方针的直接指导下，服务城市生活的基本建设投资受到极大的压制；另一方面在长期的不利国际形势下，"腹地"而非沿海"前线"成为国家物质建设重点。尽管上海也曾抓住时机上马卫星城建设，但在短暂的城市建设跃进期过后，城市发展再次回到"无米可炊"的局面。利用仅凭的社会动员和组织能力，一手以疏解的方式调整"密度—设施"关系，另一手通过单位、新村等形式维持城市居民对高密度环境的适应和忍耐，成为政府唯二可行的理性手段。由此，上海旧市区部分持续陷入空间过密化状态，人居空间质量维持在有限的低水平状态。期间逐步开启的多渠道人口疏解进程虽然在一定程度上缓解了旧市区的质量困境，却将大城市的空间过密化压力向郊区和区域腹地的农村地区转嫁。

在第二个空间波动周期前一阶段对应的改革开放初十年，渐进式改革进程中的城市改革滞后于农村改革，且国家对市场经济的稳定调控能力尚未成熟，大城市发展仍在相当程度上处于"摸着石头过河"的状态。此时的上海也在寻求突破因上一阶段外迁人口回流与第三次婴儿潮叠加而复回市区的空间过密化困境，但是受制于资源能力难以付诸实施，导致"密度—设施"关系失衡。直到80年代末、90年代初，上海在国家对外开放战略中的地位显著上升后，才摆脱财政困境，从此开启了中心区大规模改造与"去密"进程。然而在这一内外条件发生转变的时期中，城市主政者对于激进的形态结构布局方案（如"南上海"）仍然持谨慎态度。远离主城的新城、新镇建设直到2000年后才逐步付诸实施。可见，城市与区域发展的空间策略也是治理主体在对自身资源的考量中不断调整的。

在2010年前后，上海—苏州地区的过密空间经"密度—设施"空间波动而由市区转换到特大城市外围，外围地区出现人口集聚、形态结构臃肿、设施相对匮乏的现象。近年来上海大力推行的"拆违"行动和集中建设区边界以外建设用地"减量化"政策，可被视为是地方政府利用体制特征和动员能力对外围地区空间过密化的干预，其基本逻辑与前两个周期无异（图7-1）。

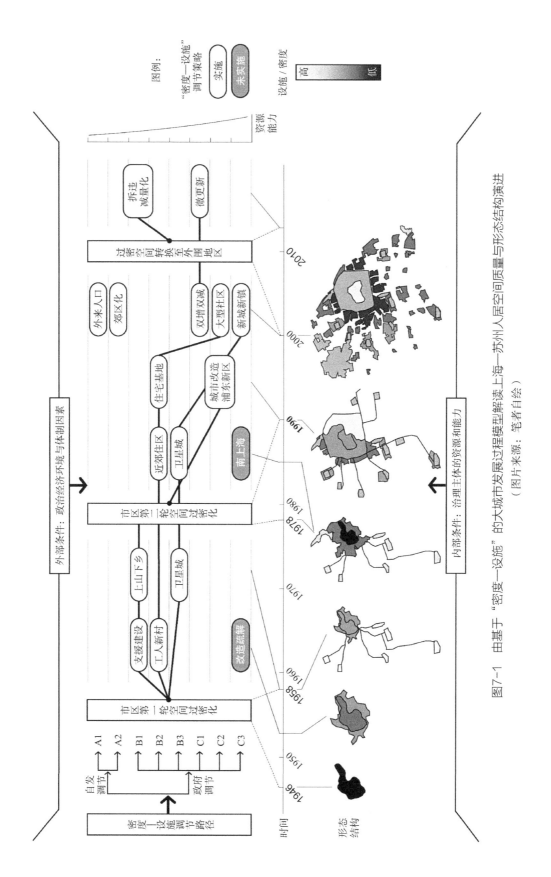

图7-1　由基于"密度—设施"的大城市发展过程模型解读上海—苏州人居空间质量与形态结构演进
（图片来源：笔者自绘）

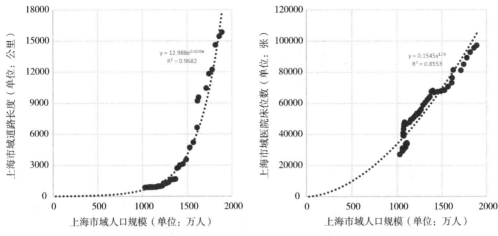

图7-2　1958年行政区划调整后至2008年历年上海市域人口规模与
道路长度（左图）、医疗设施床位数（右图）数量关系变化
（图片来源：笔者根据相关统计信息自绘[①]）

上述过程在路径选择上呈现以下三点特征：

第一，空间过密化现象长期存在，空间过密化过程未曾真正停止，仅是随"密度—设施"关系的周期性消长而出现过密空间的转换。从区域整体空间范围看，主要的"设施/密度"配比指标（如人均道路长度、人均医院床位数等）在50年代后均总体呈现持续上升的态势，推动密度—设施曲线上翘（图7-2）。但因外围地区大部仍处于空间过密化状态，尚不能就此判断上海—苏州地区已完全实现对空间过密化的全域突破。

第二，政府长期主导了密度和设施的调控。在第一个波动周期和第二个周期的第一阶段中，受土地制度、户籍制度等体制因素的作用，空间过密化状况无法通过人口自发流动的方式来突破，同时由于市场经济机制尚未建立，社会资本极其贫乏，城市公共资源供给为政府所垄断，难以通过自适应调整来应对局部的"密度—设施"配置失衡问题。直到90年代以后，人口密度的自发调整机制才逐渐在上海—苏州地区的"密度—设施"关系调控中起到显著影响，公共资源多元主体供给更是迟至近些年才产生并发挥作用。

第三，国家战略决策进程深刻影响了城市形态结构发展，重大政治事件成为城市与区域形态结构演进过程中的路径"突变点"。国家战略决策造就了局部时段内城市形态结构的"超前转换"（如20世纪50年代末第一次卫星城建设）与"滞后发展"（如20世纪80年代的第二轮市区空间过密化进程），从而加剧了两轮"密度—设施"波动

---

① 资料来源：王志雄主编. 光辉的六十载——上海历史统计资料汇编［M］. 北京：中国统计出版社，2009.

特征。

正如图7-1所示，1990年以前，上海—苏州地区的"密度—设施"调节空间策略长期聚焦在对财政能力与公共资源保障要求相对不高的B区段（相对应的调节路径参见第2.3节），也正是在同一时期，"大上海都市计划"与"南上海"等激进的形态结构思路遭到了城市主政者的压制。直至1990年以后，"密度—设施"调节策略才逐步走向需要更多设施投入保障的C区段。

7.1.2 成绩和经验

在复杂的外部发展环境与长期有限的内部发展资源条件下，上海的"密度—设施"配置目标经历了从服务工业生产（"立国"）到服务引资（"增长"），最后才到服务城市生活（"质量"）的曲折过程。优先满足国家战略需求，再逐渐利用战略机遇和自身努力实现城市增长和"密度—设施"关系优化，成为空间演化与治理过程中的一条核心逻辑。这一过程中的"密度—设施"关系变化表现出较为显著的空间波动特征，同时空间波动本身也成为应对宏观政治经济形势且分次应对空间过密化过程的手段，使城市得以多次利用基础设施积累，周期性缓解市区的空间过密化困境乃至"密度—设施"关系失衡危机，有效规避了因长期空间过密化而可能带来的巨大人居质量压力，直至获得资源和机遇，使得对于特大城市发展具有关键意义的旧市区、中心区实现了从空间"过密——疏解——再过密"的循环到"过密——发展"的跃迁（图7-3）。

我们可以将上海—苏州地区"密度—设施"空间波动与过密空间转换的空间演化与治理机制解读为治理主体"消极"应对资源劣势与"积极"利用体制优势的一种"空

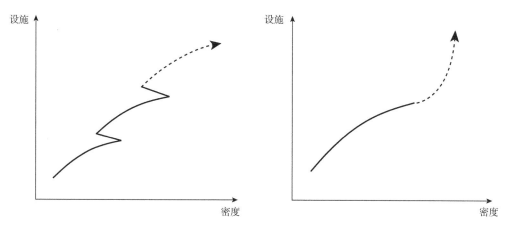

图7-3 特大城市中心区由空间"过密——疏解——再过密"的循环（左图）到
"过密——发展"的跃迁（右图）
（图片来源：笔者自绘）

间周旋"。倘若上海像其他亚非拉地区的广大后发特大城市那般，在增长至千万以上人口规模城市的过程中仅经历一轮"密度—设施"关系内外消长变化，断然是难以达到今天的空间质量水平的。举例来说，如果没有在1958年后采取大规模疏解，上海将至少经历一段从1946年到1990年长达四十年的空间过密化时期，且难以估计在此过程中所长期积累的城市矛盾是否将给上海乃至全国的经济社会发展带来不稳定因素；如果国家决定在此期间提前将大量公共资源投入到对过密化市区的改造中，那么在缺乏市场机制的条件下，所需要的设施供给也必将难以长期维持。因此，"密度—设施"空间波动与过密空间转换的空间演化与治理机制实质是一种在节省资金的同时，将局部城区的空间质量和部分城市居民的生活质量抑制在相对较低水准并进行周期性的空间作用范围更替，从而不至于使区域总体空间质量与形态结构失衡的大城市地区空间发展模式。

7.1.3 牺牲和代价

然而，两次"密度—设施"内外波动与过密空间转换的路径也并非毫无代价。当前的上海—苏州地区的人居空间形态和整体秩序不可谓之"好"：上海、苏州的中心城建设用地连绵范围屡屡突破历版规划设想，规划绿地难以全部保留，外围地区的空间分布也相对无序，与"大上海都市计划"曾经设定的形态结构目标差别很大。这些代价付出也与上海—苏州地区在历史上多个空间增长窗口时期所实行的开发建设模式有着很大的关联。

在计划经济时期，除工业用地以外的居住用地、商业用地等土地开发尚无法进行严格意义上的"投入—产出"核算，城市需要尽可能减少用于改善生活的设施投资，将节省下的资金投入到生产及扩大再生产环节。因此，为了使疏解人口就近享有现存基础设施与公共服务，疏解地就势必紧贴建成区边缘建设（例如1958年以前上海工人新村的区位选址）。到了社会主义市场经济时期，尽管土地有偿使用制度的引入起到了为城市基础设施建设资金"开源引流"的作用，但也使得城市政府化身为理性的"经济人"，追求以尽可能少的投入获取尽可能多的土地出让收益。而能够获取最大短期利益的土地开发与基础设施建设方式，便是遵循城市地租规律，逐层向外进行滚动开发。

在这两个时期的城市开发建设逻辑下，无论是"瘦身"还是"健体"，最终都造成人口"梯度"疏解与建设用地"圈层式"、"摊大饼"扩张，不仅使总体规划的空间布局思路无法得以贯彻（夏丽卿，1995），而且从长远角度也是对城市基础设施投资的浪费（汤志平，王林，2003）^①。上海城市中心区规划认知范围的不断扩大也从一个侧面透露出城市建设层层蔓延的问题：1946年"大上海都市计划"时期的"中区"面积仅为80平方公里；中华人民共和国成立后，"市区"增至140.9平方公里，并于改革开放后进一步扩展至289.4平方公里；到"99版总规"编制时，"中心城"范围已达667平方公里；而在"上海2035"总规中，"主城区"面积更达1137平方公里，意味着"大上海都市计划"时期894平方公里的"上海特别市"市域范围已几乎全部成为绵延不断的建成区。笔者认为，此类"摊大饼"现象或许更应视为是我国城市建设追求短期经济效益思维在城市区域尺度上的某种反映（参见第6.1节），显示着"经济理性"与城乡规划"学科理性"的冲突。

除了空间形态的遗憾外，我们还不能忘却"人"的牺牲。上海—苏州地区历次关键的"密度—设施"调节策略并非一个预先设计好的通盘方案，这期间有主动的行动，也有被动的部署。为了解决阶段性问题，百万计的城市居民或付出客居他乡、亲人分居、社会关系割裂的代价，或要长期忍受低水平的城市生活质量。尽管今日对这段空间发展历史的回眸似有一种"轻舟已过万重山"之感，但不能忽视的是，没有"人"的牺牲，城市几乎难以实现今天的高质量发展。

7.2 对长期空间过密化机制的初步解释

空间过密化究竟为何挥之不去、持续不断，本节尝试从城市发展理念、城市—区域治理结构以及城市空间开发机制这三个方面出发，对上海—苏州地区的长期空间过密化机制予以初步解释。

7.2.1 城市发展理念的长期影响

从供给角度看，长期以来中国大城市发展秉持相对低标准的公共资源配置理念。当城市对人口密度分布的管控能力较强时，尚可维持有限但可容忍的空间质量水平。一旦密度状况稍有失控，则很容易滑向"密度—设施"关系失衡。

中华人民共和国成立后，国家的经济社会发展方式长期参照苏联计划经济样本，工业生产优先，城市建设与人民生活受国家的统一调配与安排。通过苏联专家指导规划等方式，北京、上海等大城市广泛吸收以较少的设施投入获得较大开发规模的苏联经验。

---

① 例如，"99版总规"制定的上海中心城与郊区新城间以"大站快线"轨道交通（R线）相连的方案，在实施中为地铁普线（M线）所取代。设站过多刺激沿线土地开发，也反过来造成运输效率与服务舒适度的下降。近年来，以高速铁路列车为运输工具的城际轨道交通有效避免了地铁普线建设对城市建设用地扩张的助长之势，但是上海—苏州地区大范围的建成区蔓延已是既成事实。

例如在城市交通与用地方面，以"大街坊"代替"小街区"，以"连绵扩展"代替原有的区域疏散、跳出老城建新城设想，从而尽可能压缩市政设施投资与公共服务设施投资[1][2]。为此，城市建设长期延续新中国成立以来制定的各类定额标准，甚至几度因被认为标准过高而下调[3]。"千人指标"、"快速规划"、"标准图集"等适应大规模快速建设的操作方式广泛适行，其影响甚至延续到20世纪90年代计划经济退出中国城市以后。

"标准化"本身在20世纪前期成为象征国家现代化发展和进步的理念，也是"二战"后许多国家推动经济建设的重要手段（Fischler，2000），并且客观上也促进了中国城市建设的快速发展。但是相对"低标准"、以人口配额为手段的标准化不仅造成了国家对城市的投入长期不足、基础设施欠账，使城市生活水准处于应付、维持的状态，同时也深刻影响了中国城市发展的供给观、质量观。直到近年来，面向更高层次生活需求的宜居城市、美好人居等理念才开始为城市主政者所重视。

中国大城市相对低标准的公共资源配置理念客观上受一定经济社会发展阶段下的资源条件限制而塑造。与发达国家相比，发展中国家普遍缺乏积累公共资源及其治理规范的充足时间窗口，无论"硬件"还是"软件"的形成速度都跟不上"赶超型"发展路径的要求。哈维的资本循环理论认为，在侧重生产的第一次循环结束后，资本才会大量投入到以建设基础设施与提升建成环境为主的第二轮循环和以社会服务为主的第三轮循环（Harvey，1985）。以此，在生产力尚未达到一定水准之前，发展中国家往往难以制造出足够的基础设施。而即使在城市具备了一定的公共资源积累以后，适应国情、市情的大规模设施供给机制（如基础设施的融资、设计、建设与维护体系）仍需要长时间培育，原有的公共资源生产与积累机制难以在短时间内退出。

---

[1] 关于计划经济下苏联城市发展模式对中国大城市的影响，时任上海市规划建筑管理局副局长汪定曾曾引用1931年苏联共产党中央委员会提出的城市建设原则（"建筑大街坊可以节约城市用地，缩减城市开拓土地的工程费用，并减低居住面积的造价，这就是用最经济的一切建筑方法，争取城市建设的经济性"）、1950年苏联专家对改进上海市政工作的建议书（"城市内之单位若散布在宽广地区内，则将因建设及使用长距离之道路、下水道、自来水管、通讯联络工具及其他交通之巨额费用而不十分经济"）以及1954年全苏建筑工作人员会议公告（"将居住与民用建筑分散在很大的区域内，分散在相互隔离的地段上，因而造成对福利设施和公用设备需要更多的额外费用"），说明新中国成立初期中国大城市规划建设采取以较少的道路设施投入获取较大开发规模的"大街坊"模式以及将新建工业区和居住区靠近城市中心布局，主要出于更大程度利用已有设施基础、降低额外设施投资的经济原因所致。参见汪定曾，1956，第1、2、4页。

[2] 在城市街区尺度上，社会主义初级阶段内在固有的"稀缺性（scarcity）"同样被用于解释由计划经济时期的"单位大院"和社会主义市场经济时期的"封闭小区"而带来的大街区、稀路网问题（Lu，2006）。

[3] 邹德慈在回忆1957年"反对城市规划的四过"问题时谈到，"上面认为中国的城市规划所以老是出毛病，是学苏联学的"，"最起码苏联城市规划用的这些标准、定额指标离我们国家比较远……苏联土地比较广阔，所以用地指标都是偏高，那时我们城市的现状水平很低，套用他们的一些指标做出来的规划难免所谓'规模过大、占地过多'。"参见：王凯，侯丽，2013，后插第2页。

7.2.2 区域治理结构的扰动变化

在本书考察的历史阶段中，上海—苏州地区内部不同属地、不同等级行政辖区的行政权力关系及相应的公共资源获取能力时而变化调整，给特大城市地区区域治理结构带来扰动，且这种扰动总体上以推动空间过密化进程，尤其是促进上海市域外围地区的空间过密化为结果。

传统上，中国大城市是集地方行政中心与服务中心为一体的中心地，国家通过各级城市自上而下地行使管理职能，城市等级、规模与城市在政治权力体系中的地位高度相关。在计划经济时期，这种城市发展逻辑得到了进一步强化：在区域层面，省、地/市、县级政府所在城镇居民点往往配有辖区内最大规模与最高水平的医疗、教育、文化与公共交通服务设施；在城市行政辖域内部层面，区县级政府所在地本身又继承了原县域内行政中心与服务中心的职能。加之"田园城市/卫星城/新城"与"分散集团式"布局等现代城市规划思想的影响，中国特大城市规划强调以中心城作为特大城市地区规模最大的城镇组团，以市域所辖区县的政府所在地为依托发展新城，中心城组团与新城之间以设想的绿带进行分隔。实现这种空间构想须以其他城乡居民点的空间增长不破坏主体形态结构为前提。

但是随着改革开放以后分权化进程的推进，各级基层竞相发展，使得原有的大城市空间秩序架构遭到消解。苏南地区和上海是中国大城市地区进行分权化改革的重要基地之一。以20世纪80年代探索的"两级政府、两级管理"等地方政府体制改革成果为基础，上海于90年代中期构筑和完善了市区"两级政府、三级管理"与郊区县"三级政府、三级管理"体制，并向区县层面持续下放财政、规划土地审批、招商引资等权力（黄金平，2008）。在"三级管理"体制下，街道虽然作为区级政府的派出机构行使基层管理职能，但也尚能通过招商引资、发展"街道经济"等形式保障自身财力。苏州等苏南地区地级市则持续开展"撤县设市"与"强县扩权"，扩大市辖县在经济、财政、土地、社会管理等方面的权力，出现地方决策分散化倾向（罗震东，2007）。在地方分权化进程中，"县域竞争"（张五常，2009）、"诸侯经济"（沈立人，1990）、"行政区经济"（刘君德，2006）、"诸侯规划"（吴良镛，2003）成为中国经济与城乡发展的重要特征，对建设项目的争夺也出现在区县内部和乡、镇、街道之间，使得分权的影响逐步由"体制"进入"空间"层面。基层地方政府得以不通过上级政府而直接利用自身的要素资源对接资本，获得参与全球和区域市场的门票，特大城市地区空间结构由此因企业化的地方政府所重塑（张京祥 等，2008）。"分权化"直接导致了市区以外地区的基层主体争先发展经济，吸引大量人口，使得外围地区的建设用地密度和人口密度大幅增长。

进入21世纪以后，中国进一步融入全球经济，跻身全球城市地区的上海—苏州地区面临更加激烈的全球竞争，办好世博会等大事件也需要以市级层面掌握更多公共资源为保障。与此同时，历经十余年的分权化发展过后，特大城市外围地区的空间破碎化态势也迫切面临整治需要。为此，上海—苏州从2000年前后开始经历了一轮空间发展和财政资源向高层级行政主体和居民点收束的过程。例如，两市采取"撤县建区"、"新城战略"和"乡镇撤并"等非均衡空间战略将部分被下放的发展权力和发展资源集中到市、区县和乡镇三级政府所在的居民点上。其中，"撤县建区"使中心城提高了发展规模和公共资源水平，让上海得以贯彻"市区体现上海城市的繁荣与繁华"理念，苏州也借此实现了在向区级行政主体放权的同时提高中心城的建设用地面积（杨保军，2007）。"新城战略"也使各区县内部的大规模城市开发建设集中到区县政府所在地进行（俞斯佳，骆悰，2009），原重点乡镇不再扮演区县内部公共服务"副中心"的职能。加之2000年左右的大规模乡镇撤并工作（熊竞，2017），土地指标、发展资源等相应朝撤并后乡镇的政府所在地倾斜，进一步强化了区县内部不同层级居民点之间的正规空间供给规模差距。这一权力和资源向高层级主体尤其是市级收束的景象也为财政数据所支持。统计数据显示，2005年与2010年前后，上海、苏州两市的区县级可用财力占全市地方财力的份额先后由升转降（图7-4，图7-5）。由此，以市区为代表的高等级居民点从公共资源再分配中获益，一般基层社区的利益相对受损，加剧了这一时期上海—苏州地区过密空间由市区向外围地区的转换。

然而自2010年前后起，沪、苏两市对于区县以下基层的治理思路出现较为明显的不同。上海倾向于对乡、镇、街道进一步收权。例如2014年，上海开始逐步取消街道和乡

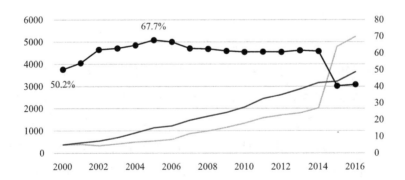

图7-4　2000—2016年上海市本级、区县级可安排使用公共财政收入变化及
区县级可安排使用公共财政收入占全市的比重变化
（图片来源：笔者根据历年上海市预算执行情况和预算草案报告提供的相关统计信息自绘）

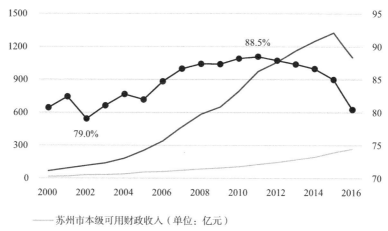

图7-5 2000—2016年苏州市本级、区县（市）级可用财政收入变化及
区县（市）级可用财政收入占全市的比重变化

（图片来源：笔者根据历年苏州年鉴、苏州市预算执行情况和预算草案报告
提供的相关统计信息自绘）

镇的招商引资权，转由区级政府统一代为行使经济发展职能。尽管乡、镇、街道的公共
支出转由通过区级政府全额保障的方式完成，但是收权之举仍然影响到基层公共服务供
给能力。而苏州则走上了探索城乡均衡发展的道路。例如2008年，苏州启动"城乡一体化
改革"，将部分发展权进一步由县级向镇、村下放，提升了基层的公共资源配置能力（赵
民，陈晨，周晔 等，2016；侯爱敏，吴杰，陈瑾，2016）。从统计数据看，自2010年前
后，闵行、嘉定等上海市辖区内部镇级可用财力占全区县可用财力的比重不断下降，但
昆山、太仓等苏州下辖县级市的这一指标则呈上升势头（图7-6）。由此可以初步判断，
上海—苏州地区"密度—设施"空间波动的市域板块特征差异在2010年后甚至继续有所
强化。

　　总的来看，"前三十年"中城市发展规模、基础设施投资等重大事项受国家高度管
控，市级以下地方层面多仅作为城市发展方针的执行者，自下而上的扰动因素较弱。到
"后三十年"尤其是1990年以后，分权化进程使基层地方政府主体获得经济、社会与城
市发展事务的主动权，外围地区的用地、人口规模显著增长。大约2000年以后，特大城
市地区内部的发展权和发展资源向市级层面收束，一定程度上提升了特大城市中心区的
基础设施供给能力，促进了旧市区部分的"去密"和过密空间向外围地区转换的进程。
自2010年前后以来，上海对乡、镇、街道进一步收权，而苏州则推行以"强镇扩权"为
标志的城乡协调发展战略，加剧了上海—苏州地区内部"密度—设施"关系的板块分
化，并使上海市域外围地区面临改善地方基础设施供给的挑战。这也从另一侧面解释了

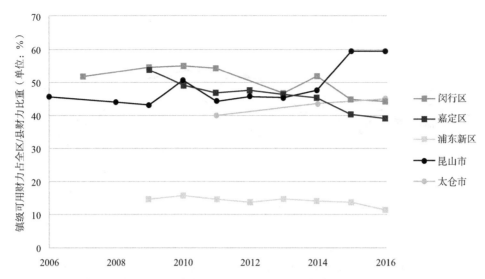

图7-6　近年来上海、苏州两市部分区县镇级可用财力占全区/县可用财力的比重变化

（图片来源：笔者根据上海市浦东新区、闵行区、嘉定区、苏州昆山市、太仓市历年财政预算执行情况报告、年度收支预算报告、财政决算报告提供的相关统计信息自绘）

上海郊区县在近年来积极开展基层设施服务改善项目的动机（参见第6.3节）。

7.2.3　空间开发模式的深刻塑造

此外，中国大城市自身惯常采取的城市空间开发或再开发模式，也是造成长期空间过密化的重要原因之一。

在一次开发方面，考虑适宜居住的国土空间有限、国家面临耕地保护与粮食安全挑战等因素，中国城市的土地利用规划鼓励相对高密度的开发，相关标准和政策文件要求城市人均建设用地一般不超过100平方米，即人口密度保持1万人/平方公里的水平，该密度标准也相应影响了城市基础设施与公共服务设施的配置标准。但是这种忽视区位因素的密度标准也容易成为大城市走向空间过密化的诱因之一。对于经验密度相对更高的城市中心区而言，仅以规划标准预先配置的基础设施无法支撑高密度人居空间。一旦缺乏进一步拆改城市、供给设施的资金支持与能力意愿，则势必难以实现高质量的"密度—设施"配置；对于外围地区和外围中小城镇而言，又往往缺乏配置适应高密度人居空间的高强度设施的资源和能力，造成有密度而无可负担设施的状态。近年来，一些大城市也尝试通过编制密度分区规划或在基础设施与公共服务配置地方标准中增加区位系数等方式对这一问题进行纠正。

在二次开发方面，中国大城市长期缺乏针对密集化再开发的基础设施容量校核与补偿制度，基础设施容量不足以成为确定开发规模与建设密度的核心依据，再开发项目

"搭存量公共资源便车"的现象十分普遍。改革开放以前,大城市旧城区的城市改造、住房环境改善等项目多以"见缝插针"的方式由各单位独立开展,城市层面难以通盘应对因建设密度上升带来的设施补足问题,由此产生典型的空间过密化机制。当城市开发建设引入市场主体运作后,城市又寄希望市场主体以"就地平衡"的方式完成更新改造项目,以减去自身负担。为了平衡改造成本,市场主体唯有大幅提升地块开发强度,并由此引入新的人口和功能,进一步降低局部的"密度—设施"配比水平。除此之外,城市中的大量工业区、城中村改造项目也未能针对密度提升而相应作出基础设施补偿。直到近年来,一些大城市才逐步脱离相对粗放的规划建设管理模式,引入诸如城市更新区中一定比例用地无偿用于基础设施与公共服务设施建设等再开发规则来调节"密度—设施"关系。

7.3　优化"密度—设施"关系,提升人居空间质量的初步建议

面向世界特大城市地区的最高人居空间质量,上海—苏州地区仍需进一步调节各圈层的"密度—设施"关系,同时不可避免需要继续开展基础设施与公共服务供给与提升工作。笔者认为,上海—苏州地区除了继续不断提升综合发展实力和治理能力之外,仍可在特大城市地区空间治理的基本路径、制度规则等方面长效应对人居空间"密度—设施"关系优化与质量提升工作。

7.3.1　确保空间过密化地区设施服务的相对改善速率

对于现阶段作为上海—苏州地区过密空间的外围地区而言,突破自身空间过密化状态的根本途径是使基础设施增速高于人口增速,为此要对特大城市地区整体的基础设施投资进行一定的倾斜和引导。考虑这项工作需要的设施建设与维护投入十分可观,政府公共投资应发挥"公共利益"职责,倾向于支持资金投入强度大、短期盈利能力较低或无法变现的项目(如防灾设施、大规模生态设施、战略性交通设施等)。同时应考虑通过建立相关治理规则,激发市场和社会资本的积极性。鼓励多元主体面向长尾、利基市场,应对多样性、专业化的需求(如专业化医疗、教育、文化服务等),并发挥政府—社会合作模式在解决社区、邻里尺度问题上的优势(如社区公共空间与设施更新、各类分布式设施项目等)(图7-7)。

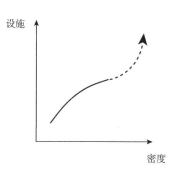

图7-7　对策建议1原理图解
(图片来源:笔者自绘)

7.3.2 贯彻实行合理的人口密度控制与人口疏解措施

鉴于上海—苏州地区的空间过密化进程非短时间内能够彻底破除，在总体增长过程中战略性地舍弃部分城市功能并控制、降低局部地区的密度水平对上海—苏州地区"密度—设施"关系的持续优化而言仍十分必要。局部的控制和疏解有利于"松动"过密空间，降低更新改造成本，并降低一定质量水平下的基础设施额外补充规模，为可负担的质量提升进程创造条件。此外，考虑长三角地区城镇化水平远未稳定、核心城市都市区人口增长的压力仍客观存在，一定的

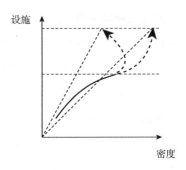

图7-8　对策建议2原理图解
（图片来源：笔者自绘）

疏解和限制也是防止局部再次出现"密度—设施"关系失衡的必要手段；但是，有关疏解改造行动不应以造成过大的物质成本和社会成本为代价（图7-8）。

7.3.3 使各类空间政策与"密度—设施"波动节律相协调

本书研究结果表明，在特大城市地区的空间发展长期进程中，不同地域尺度、不同圈层空间以及内部不同次区域之间多表现出人口密度或"密度—设施"关系的涨落、波动特征，只是阶段、周期等表征各异。因此，大城市地区并非永远处于简单的人口规模持续增长、各处人口密度不断提升的单向过程。若能利用好大城市地区自身的演化节奏，则可使规划干预政策更有效发挥作用。

然而，由于中国特大城市地区的人口密度以及"密度—设施"总体波动周期较海外同类型地区更短，且波动进程与外部政治经济环境和事件高度相关，要预知中国特大城市地区的中长期空间演化趋向仍是相对困难的。但从上海—苏州地区以往以三十年为周期的人口密度与"密度—设施"波动特征和现阶段的空间治理实践趋向初步判断，现阶段空间过密化现象相对显著的上海中心城周边地区不会长期维持人口增长。相关地区的规划可以基于人口密度先升后降的预期情景制定基础设施和公共服务设施空间储备方案与财务计划（图7-9）。

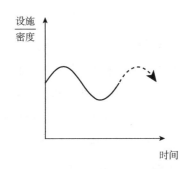

图7-9　对策建议3原理图解
（图片来源：笔者自绘）

7.3.4　开发应用长效优化"密度—设施"关系的规划工具

若以本书研究视角重新审视人居空间质量较优的发达国家和地区城市规划建设管理所通常采取的空间开发规则与城市增长管理手段,那么无论是巴洛克城市时期就已成型的街道宽度与建筑限高比例设定,还是现代城市治理体系下的税费杠杆,几乎都蕴含了动态保障"密度—设施"比例关系的朴素思维(表7-1)。中国大城市地区可积极运用类似的规划政策工具建立提升人居空间质量的长效机制,促进"密度—设施"优化进程实现从政府主体面对问题与困境被动调节人口密度与基础设施供给,向在政府与市场、社会主体间主动建立保障"密度—设施"比例关系的制度规则转变(图7-10)。

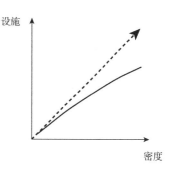

图7-10　对策建议4原理图解
(图片来源:笔者自绘)

以本书研究视角重新认识各类规划政策工具
对改善人居空间质量的作用
表 7-1

类型	规划政策工具名称	"密度—设施"关系视角的政策内涵
空间开发与再开发规则	设定街道宽度与建筑高度比例	通过单一规划指标约束道路设施与密度的比例关系,并保障空间质量感受
	基准密度与密度上限	框定"密度—设施"关系上、下阈值及耦合区间
	开发权转移	维持一定设施规模支撑下的建设密度总量
	容积率奖励	随密度增长动态补充设施空间及供给规模
城市增长管理政策工具	城市开发边界	规避开发项目对已有基础设施的"搭便车"行为,防止外围地区出现空间过密化倾向
	开发影响费	要求新增开发项目支付额外的设施供给费用,防止局部地区出现空间过密化倾向
	充足公共服务要求	维持一定水平的"密度—设施"比例关系
	开发项目的设施配套规定	
	资产改善计划	动态保障基础设施供给资金

对于存量空间,可根据现有基础设施条件和区位特征制定基准密度与密度上限,并根据不同密度水平下的目标质量水平明确基础设施额外供给规模,制定可持续的人居质量提升财务计划。为此需要明确公共财政资源重点倾斜的设施投资计划,并借助容积率奖励与公共设施空间额外补偿等城市更新政策,巧妙激励市场、社会资本参与

设施供给①。

  对于增量开发，应根据区位特点明确预期基础设施供给强度，进而以基础设施容量确定开发规模和人口密度。对于原规划以外的新增开发，应尝试运用城市增长管理手段补充额外设施建设需求，避免出现对现有基础设施与公共服务"搭便车"的开发行为。

---

① 若基于房产的财产税制度在未来逐步推行，则可对相关制度设计提供更大的空间（参见第6.4节）。

第 **8** 章

结论与讨论

　　缘起自大城市空间发展的"质量"议题，本书以密度和基础设施两个聚落空间变量的关系为视角，历史地审视、比较了上海—苏州地区的空间演化、治理历程与"密度—设施"分布特征，分析、验证并解释了该过程中展现的"密度—设施"关系变化逻辑与空间过密化现象。研究成果可为认识特大城市地区空间规划和治理中的一些关键问题提供独立见解。

8.1 主要结论

（1）从横向比较看研究群像，当前世界特大城市地区的"密度—设施"圈层分布状态大致可根据其所在地区的经济社会发展水平聚类，且"密度—设施"分布曲线图像相应呈现形态差异，表明不同特大城市地区具有根据自身能力和资源条件，选择疏解人口、供给设施等具有不同成本负担要求"密度—设施"关系调节路径的动机。上海—苏州地区已总体脱离一般发展中国家特大城市地区的"密度—设施"配置水平，但与世界特大城市地区现有的最高人居空间质量之间仍有差距。

（2）从历时过程看重点对象，上海—苏州地区人居空间演化与治理呈现出中心区与外围地区之间以三十年为周期的两轮"密度—设施"空间波动与过密空间转换过程。1946年后，上海旧市区陷入十年空间过密化困境（1946—1957年）。因内、外条件所限，仅通过疏解人口的方式有限改善中心区"密度—设施"配比水平，暂使空间过密化压力转移至外围地区（1958—1977年）。1978年后的十年间，上海城市中心区因人口回流等原因进入第二次空间过密化，直至出现"密度—设施"关系失衡状态（1978—1989年）。此后，外部环境与内部条件变化使上海得以通过疏解与基础设施服务扩容并举的手段提高中心区空间质量，突破空间过密化困境，但过密空间随本轮"密度—设施"波动而转换至外围地区（1990—2010年），以上海中心城周边地区和上海—苏州跨界地区为重点的外围地区成为当前阶段上海—苏州地区修复"密度—设施"关系的重点（2011年至今）。本书通过历史文献和数据初步证明了上海—苏州地区的"密度—设施"空间波动律与过密空间转换特征。

（3）从内部关系看重点对象，地方政府以及外来人口等社会主体的经济理性造成了疏解人口和外来人口共同向中心城周边地区等"密度—设施"低配比地带优先分布，形成现阶段外围地区的空间过密化状况，但大规模自上而下的空间干预正面临越来越高的社会综合成本。对此，上海中心城周边地区和上海—苏州跨界地区等重点地区的基层主体尝试开展小规模的设施服务改善和合作项目主动修复基层社区的"密度—设施"关系，实践案例展现出了柔性治理和公共资源多元供给趋向，具有在当前中国特大城市地区空间发展制度环境下探索人居环境质量提升路径的试验意义。

（4）综合本书主要研究结论，"密度—设施"空间波动与过密空间转换机制成为上海—苏州地区在宏观政治经济环境与自身公共资源供给能力等治理因素的约束下渐进、周旋式应对人居空间质量问题的一条重要逻辑。这一机制使城市得以在资源条件有限的情况下，多次利用基础设施积累，周期性缓解中心区部分的空间过密化困境乃至"密度—设施"关系失衡危机。但由于特大城市地区城市化规律的客观作用以及中国大城市地区自身在发展理念、治理结构和城市空间开发模式等方面具有的特征因素，造成上海—苏州地区的空间过密化过程未曾真正停止，仅是随"密度—设施"空间波动而出现过密空间转换。这也给特大城市地区空间形态和部分居民的生活带来负面影响。对此，本书也在空间治理的基本路径、制度规则及空间框架等方面为上海—苏州地区优化"密度—设施"关系、提升空间质量提出了初步对策建议。

研究表明，在城市地区尺度上，上海—苏州地区的"密度—设施"空间演化受"客观的"边际规律与"主观能动的"规划建设应对策略的交替作用，具有节奏性。该演化总体上在中央—地方关系的宏观影响下逐轮推动，也具有体制关联性。特大城市在特定历史阶段中充当了公共资源生产地而非消费地的角色，致使城市空间自发趋向过密化，由此带来城市的人居空间质量不高、高密度环境缺乏高设施水平支撑等问题。对此，已经采取的"人口疏解"的空间反过密化模式，间接改善了大城市中心区的人居空间与生活质量，但长期影响有待评估。这种从出现人居空间质量问题到寻求解决问题的空间"演化——应对"进程，也说明了中国特大城市作为一个复杂系统，迄今为止具备自我修正与更新的能力。需要说明的是，本研究尚不足以支撑城市片区、功能区尺度的空间演化规律结论。

8.2 创新点

本书的主要学术创新在于归纳并验证了上海—苏州地区空间演化与治理的长期过密化与过密空间转换逻辑过程。笔者对中国大城市"空间过密化"与"空间反过密化"的研究分析，是边际理论在解释、验证新中国成立以来中国城市空间演化历程和规律上的一次尝试，为理解中国大城市地区的空间发展机制，认识中国大城市地区人居空间质量的纵、横两向特征提供了理论视角和实证案例。这一核心创新点主要通过以下三个方面的研究创新或改进获得：

（1）本书研究在理论层面建构了以"密度—设施"关系研究人居空间质量的新视角，连通了抽象的"质量"概念与物质空间，并通过对密度和设施两个调控抓手的研究将"质量"进一步和"治理"建立起联系。以往有关人居空间"质量"的实证研究主要通过构建指数、指标体系等思路进行，但针对实践问题缺乏响应和进展，面临一定的研究困境（参见第1.3节）。本研究回归城乡规划学科本体，提出以密度和基础设施两个空间要素为核心变量、以"密度—设施"比例关系作为认识论和空间测度，并借助过密化理论，将基础设施边际供给规模随密度上升而下降的低水平人居空间质量维持过程定义为"空间过密化"来描述对象，初步解答了人居空间质量、客观指标、主观感受与规划治理抓手之间的关系问题。这一视角也较以往有关特大城市、特大城市地区形态结构的综合比较研究多注重土地使用（Simmonds, Hack, 2000; Burdett, Sudjic, 2007;

LSE Cities，EIFER，2014；Angel，2015［2012］；Murayama等，2017）与功能（Hall，Pain，2006；IGEAT 等，2007；BBSR，2011；Brenner 等，2015；Wingham，2016）等因素的状况有所突破。

（2）本书研究尝试通过长时间的特大城市地区历史—空间研究与多样本、多尺度的比较研究，并通过密度—设施波谱时相和位相比较的手段来验证空间波动和过密化假设，探索了有效的城市空间研究新方法。笔者所在的清华大学建筑与城市研究所课题组长期开展特大城市地区空间发展与规划研究。在课题组以往博士论文成果对世界特大城市地区同时相、同时期比较研究成果的基础上（张尔薇，2012；于长明，2014），本书研究进一步区分了发达和后发特大城市发展的阶段特征，从更长的时间维度、更大量的研究样本和更丰富的空间圈层尺度来切入研究群像和重点对象，开展了客观演化与主观干预、规划政策与实施绩效、空间分析与实践分析相合的研究工作，就特大城市地区空间演化与治理问题获得了更丰富的学术认识。

（3）本书研究以密度和设施为变量验证了未曾获得实际证明的聚落空间波动模式，归纳并验证了大城市地区空间演化与治理的长期过密化与过密空间转换逻辑过程，为理解大城市地区的空间发展机制，认识大城市地区空间发展规律提供了两个理论模型及相应的实证样例。自林奇（Lynch，2001［1981］）[229, 449]提出将"波动"作为一种城市形态结构模型以来，尚未有公开文献表明有研究者对该问题进行了深入研究或提供实证解答。而当代西方城市理论研究又多将大城市空间演化视为对内重组与对外扩张并行的单向进程，例如城市"内聚（implosion）"与"外爆（explosion）"理论（Lefebvre，2003［1970］）；Brenner，2014）。本书研究发现并初步验证了上海—苏州地区存在的"密度—设施"空间波动律，认识到城市物质本体层面（如密度和设施）的结构性发展存在往复、周旋的特点，也为林奇提出的理论假说提供了实证案例。相应地，笔者提出一套以"波动"为主题描述特大城市地区空间发展的话语体系（"周期""波动""位相""图谱""峰谷""锚固""传播""干涉"等），在哲学观层面表明特大城市地区人居空间演进与客观物质运动本质规律之间的隐喻关联，为更深入的理论研究打开了空间。

8.3 研究启示

本书研究结果可对中国大城市地区空间发展与规划治理的研究以及有关特大城市规划政策供给的学术争议提供启示与建议。

（1）关于中国大城市地区空间发展机制

对政府在城市规划建设中的角色和动机的政治经济批判与解释是欧美城市研究领域

有关中国城市空间增长或发展机制问题的关注焦点。海外研究多将"前三十年"的中国城市置于社会主义计划经济的整体背景下，将这一时期的中国城市发展概括为一种"反城市主义"或"限制大城市"的逻辑；又将改革开放以后的中国城市发展置于"转型城市"或东亚"发展型/赶超型"城市的总体类型下，并将其描述为以"为增长的计划/规划"为引导，由地方政府对城市开发建设进行"总体控制"，且城市开发缺乏"自治传统"与"公众参与"的模式（Friedmann，2005；Logan，Fainstein，2008；Wu，2015，等）。在该模式下，各类城市开发行为均被解释为增长的工具，例如将旧城拆迁与改造视为政府与市场力量的"合谋"，将疏解与新区建设视为公共投资与市场资本的"联姻"，将基础设施供给等同于"拉动经济"的手段，等等。

然而从笔者的研究结果看，这种将中国城市空间发展与政府动机高度凝练为"反增长"或"增长导向"的理论既过度简化了历史过程，也过度简化了不同层级地方政府间以及政府和其他主体的关系，一定程度上存在"过度批判"的问题。首先，以上海为代表的中国大城市形态结构并非单向持续增长，而是由地方政府作为城市发展的责任主体，根据不同发展阶段下的外部环境和内在条件，有节奏地开展激进增长和保守发展相连贯、蛙跳发展与连绵发展相配合的空间策略，体现为上海—苏州地区"密度—设施"关系在不同空间圈层和不同类型居民点之间的波动进程。其次，地方规划建设管理部门、规划设计研究机构对"骨""肉"关系的长期讨论也反映出上海—苏州地区在空间增长过程中仍相对注重人口、空间、功能与基础设施的协调关系，即使在最不理想的历史环境下，也没有容忍旧市区范围的空间过密化问题长期持续。由此可见，中国大城市的空间演化与治理具有以密度和设施为抓手，调控大城市地区空间增长的局部范围与节律，从而应对基本人居环境质量问题的特征，而非仅仅出于对"增长"的恐惧或崇拜。

（2）关于大城市地区空间规划与治理（研究）方法

传统空间规划研究与政策分析工作往往以某一时间截面的空间指标分布结果作为空间发展的"体征"，并以此直接作为规划干预政策的制定依据，其中指标值较低的"弱体征"区域将作为政策倾斜的对象。该方法以作用于某一空间地域的规划干预政策仅会对这一地域范围内产生正面影响为潜在假设。然而本文的研究结果表明，特大城市地区内部具有不同质量"体征"的地域之间存在一定的质量传导关系，且在本文中表现为"低质量"与"高质量"地区之间仍可能因地方治理结构方面的内在关联机制而产生"密度—设施"配比的此消彼长。换言之，特大城市地区的规划与政策干预不是机械地根据单一时相信息判断"损有余而补不足"或"损不足以奉有余"[①]，而需要规划师从特大城市地区丰富的时—空层次中分辨、判断各项空间政策的时空作用范围及其关联影响后再

---

① 语出《老子》。

加以因情施策。因此，受单一线性因果关系控制的空间规划与治理方法尚待改进。

以上海—苏州地区的"密度—设施"关系治理实践历程和动向为启示，笔者认为，面向中国城市与区域发展的当前阶段特征，特大城市地区空间规划与治理可朝"空间框架"结合"财务计划"与"政策项目"的目标协同、弹性行动模式发展，而非全部采取事先绘制面面俱到的一张蓝图，再根据规划设计方案自上而下通盘执行的工作模式。其中，空间框架工作应在充分获取历时性与分区域空间发展信息，以及充分认识特大城市地区治理复杂性与非线性特征的基础上进行。涉及物质建设的配套政策项目可根据实际问题或需求，并根据地方政府财政及社会资本发展状况，采取府际、政府—市场、政府—社会等合作形式灵活实施。这一引申结论恰与当前国内外学术界对空间规划理论与方法的研究进展相契合（参见第1.6.2节）。

（3）回应有关理论与实践争议

回到文首提及的当前有关中国特大城市规划干预方向的争论，笔者认为，不应简单将"放任增长"或"疏解"用于对大城市地区全域、全时段的空间策略。从历史进程看，各类"密度—设施"调节方法都是城市根据总体环境与自身能力做出的阶段性选择应对，决策的好坏成败需要在历史进程中评价。从当前中国特大城市的空间发展态势看，在两轮"密度—设施"关系的空间波动过后，位于特大城市内、外的不同地带已经形成了多个具有不同人居空间质量特点的空间圈层，因此对特大城市笼统采取"疏解"或"放任增长"的策略显然已不合时宜。

对于当前中国特大城市的人口密度与基础设施关系干预方向，笔者基于对上海—苏州地区的研究结果提出两点建议：第一，经过两轮"密度—设施"关系的周期波动，尤其是第二个阶段后期的剧烈波动以后，特大城市中心区与外围地区、中心城与其他各级居民点之间的"密度—设施"配比差距愈发扩大。本着均衡、公平的区域发展理念与以人为本的价值观，特大城市需要通过对系统局部做出改善来修复整体"密度—设施"关系，这些局部地区包括但不限于当前仍处在空间过密化进程中的特大城市外围地区。第二，具体的修复路径需要根据各类居民点、次区域的"密度—设施"变化过程和治理结构关系特点分别加以设计。过于激进或过于保守的空间策略都将带来巨大的显性或隐性成本，需要审慎抉择。

参考文献

中、外文著作、论文和研究报告

对部分已经译成中文的外文参考文献，本部分同时提供外文原文与中文译文的原始出处，并在正文相应位置以"（作者，译文出版年［原文出版年］）"的格式加以标注。

对于部分著述年代较远但多次再版的中文参考文献，本部分同时提供首次发表与可获版本的出处，并在正文相应位置以"（作者，可获版本出版年［首次出版年］）"的格式加以标注。

［1］ Albers G. Modellvorstellungen zur Siedlungsstruktur in ihrer geschichtelichen Entwicklung [J]//Zur Ordnung der Siedlungsstruktur. Forschungs–und Sitzungsberichte der Akademie für Raumforschung und Landesplanung, Bd. 85. Jänecke, 1974: 1–34.

［德］G. 阿尔伯斯，沙春元译，吴唯佳，王昆校. 聚落结构模型的历史发展［J］. 城市与区域规划研究，2010（3）：142–166.

［2］ Albers G. Stadtplanung–Eine praxisorientierte Einführung [M]. 1988.

［德］G·阿尔伯斯著，吴唯佳译. 城市规划理论与实践概论［M］. 北京：科学出版社，2000.

［3］ Amin A. The good city [J]. Urban studies, 2006, 43 (5–6): 1009–1023.

［4］ Angel S. Planet of Cities [M]. Lincoln Institute of Land Policy, 2012.

［美］什洛莫·安杰尔著，贺灿飞，陈天鸣等译. 城市星球［M］. 北京：科学出版社，2015.

［5］ Ashton J. Healthy cities [M]. Philadelphia: Open University Press, 1992.

［6］ Bahger E. If You Live Near Other People, You're Probably a Democrat. If Your Neighbors Are Distant, Republican [EB/OL]. https：//www.citylab.com/equity/2013/09/if–you–live–near–other–people–youre–probably–democrat–if–your–neighbors–are–distant–republican/7047/[2013–09–27].

［7］ Barton H, Tsourou C. Healthy urban planning[M]. Routledge, 2013.

［8］ Batty M. The 22nd–century city [J]. Environment and Planning B: Planning and Design, 2012, 39 (6): 972–974.

［9］ Batty M. The new science of cities [M]. MIT Press, 2013.

［10］ BBSR. Metropolitan Areas in Europe [R]. Bundesinstitut für Bau–, Stadt–und Raumforschung, 2011.

［11］ Berry B J L. City size distributions and economic development [J]. Economic development and cultural change, 1961, 9 (4): 573–588.

［12］ Bhagat R B. Dynamics of urban population growth by size class of towns and cities in India [J]. Demography India, 2004, 33 (1): 47–60.

［13］ Boelens L, de Roo G. Planning of undefined becoming: First encounters of planners beyond the plan [J]. Planning Theory, 2016, 15 (1): 42–67.

［14］ Boyko C T, Cooper R. Clarifying and re–conceptualising density [J]. Progress in Planning, 2011, 76 (1): 1–61.

［15］ Brenner N (ed.). Implosions/explosions: towards a study of planetary urbanization [M]. Jovis, 2014.

［16］ Brenner N, Schmid C, Topalovic M. Cartographies of Planetary Urbanisation [Z]. Bi-City Biennale of Architecture/Urbanism, Shenzhen, 2015.

［17］ Burdett R, Sudjic D. The endless city: an authoritative and visually rich survey of the contemporary city [M]. Phaidon Press, 2007.

［18］ Burton E, Jenks M, Williams K. The compact city: a sustainable urban form? [M]. Routledge, 2003.
　　　［英］麦克·詹克斯，伊丽莎白·伯顿，凯蒂·威廉姆斯编著，周玉鹏，龙洋，楚先锋译. 紧凑城市：一种可持续发展的城市形态［M］. 北京：中国建筑工业出版社，2004.

［19］ Calderón C, Chong A. Volume and quality of infrastructure and the distribution of income: an empirical investigation [J]. Review of Income and Wealth, 2004, 50 (1): 87-106.

［20］ Castells M. The Information Age: Economy, Society and Culture (Volume I): The Rise of the Network Society [M]. Oxford: Blackwell, 1996.
　　　［西］曼纽尔·卡斯特著，夏铸九等译. 网络社会的崛起［M］. 北京：社会科学文献出版社，2000.

［21］ Centre for Liveable Cities, Urban Land Institute. 10 Principles for Liveable High-Density Cities [EB/OL]. http://www. clc. gov. sg/documents/books/10PrinciplesforLiveableHighDensityCitiesLessonsfromSingapore. pdf [2017-01-30].

［22］ Crane R, Weber R (eds.). The Oxford handbook of urban planning [M]. Oxford University Press, 2012.

［23］ Dantzig G B, Saaty T L. Compact city: a plan for a liveable urban environment [M]. Freeman, 1973.

［24］ Davis M. Planet of Slums [M]. Verso, 2006.
　　　［美］迈克·戴维斯著，潘纯林译. 布满贫民窟的星球［M］. 北京：新星出版社，2009.

［25］ Demographia. Demographia World Urban Areas (Built Up Urban Areas or World Agglomerations), 12th Annual Edition [R]. Demographia, 2016.

［26］ Deuskar C. East Asia's Changing Urban Landscape: Measuring a Decade of Spatial Growth [M]. World Bank Publications, 2015.

［27］ Diener R, Herzog J, Meili M, de Meuron P, Schmid C. Switzerland: an Urban Portrait [J]. Birkhäuser, 2001.

［28］ Doxiadis C A. Ekistics, the science of human settlements [J]. Science, 1970, 170 (3956): 393-404.

［29］ Durkheim E. De la division du travail social: étude sur l'organisation des sociétés supérieures [D]. Université Paris-Sorbonne, 1893.
　　　［法］埃米尔·涂尔干著，渠东译. 社会分工论［M］. 北京：生活·读书·新知三联书店，2000.

［30］ Eberle D, Tröger E. Dichte Atmosphäre: Über die bauliche Dichte und ihre Bedingungen in der mitteleuropäischen Stadt [M]. Birkhäuser, 2015.

［31］ Eckbo G. The Quality of Urbanization [J]. Centennial Review, 1966: 305-326.

［32］ Elvin M. Market Towns and Waterways: the county of Shang-hai from 1480 to 1910//Skinner G W, Baker H D R (eds.). The city in late imperial China [M]. Stanford University Press, 1977: 441-473.

［33］ ESCAP (United Nations Economic and Social Commission for Asia and the Pacific), UN-Habitat (United

Nations Human Settlements Programme). The state of Asian and Pacific cities 2015: Urban transformations shifting from quantity to quality [R]. 2015.

［34］ Evans P B. Livable cities?: Urban struggles for livelihood and sustainability [M]. University of California Press, 2002.

［35］ Fainstein S S. The just city [M]. Cornell University Press, 2010.

［36］ Feldman M P, Florida R. The geographic sources of innovation: technological infrastructure and product innovation in the United States [J]. Annals of the association of American Geographers, 1994, 84 (2) : 210–229.

［37］ Fischler R. Planning for social betterment: From standard of living to quality of life//Freestone R (ed.) . Urban Planning in a Changing World: The Twentieth Century Experience [M]. E & FN Spon, London, 2000: 139–157.

［38］ Fishman R. Bourgeois utopias: The rise and fall of suburbia [M]. New York: Basic books, 1987.

［39］ Forrester J W. New Perspectives on Economic Growth//Meadows D L (ed.). Alternatives to growth–I: a search for sustainable futures : papers adapted from entries to the 1975 George and Cynthia Mitchell Prize and from presentations before the 1975 Alternatives to Growth Conference, held at the Woodlands, Texas [M]. Cambridge: Ballinger, 1977: 107–121.

［40］ Foucault M. Orders of discourse [J]. Information (International Social Science Council), 1971, 10 (2): 7–30.

［41］ Foucault M. Surveiller et punir: Naissance de la prison [M]. Gallimard, 1975.
　　　 ［法］米歇尔·福柯著，刘北成，杨远婴译. 规训与惩罚［M］. 北京：生活·读书·新知三联书店，2012.

［42］ Foucault M. Sécurité, territoire, population: cours au Collège de France, 1977–1978 [M]. Gallimard, 2004.
　　　 ［法］米歇尔·福柯著，钱翰，陈晓径译. 安全、领土与人口［M］. 上海：上海人民出版社，2010.

［43］ Frey O. Stadtkonzepte in der Europäischen Stadt: In welcher Stadt leben wir eigentlich? [M] // Frey O, Koch F (eds.). Die Zukunft der Europäischen Stadt: Stadtpolitik, Stadtplanung und Stadtgesellschaft im Wandel. Springer, 2011: 380–415.

［44］ Frick D. Theorie des Städtebaus: zur baulich–räumlichen Organisation von Stadt[M]. Wasmuth, 2008.
　　　 ［德］迪特·弗里克著，易鑫译，薛钟灵校. 城市设计理论——城市的建筑空间组织［M］. 北京：中国建筑工业出版社，2015.

［45］ Friedmann J. China's urban transition [M]. Minneapolis: University of Minnesota Press, 2005.

［46］ Gandy M. Planning, anti–planning and the infrastructure crisis facing metropolitan Lagos [J]. Urban studies, 2006, 43 (2) : 371–396.

［47］ Geipel K. Verdichtung ohne Qualität? [J]. StadtBauwelt, 2016, 209: 16–23.

［48］ Ginsburg N, Koppel B, McGee TG (eds.). The extended metropolis: settlement transition in Asia [M]. Honolulu: University of Hawaii Press, 1991.

［49］ Glaeser E. Triumph of the city: How our greatest invention makes us richer, smarter, greener, healthier, and happier [M]. Penguin, 2011.
　　　 ［美］爱德华·格莱泽著，刘润泉译. 城市的胜利［M］. 北京：上海社会科学院出版社，2012.

［50］Graham S. Introduction: Cities and infrastructure [J]. International Journal of Urban and Regional Research, 2000, 24 (1) : 114–119.

［51］Hack G, Simmonds R. Global city regions: their emerging forms [M]. Routledge, 2013.

［52］Hall E T. The Hidden Dimension: Man's use of space in public and private [M]. Doubleday, 1966.

［53］Hall P. Cities of tomorrow [M]. London: Blackwell, 1988.

　　［英］彼得·霍尔著，童明译. 明日之城：一部关于20世纪城市规划与设计的思想史［M］. 上海：同济大学出版社，2009.

［54］Hall P. Cities in Civilization: Culture, Innovation and Urban Order [J]. Journal of Irish Urban Studies, 2003 (2) : 1–14.

［55］Hall P, Pain K. The polycentric metropolis: learning from mega–city regions in Europe [M]. Routledge, 2006.

［56］Hall P. Good cities, better lives: how Europe discovered the lost art of urbanism [M]. Routledge, 2013.

［57］Hardin G. The Tragedy of the Commons [J]. Science, 1968, 162 (3859) : 1243–1248.

［58］Harvey D. The Urbanization of Capital: Studies in the History and Theory of Capitalist Urbanization [M]. Baltimore: The Johns Hopkins University Press, 1985.

［59］Harvey D. Paris, capital of modernity [M]. Psychology Press, 2003.

　　［美］大卫·哈维著，黄煜文译. 巴黎城记：现代性之都的诞生［M］. 桂林：广西师范大学出版社，2010.

［60］Harvey D. Social justice and the city [M]. University of Georgia Press, 2010.

［61］Henderson J V. Efficiency of resource usage and city size [J]. Journal of Urban economics, 1986, 19 (1): 47–70.

［62］Henderson V. Urban primacy, external costs, and quality of life [J]. Resource and Energy Economics, 2002, 24 (1): 95–106.

［63］Huang P C. The peasant family and rural development in the Yangzi Delta, 1350–1988 [M]. Stanford University Press, 1990.

　　［美］黄宗智. 长江三角洲小农家庭与乡村发展［M］. 北京：中华书局，1992.

［64］IGEAT, IGSO, LATTS, TSAC. ESPON project 1.4.3 Study on Urban Functions [R]. European Spatial Planning Observation Network, 2007.

［65］Ilesanmi A O. Urban sustainability in the context of Lagos mega–city [J]. Journal of Geography and Regional Planning, 2010, 3 (10): 240–252.

［66］Jackson T. Prosperity without growth: Economics for a Finite Planet [M]. Earthscan, 2009.

　　［英］蒂姆·杰克逊著，乔坤，方俊青译. 无增长的繁荣：GDP增长不代表国民幸福［M］. 北京：中国商业出版社，2011.

［67］Jacobs A B. The good city: Reflections and imaginations [M]. Routledge, 2011.

［68］Jacobs J. Cities and the Wealth of Nations [M]. New York: Vintage, 1984.

　　［美］简·雅各布斯著，金洁译. 城市与国家财富：经济生活的基本原则［M］. 北京：中信

出版社，2008.

［69］ Kahn L. The Value and Aim in Sketching [J]. T Square Club Journal, 1930, 6 (May): 19–21.

［70］ Knox P L. Territorial social indicators and area profiles: some cautionary observations [J]. Town Planning Review, 1978, 49 (1): 75–83.

［71］ Knox P L, McCarthy L. Urbanization: An introduction to urban geography (3rd edition) [M]. Boston: Pearson, 2012.

［72］ Krugman P. Innovation and agglomeration: two parables suggested by city–size distributions [J]. Japan and the World Economy, 1995, 7 (4): 371–390.

［73］ Kundu D. Urbanization Trends of Indian Metropolises: A Case of Delhi with Specific Reference to the Urban Poor//Singh R B (ed.). Urban Development Challenges, Risks and Resilience in Asian Mega Cities [M]. Springer, 2015: 31–47.

［74］ Lefebvre H. The urban revolution [M]. University of Minnesota Press, 2003.

［75］ Leung H L. Land use planning made plain [M]. University of Toronto Press, 2003.
［加］梁鹤年著，谢俊奇等译. 简明土地利用规划［M］. 北京：地质出版社，2003.

［76］ Logan J R, Fainstein S S. Introduction: Urban China in comparative perspective// Logan J R (ed.). Urban China in transition [M]. Oxford: Blackwell, 2008: 1–24.

［77］ LSE Cities, EIFER. Citie and Energy: Urban Morphology and Heat Energy Demand [R]. 2014.

［78］ Lu D. Remaking Chinese urban form: modernity, scarcity and space, 1949–2005 [M]. London: Routledge, 2006.

［79］ Lynch K. Good city form [M]. MIT press, 1981.
［美］凯文·林奇著，林庆怡译. 城市形态［M］. 北京：华夏出版社，2001.

［80］ Malo M, Nas P J M. Queen city of the east and symbol of the nation: the administration and management of Jakarta [M]//Ruland J (ed). The Dynamics of Metropolitan Management in Southeast Asia. Institute of Southeast Asian Studies, 1995: 99–132.

［81］ McGee T G. The emergence of desakota regions in Asia: expanding a hypothesis [J]. The extended metropolis: Settlement transition in Asia, 1991: 3–25.

［82］ McMillen D P. Testing for Monocentricity//Arnott R J, McMillen D P (eds.). A Companion to Urban Economics [M]. Blackwell, 2006.

［83］ Moss T, Marvin S. Urban infrastructure in transition: networks, buildings and plans [M]. Routledge, 2016.

［84］ Moulaert F, Van Dyck B, Khan A Z, Schreurs J. Building a Meta–Framework to 'Address' Spatial Quality [J]. International Planning Studies, 2013, 18 (3–4): 389–409.

［85］ Mumford L. The culture of cities [M]. New York, 1938.
［美］刘易斯·芒福德著，宋俊岭，李翔宁，周鸣浩译，郑时龄校. 城市文化［M］. 北京：中国建筑工业出版社，2009.

［86］ Mumford L. The City in History: Its Origins and Transformations, and Its Prospects [M]. Harcourt, Brace & World, 1961.

［美］刘易斯·芒福德著，宋俊岭，倪文彦译. 城市发展史——起源、演变和前景［M］. 北京：中国建筑工业出版社，2005.

［87］Munich Re. Megacities–Megarisks: Trends and challenges for insurance and risk management [R]. 2005.

［88］Munnell A H, Cook L M. How does public infrastructure affect regional economic performance? [J]. New England economic review, 1990 (Sep) : 11–33.

［89］Murayama Y, Kamusoko C, Yamashita A, Estoque R C. Urban Development in Asia and Africa: Geospatial Analysis of Metropolises [M]. Springer, 2017.

［90］Newman P G, Kenworthy J R. Cities and automobile dependence: An international sourcebook [M]. Gower: 1989.

［91］Newman P G, Beatley T, Boyer H. Resilient cities: responding to peak oil and climate change [M]. Island Press, 2009.

［澳］彼得·纽曼，蒂莫西·比特利，希瑟·博耶著，王景景，韩洁译. 弹性城市：应对石油紧缺与气候变化［M］. 北京：中国建筑工业出版社，2012.

［92］OECD. Redefining "Urban": A New Way to Measure Metropolitan Areas [R]. OECD Publishing, 2012.

［93］Okata J, Murayama A. Tokyo's urban growth, urban form and sustainability [M]//Sorensen A, Okata J (eds.) . Megacities: urban form, governance, and sustainability. Springer, 2010: 15–41.

［94］Oldenburg R. The great good place: Café, coffee shops, community centers, beauty parlors, general stores, bars, hangouts, and how they get you through the day [M]. Paragon House Publishers, 1989.

［95］Ostrom E. Governing the Commons: The Evolution of Institutions for Collective Action [M]. Cambridge University Press, 1990.

［美］埃莉诺·奥斯特罗姆著，余逊达，陈旭东译. 公共事物的治理之道：集体行动制度的演进［M］. 上海：上海译文出版社，2012.

［96］O'sullivan A. Urban economics (8th edition) [M]. McGraw–Hill/Irwin, 2011.

［美］阿瑟·奥沙利文著，周京奎译. 城市经济学（第8版）［M］. 北京：北京大学出版社，2015.

［97］Pacione M. Quality–of–life research in urban geography [J]. Urban geography, 2003, 24 (4) : 314–339.

［98］Parfect M, Power G. Planning for urban quality: Urban design in towns and cities [M]. Psychology Press, 1997.

［99］Piketty T. Capital in the Twenty First Century [M]. Harvard University Press, 2014.

［法］托马斯·皮凯蒂著，巴曙松等译. 21世纪资本论［M］. 北京：中信出版社，2014.

［100］Pirsig R. Zen and the art of motorcycle maintenance: an inquiry into values [M]. New York: William Morrow and Company, 1974.

［美］罗伯特·M. 波西格著，张国辰译. 禅与摩托车维修艺术［M］. 重庆：重庆出版社，2011.

［101］Pomeranz K. The Great divergence : China, Europe, and the making of the modern world economy [M]. Princeton University Press: 2000.

［美］彭慕兰著，史建云译. 大分流：欧洲、中国及现代世界经济的发展［M］. 南京：江苏

人民出版社，2004.

[102] Rankin W J. Infrastructure and the international governance of economic development, 1950–1965 [C]. Internationalization of Infrastructures: Proceedings of the 12th Annual International Conference on the Economics of Infrastructures, 2009–09–29: 61–75.

[103] Rao V. Infra–city: Speculations on flux and history in infrastructure–making// Graham S, McFarlane C (eds.). Infrastructural Lives: Urban infrastructure in context [M]. Routledge, 2014.

[104] Reese E. Sustainability and Urban Form: The Metropolitan Region of Buenos Aires [M]//Sorensen A, Okata J (eds.). Megacities: urban form, governance, and sustainability. Springer, 2010: 373–394.

[105] Register R. Ecocity Berkeley: building cities for a healthy future [M]. North Atlantic Books, 1987.

[106] Rivett G. The development of the London hospital system [M]. London: King's Fund Publishing Office, 1986.

[107] Roseland M. Dimensions of the eco–city [J]. Cities, 1997, 14 (4): 197–202.

[108] Roskamm N. Dichte: Eine transdisziplinäre Dekonstruktion. Diskurse zu Stadt und Raum [M]. Transcript Verlag, 2014.

[109] Roy A. Re–forming the megacity: Calcutta and the rural–urban interface [M]// Sorensen A, Okata J (eds.). Megacities: urban form, governance, and sustainability. Springer, 2010: 93–109.

[110] Rustiadi E, Pribadi D O, Pravitasari A E, et al. Jabodetabek megacity: from city development toward urban complex management system [M]//Singh R B (ed.). Urban Development Challenges, Risks and Resilience in Asian Mega Cities. Springer, 2015: 421–445.

[111] Saunders D. Arrival city: How the largest migration in history is reshaping our world [M]. Vintage, 2011.
[加]道格·桑德斯著，陈信宏译. 落脚城市：最后的人口大迁徙与我们的未来 [M]. 上海：上海译文出版社，2012.

[112] Schumpeter J A. Business Cycles: A theoretical, historical and statistical analysis of the Capitalist process [M]. New York: McGraw–Hill, 1939.

[113] Scott A J, Agnew J, Soja E W, Stoper M. Global city–regions: an overview [M]//Scott A J (ed). Global city–regions: trends, theory, policy. Oxford University Press, 2001.

[114] Shafer C S, Lee B K, Turner S. A tale of three greenway trails: user perceptions related to quality of life [J]. Landscape and urban planning, 2000, 49 (3): 163–178.

[115] Shane D G. Urban design since 1945: a global perspective [M]. Wiley, 2011.

[116] Shimomura T, Matsumoto T. Policies to Enhance the Physical Urban Environment for Competitiveness: A New Partnership between Public and Private Sectors. OECD Publishing, 2010.

[117] Shirazi M R. Sustainable planning for a quasi–urban region, necessities and challenges: the case of Tehran–Karaj [J]. Planning Perspectives, 2013, 28 (3): 441–460.

[118] Silver C. Distressed City: The challenges of planning and managing megacity Jakarta// Wagner F, Mahayni R, Piller A (eds.). Transforming Distressed Global Communities: Making Inclusive, Safe, Resilient, and Sustainable Cities [M]. Ashgate, 2016.

[119] Simmonds R, Hack G (eds.). Global city regions: their emerging forms[R]. Spon Press, 2000.

[120] Sintusingha S. Bangkok's urban evolution: Challenges and opportunities for urban sustainability// Sorensen A, Okata J (eds.). Megacities: urban form, governance, and sustainability [M]. Springer, 2010: 133–161.

[121] Skinner G W, Baker H D R (eds.). The city in late imperial China [M]. Stanford University Press, 1977.

[122] Soja E W, Morales R, Wolff G. Urban restructuring: an analysis of social and spatial change in Los Angeles [J]. Economic Geography, 1983 (50): 195–299.

[123] Sorensen A, Okata J. Introduction: Megacities, Urban Form, and Sustainability [M]//Sorensen A, Okata J (eds.). Megacities: urban form, governance, and sustainability. Springer, 2010: 1–12.

[124] Stevenson D. Cities and urban cultures [M]. McGraw-Hill Education, 2003.
[澳]德波拉·史蒂文森著, 李东航译. 城市与城市文化 [M]. 北京: 北京大学出版社, 2015.

[125] Talen E. Pedestrian access as a measure of urban quality [J]. Planning Practice and Research, 2002, 17 (3): 257–278.

[126] The Lord Flowers. London Medical Education, Report of a Working Party on Medical and Dental Teaching Resources[R]. British Medical Education, March, 1980.

[127] Turan N. Towards an Ecological Urbanism for Istanbul [M]//Sorensen A, Okata J (eds.). Megacities: urban form, governance, and sustainability. Springer, 2010: 223–243.

[128] Tyler N, Ward R M. Planning and Community Development: A Guide for the 21st Century [M]. WW Norton, 2011.
[美]诺曼·泰勒, 罗伯特·M. 沃德著, 吴唯佳等译. 21世纪的社区发展与规划. 北京: 中国建筑工业出版社, 2016.

[129] United Nations. World Urbanization Prospects: The 2014 Revision [R]. 2014.

[130] United Nations Centre for Human Settlements. An urbanizing world, global report on human settlements [R]. 1996.

[131] United Nations Habitat. World Cities Report 2016 [R]. 2016.

[132] United Nations World Commission on Environment and Development. Our Common Future [R]. Oxford University Press, 1987.

[133] Vale L J, Campanella T J. The resilient city: How modern cities recover from disaster [M]. Oxford University Press, 2005.

[134] van Kamp I, Leidelmeijer K, Marsman G, et al. Urban environmental quality and human well-being: towards a conceptual framework and demarcation of concepts; a literature study [J]. Landscape and urban planning, 2003, 65 (1): 5–18.

[135] Valenzuela-Aguilera A. Mexico City: Power, Equity, and Sustainable Development//Sorensen A, Okata J (eds.). Megacities: urban form, governance, and sustainability [M]. Springer, 2010: 291–310.

[136] von Weizsäcker E U, Hargroves C, Smith M H, et al. Factor five: Transforming the global economy through 80% improvements in resource productivity [M]. Routledge, 2009.

［137］von Weizsäcker E U. Factor 5: Towards an Affluent Society with Least Use of Resources//Climate Change, Energy Use, and Sustainability [M]. Springer, 2016: 23–49.

［138］Wekerle G R, Whitzman C. Safe cities: Guidelines for planning, design, and management [M]. Van Nostrand Reinhold Company, 1995.

［139］West G. Scale: The Universal Laws of Growth, Innovation, Sustainability, and the Pace of Life in Organisms, Cities, Economies, and Companies [M]. Penguin, 2017.

［140］Winarso. Urban Dualism in the Jakarta Metropolitan Area//Sorensen A, Okata J (eds.). Megacities: urban form, governance, and sustainability [M]. Springer, 2010: 163–191.

［141］Wingham M. London in Comparison with Other Global Cities[R]. Greater London Authority, 2016.

［142］Wirth L. Urbanism as a Way of Life [J]. American journal of sociology, 1938, 44 (1): 1–24.

［143］Wu F. Planning for growth: Urban and regional planning in China [M]. London: Routledge, 2015.

［144］Wu W and Gaubatz P. The Chinese City [M]. London: Routlegde, 2013.

［145］Xu J, Yeh A G O. Governance and Planning of Mega–City Regions: An International Comparative [M]. Routledge, 2011.

［146］Yadav V, Bhagat R B. Spatial Dynamics of Population in Kolkata Urban Agglomeration [M]//Singh R B (ed.). Urban Development Challenges, Risks and Resilience in Asian Mega Cities. Springer, 2015: 157–173.

［147］Yiftachel O. Towards a new typology of urban planning theories [J]. Environment and Planning B: Planning and Design, 1989, 16 (1): 23–39.

［148］Yun J. Freedom and Population Density [J]. The Journal of the Palo Alto Institute, Vol.3, No.1, Fall 2011: 4–6.

［149］Zadeh L A. Fuzzy sets [J]. Information and control, 1965, 8 (3): 338–353.

［150］ХРУЩЕВА Н С. ОТЧЕТНЫЙ ДОКЛАД ЦЕНТРАЛЬНОГО КОМИТЕТА КОММУНИСТИЧЕСКОЙ ПАРТИИ СОВЕТСКОГО СОЮЗА XX СЪЕЗДУ ПАРТИИ [EB/OL] // XX СЪЕЗД КОММУНИСТИЧЕСКОЙ ПАРТИИ СОВЕТСКОГО СОЮЗА, 14—25 ФЕВРАЛЯ 1956 года, СТЕНОГРАФИЧЕСКИЙ ОТЧЕТ I. http://istmat.info/files/uploads/52190/20_sezd._chast_1._1956.pdf, 2016–11–24.
［苏］尼基塔·谢尔盖耶维奇·赫鲁晓夫. 在苏共"二十大"上向苏共中央委员会作的报告［EB/OL］//苏共"二十大"速记报告I，1956年2月14–25日. http://istmat.info/files/uploads/52190/20_sezd._chast_1._1956.pdf［2016–11–24］.

［151］石川幹子. 都市と緑地：新しい都市環境の創造に向けて［M］. 东京：岩波书店，2001.
［日］石川幹子著，雷芸，祝丹，段克勤译. 城市与绿地——为创造新型的城市环境而努力［M］. 北京：中国建筑工业出版社，2014.

［152］松永安光. まちづくりの新潮流［M］. 东京：彰国社，2005.
［日］松永安光著，周静敏译. 城市设计的新潮流［M］. 北京：中国建筑工业出版社，2012.

［153］김선웅，장남종. 서울과 세계대도시–밀레니엄 이후도시 변화 비교［R］. 서울연구원，2017.
［韩］金善雄，张男钟. 首尔与世界大城市——2000年以来城市变化的比较［R］. 首尔：首尔研究院，2017.

［154］［英］彼得·霍尔，沈尧，刘璨珣. 欧洲的启示：转型期中国城市化的挑战与机遇（上）——Peter Hall 教授访谈［J］. 北京规划建设，2014（5）：178-187.

［155］［美］彭慕兰著，史建云译. 世界经济史中的近世江南：比较与综合观察——回应黄宗智先生［J］. 历史研究，2003（4）：96-110.

［156］［日］矢岛隆，家田仁编著，陆化普译. 轨道创造的世界都市：东京［M］. 北京：中国建筑工业出版社，2016.

［157］［加］约翰·弗里德曼著，童明译. 关于规划与复杂性的反思［J］. 城市规划学刊，2017（3）：56-61.

［158］曹洪涛. 城市规划工作需要研究探讨的几个问题［J］. 城市规划，1981（2）：1-8.

［159］陈晨，赵民. 中心城市与外围区域空间发展中的"理性"与"异化"——上海周边地区"接轨上海"的实证研究［J］. 城市规划，2010（12）：42-50.

［160］陈坤龙. 向浦东广阔地区发展［J］. 社会科学，1980（5）：41-42.

［161］陈敏之. 上海城市发展面临的战略抉择［J］. 城市规划，1985（1）：5-6.

［162］陈为邦. 正确处理"骨头"和"肉"的关系［J］. 经济管理，1979（12）：39-41.

［163］陈小卉，钟睿. 跨界协调规划：区域治理的新探索——基于江苏的实证［J］. 城市规划，2017（9）：24-29.

［164］城市规划学刊编辑部，栾峰. 李德华教授谈大上海都市计划［J］. 城市规划学刊，2007（3）：5-8.

［165］程雁，李平. 创新基础设施对中国区域技术创新能力影响的实证分析［J］. 经济问题探索，2007（9）：51-54.

［166］邓小平. 邓小平文选（第二卷）［M］. 北京：人民出版社，1994.

［167］樊树志. 明清江南市镇探微［M］. 上海：复旦大学出版社，1990.

［168］樊卫国. 晚清移民与上海近代城市经济的兴起［J］. 上海经济研究，1992（2）：62-67.

［169］方创琳，王德利. 中国城市化发展质量的综合测度与提升路径［J］. 地理研究，2011，30（11）：1931-1946.

［170］费孝通. 江村经济——中国农民的生活［M］. 1939.
费孝通著，戴可景译. 江村经济［M］. 北京：北京大学出版社，2012.

［171］费孝通. 长江三角洲之行（1990年7月9日）// 费孝通. 中国城乡发展的道路［M］. 上海：上海人民出版社，2016.

［172］付磊，唐子来. 上海市外来人口社会空间结构演化的特征与趋势［J］. 城市规划学刊，2008，173（1）：69-76.

［173］傅衣凌. 明清时代江南市镇经济的分析［J］. 历史教学，1964（5）：11-15.

［174］傅衣凌. 明清社会经济变迁论［M］. 北京：人民出版社，1989.

［175］葛岩. 上海市中心城现状发展评价及规划策略探讨［J］. 上海城市规划，2014（3）：118-122.

［176］耿慧志，沈丹凤. 上海市外来人口的空间分布和影响机制［J］. 城市规划，2009（12）：21-31.

［177］顾朝林，蔡建明，张伟 等. 中国大中城市流动人口迁移规律研究［J］. 地理学报，1999

（3）：204–212.

［178］顾朝林. 巨型城市区域研究的沿革和新进展［J］. 城市问题，2009（8）：2–10.

［179］侯爱敏，吴杰，陈瑾. 苏州空间均衡型城镇化及其成因和优势探讨［J］. 城市发展研究，2016，23（7）：21–27.

［180］胡延照，刘明浩. 上海人口问题和对策研究［J］. 上海大学学报：社会科学版，1986（1）：94–99.

［181］黄金平. 20世纪90年代上海城市管理体制改革的探索与实践［J］. 上海党史与党建，2008（11）：8–11.

［182］江苏省城镇化和城乡规划研究中心. 关于加强我省临沪地区跨界衔接 全面对接全球城市上海的建议［EB/OL］. 江苏省城镇化和城乡规划研究中心，http://www.uupc.org.cn/front/InfoDetail/?InfoID=101aa63c–80f1–46cb–9580–c04d95cc4a54，2016–09–13.

［183］江泽民. 江泽民文选（第一卷）［M］. 北京：人民出版社，2006.

［184］蒋丽，吴缚龙. 2000—2010年广州外来人口空间分布变动与对多中心城市空间结构影响研究［J］. 现代城市研究，2014（5）：15–21.

［185］昆山市规划局编. 从率先全面小康到率先基本现代化：昆山市城市总体规划（2009—2030）编制全记录［M］. 北京：中国建筑工业出版社，2010.

［186］李德华. 上海市城市的发展和规划问题//同济大学建筑与城市规划学院编. 李德华文集［M］. 上海：同济大学出版社，2016.

［187］李富春. 关于发展国民经济的第一个五年计划的报告［R］. 经济研究，1955（3）：1–58.

［188］李浩访问、整理. 城·事·人：城市规划前辈访谈录（第五辑）［M］. 北京：中国建筑工业出版社，2017.

［189］李兆汝，曲长虹. 大上海都市计划的理性光辉——访中国城市规划学会资深会员、著名规划专家李德华［N］. 中国建设报，2009–03–24（001）.

［190］廖邦固，徐建刚，韩雪培，祁毅，梅安新. 1990—2000年上海中心城区人口密度模拟与时空变化分析［J］. 华东师范大学学报（自然科学版），2008（4）：130–139.

［191］廖宇清，黄建云. 上海"双增双减"政策内涵与实施［J］. 规划师，2015（s1）：52–55.

［192］林家彬. 我国"城市病"的体制性成因与对策研究［J］. 城市规划学刊，2012（3）：16–22.

［193］凌莉. 从"空间失配"走向"空间适配"——上海市保障性住房规划选址影响要素评析［J］. 上海城市规划，2011（3）：58–61.

［194］刘君德. 中国转型期"行政区经济"现象透视——兼论中国特色人文—经济地理学的发展［J］. 经济地理，2006（06）：897–901.

［195］刘世定，邱泽奇. "内卷化"概念辨析［J］. 社会学研究，2004（5）：96–110.

［196］刘石吉. 明清时代江南市镇研究［M］. 北京：中国社会科学出版社，1987.

［197］刘贤腾. 1980年代以来上海城市人口空间分布及其演变［J］. 上海城市规划，2016（5）：80–85.

［198］陆大道，姚士谋. 中国城镇化进程的科学思辨［J］. 人文地理，2007，22（4）：1–5.

[199] 卢洪友, 祁毓. 环境质量, 公共服务与国民健康——基于跨国 (地区) 数据的分析 [J]. 财经研究, 2013, 39 (6): 106–118.

[200] 陆铭. 大国大城 [M]. 上海: 上海人民出版社, 2016.

[201] 陆玉麒, 董平. 明清时期太湖流域的中心地结构 [J]. 地理学报, 2005, 60 (4): 587–596.

[202] 罗震东. 分权与碎化——中国都市区域发展的阶段与趋势 [J]. 城市规划, 2007 (11): 64–70.

[203] 毛泽东. 毛泽东选集 (第五卷) [M]. 北京: 人民出版社, 1977.

[204] 倪鹏飞. 中国城市竞争力与基础设施关系的实证研究 [J]. 中国工业经济, 2002 (5): 62–69.

[205] 钮心毅. 基于通勤联系的上海都市区范围界定和特征分析 [C]. 第十二届城市发展与规划大会, 中国海口, 2017–07–30.

[206] 彭震伟, 路建普. 上海城市人口布局优化研究 [J]. 城市规划汇刊, 2002 (2): 21–26.

[207] 钱学森. 社会主义中国应该建山水城市 [J]. 建筑学报, 1993 (6): 2–3.

[208] 清华大学建筑与城市研究所. 苏州城市发展战略研究 [R]. 2002.

[209] 上海交通大学编. 怀念汪道涵 [M]. 上海: 上海交通大学出版社, 2007.

[210] 上海市城市规划设计研究院. 大上海都市计划 [M]. 上海: 同济大学出版社, 2014.

[211] 上海市城市规划设计研究院编. 循迹·启新: 上海城市规划演进 [M]. 上海: 同济大学出版社, 2007.

[212] 上海市城市总体规划编制工作领导小组办公室. 上海市城市总体规划 (2016—2040) 文本图集 (草案公示版) [EB/OL]. http://www.supdri.com/2040/public/ebook02/, 2016–12–20.

[213] 上海市规划和国土资源管理局, 上海市城市规划设计研究院. 转型上海 规划战略 [M]. 上海: 同济大学出版社, 2012.

[214] 上海市人民政府, 国务院改造振兴上海调研组. 关于上海经济发展战略的汇报提纲 [EB/OL]. http://www.gov.cn/xxgk/pub/govpublic/mrlm/201310/t20131014_66455.html, 2016–12–03.

[215] 沈峻坡. 十个第一和五个倒数第一说明了什么?——关于上海发展方向的探讨 [N] 解放日报, 1980–10–03 (001).

[216] 沈立人, 戴园晨. 我国 "诸侯经济" 的形成及其弊端和根源 [J]. 经济研究, 1990 (03): 12–19.

[217] 石崧. 资本循环与竞争优势: 上海城镇化发展的瓶颈剖析 [J]. 上海城市规划, 2014 (1): 56–60.

[218] 石忆邵, 杨碧霞. 上海郊区实施 "三个集中" 战略的反思及对策建议 [J]. 同济大学学报: 社会科学版, 2004, 15 (6): 7–12.

[219] 石忆邵. "大城市病" 的症结, 根源, 诱发力及其破解障碍 [J]. 南通大学学报: 社会科学版, 2014, 30 (3): 120–127.

[220] 苏红娟, 朱春节, 任千里. 建筑开发容量与交通承载力的协同优化研究——以上海市中心城为例 [J]. 上海城市规划, 2015 (2): 88–95.

[221] 孙施文. 关于上海城市发展与规划的几点思考 [J]. 城市规划汇刊, 1995 (1): 1–12.

［222］汤苍松. 中国超大城市外来人口流入与空间分布研究［D］. 天津：天津大学，2015.

［223］汤志平，王林. 上海市人口布局导向战略研究［J］. 城市规划，2003，27（5）：63–67.

［224］田尔. 从骨肉关系谈上海长期规划［J］. 社会科学，1980（5）：38–40.

［225］田莉，戈壁青，李永浮. 1990年以来上海半城市化地区土地利用变化——时空特征和影响
因素研究［J］. 城市规划，2014（6）：17–23.

［226］汪定曾. 上海曹杨新村住宅区的规划设计［J］. 建筑学报，1956（2）：1–15.

［227］王桂新. 中国"大城市病"预防及其治理［J］. 南京社会科学，2011（12）：55–60.

［228］王红扬. 人居三. 中等发展陷阱的本质与我国后中等发展期规划改革：再论整体主义［J］.
国际城市规划，2017（1）：1–25.

［229］王欢明，诸大建，马永驰. 中国城市公共服务客观绩效与公众满意度的关系研究［J］. 软
科学，2015，29（3）：111–114.

［230］王凯，陈明等. 中国城镇化的速度与质量［M］. 北京：中国建筑工业出版社，2013.

［231］王凯，侯丽. 1960年代中国城市规划经历——邹德慈院士访谈［J］. 城市规划学刊，2013
（01）：后插1–后插3.

［232］王凯. 京津冀协同发展规划中的新思维［EB/OL］. 中国城市规划网，http://www.planning.org.
cn/solicity/view_news?id=496，2017–06–24.

［233］温铁军. 解读苏南［M］. 苏州：苏州大学出版社，2011.

［234］吴静 等编. 上海卫星城规划（一）［M］. 上海：上海大学出版社，2016.

——佚名. 建设上海 设施计划 推行状况 赵局长昨在市府报告［N］. 申报，1946–06–18.

——赵祖康. 旧工业城市的充分利用与城市改建［N］. 解放日报，1956–07–01.

——佚名. 上海市人民委员会二年来的工作和1957年的任务 曹荻秋副市长在上海市第二届
人民代表大会第一次会议上的报告［N］. 解放日报，1957–01–07.

——佚名. 基本建设应该贯彻勤俭建国方针 李富春谈十方面政策 薄一波指出三大思想障碍
［N］. 解放日报，1957–05–18.

——郭望增. 是什么影响了设计人员积极性的发挥?［N］. 解放日报，1957–05–24.

［235］吴静 等编. 上海卫星城规划（二）［M］. 上海：上海大学出版社，2016.

——天佐，嘉生. 从南京路的断垣残壁谈起——在调整中前进迫切需要搞好城市规划
［N］. 解放日报，1979–04–10.

——梁志高，高柳根，厉璠. 关于建设卫星城镇的几点设想［N］. 解放日报，1980–05–21.

——朱玉龙. "带形发展"是建设上海的好方式——访全国政协委员、同济大学教授吴景祥
［N］. 解放日报，1980–11–11.

——黄兴. 依托市郊县属镇建设卫星城——解决市区"膨胀病"的一种设想［N］. 解放日
报，1982–02–25.

——佚名. 倪天增副市长说明编制总体规划的指导思想 确定近期建设是个主要项目 要求全
市人民共同努力实现发展上海蓝图［N］. 解放日报，1983–12–29.

——樊天益，薛石英. 改善基础设施 完善投资环境 提高城市质量 上海要形成多中心敞开式

结构 芮杏文、江泽民、汪道涵、倪天增出席规划会议并讲话 [N]. 解放日报, 1985–07–07.

——佚名. 市委市府召开干部大会号召上海人民为把美好蓝图变为现实而奋斗 芮杏文、江泽民讲话 倪天增传达批复和中央领导讲话精神 [N]. 解放日报, 1986–11–06.

——佚名. 于光远等在研讨会上提出 可在杭州湾北岸建上海新城 [N]. 解放日报, 1989–02–02.

——卢方. 上海城市重心南移, 全国专家讨论本市发展战略 [N]. 新民晚报, 1989–05–08.

——张晖, 王瑞芳, 章殷. 本市有关部门领导和经济理论界人士共商浦东开发大计 统一调控 东西连动 以东促西 [N]. 解放日报, 1990–06–04.

——佚名. 上海市国民经济和社会发展十年规划和第八个五年计划纲要 1991年4月29日上海市第九届人民代表大会第四次会议批准 [N]. 解放日报, 1991–05–02.

——夏丽卿. 居住区如何规划——以人为本 [N]. 解放日报, 1995–06–08.

——徐匡迪. 政府工作报告——1998年2月12日在上海市第十一届人民代表大会第一次会议上 [N]. 解放日报, 1998–02–22.

[236] 吴良镛. 人居环境科学导论 [M]. 北京: 中国建筑工业出版社, 2001.

[237] 吴良镛, 武廷海. 城市地区的空间秩序与协调发展——以上海及其周边地区为例 [J]. 城市规划, 2002, 26 (12): 18–21.

[238] 吴良镛. 城市地区理论与中国沿海城市密集地区发展 [J]. 城市规划, 2003 (02): 12–16.

[239] 吴良镛, 吴唯佳. "北京2049"空间发展战略研究 [M]. 北京: 清华大学出版社, 2012.

[240] 吴良镛 等. 京津冀地区城乡空间发展规划研究 (三期报告) [M]. 北京: 清华大学出版社, 2013.

[241] 吴唯佳. 中国特大城市地区发展现状、问题与展望 [J]. 城市与区域规划, 2009 (3): 84–103.

[242] 吴唯佳, 于涛方, 武廷海, 等. 特大型城市功能演进规律及变革——北京规划战略思考 [J]. 城市与区域规划研究, 2015, 7 (3): 1–41.

[243] 吴唯佳, 赵亮, 武廷海, 于涛方. 人居环境的优化提质问题 [J]. 人类居住, 2016, 89 (04): 48–54.

[244] 谢国平. 财富增长的试验: 浦东样本 (1990—2010) [M]. 上海: 上海人民出版社, 2010.

[245] 谢忠强. 反哺与责任: 解放以来上海支援全国研究——以人力、财物和技术设备的输出为中心 [D]. 上海: 上海大学, 2014.

[246] 辛章平. 论城市化的动因——兼论"城市化水平"概念的内涵 [J]. 城市问题, 1985 (2): 14–17.

[247] 熊竞. 我国特大城市郊区 (域) 行政区划体制研究: 以上海为例 [M]. 南京: 江苏人民出版社, 2017.

[248] 徐以枋. 略谈上海城市建设的几个问题 [J]. 建筑施工, 1986 (4): 1–3.

[249] 徐毅松, 石崧, 范宇. 新形势下上海市城市总体规划方法论探究冲 [J]. 城市规划学刊, 2009 (2): 10–15.

[250] 徐毅松. 上海2040规划编制创新 [R]. 第十三届中国城市规划学科发展论坛, 2016.

［251］薛羚. 对解决上海城市"臌胀病"的几点意见［J］. 上海经济研究，1982（1）：15-16.

［252］闫小培，赵静. 中国经济发达地区城市非正规住房供给及其影响因素研究［J］. 城市与区域规划研究，2009，2（2）：100-113.

［253］杨保军. 人间天堂的迷失与回归——城市何去? 规划何为?［J］. 城市规划学刊，2007，6：13-24.

［254］杨鑫. 历程·格局·尺度：四座世界城市的绿地空间研究［M］. 北京：化学工业出版社，2017.

［255］佚名. 上海市规划国土资源系统贯彻落实"双增双减"规划方针工作座谈会［J］. 上海城市规划，2012（5）：71-73.

［256］易新. 在浦东沿江建立新的市中心——要在6,100平方公里上做大文章［J］. 社会科学，1980（6）：41-44.

［257］尹占娥，殷杰，许世远，廖邦固. 转型期上海城市化时空格局演化及驱动力分析［J］. 中国软科学，2011（2）：101-109.

［258］于长明. 基于可持续视角的特大城市地区土地使用模式测度研究［D］. 北京：清华大学，2014.

［259］于光远. 我对建立"新上海"带形城市的一点意见［J］. 海洋开发与管理，1986（1）：7-9.

［260］于涛方. 京津走廊地区人口空间增长趋势情景分析：集聚与扩散视角［J］. 北京规划建设，2012（4）：14-20.

［261］俞克明主编. 现代上海研究论丛（第8辑）［M］. 上海：上海书店出版社，2010.

［262］俞斯佳，骆悰. 上海郊区新城的规划与思考［J］. 城市规划学刊，2009（3）：13-19.

［263］袁媛，许学强，薛德升. 广州市1990—2000年外来人口空间分布，演变和影响因素［J］. 经济地理，2007，27（2）：250-255.

［264］张秉忱，石楠，金晓春. 城市基础设施是城市发展的支柱［J］. 城市规划，1989（1）：20-24.

［265］张尔薇. 大城市外围地区空间发展模式研究——以北京为例［D］. 北京：清华大学，2012.

［266］张京祥，吴缚龙，马润潮. 体制转型与中国城市空间重构——建立一种空间演化的制度分析框架［J］. 城市规划，2008（6）：55-60.

［267］张开敏，沈安安，张鹤年. 解放后的上海人口迁移［J］. 人口与经济，1990（6）：29-32.

［268］张坤. 1949～1976年上海市动员人口外迁与城市规模控制［J］. 当代中国史研究，2015（3）：40-52.

［269］张勤，王丽萍，马哲军. 影响我国城市化的若干重要问题（三）［J］. 城市规划通讯，1998（3）：7.

［270］张绍梁. 浅谈大城市规划建设中几个问题［J］. 城市规划，1981（3）：5-8.

［271］张水清，杜德斌. 上海中心城区的职能转移与城市空间整合［J］. 城市规划，2001，25（12）：16-20.

［272］张五常. 中国的经济制度［M］. 北京：中信出版社，2009.

［273］赵民 等.《长江三角洲城镇群规划（2007—2020年）》专题四，紧凑型城镇发展的土地利用模式研究//住房和城乡建设部城乡规划司，中国城市规划设计研究院编. 长江三角洲城镇群规划（2007—2020年）中册［M］. 北京：商务印书馆，2016.

［274］赵民，陈晨，周晔 等. 论城乡关系的历史演进及我国先发地区的政策选择——对苏州城乡一体化实践的研究［J］. 城市规划学刊，2016（6）：22-30.

［275］赵燕菁. 城市的制度原型［J］. 城市规划，2009（10）：9-18.

［276］中共上海市委党史研究室，上海市现代上海研究中心编. 口述上海：改革开放亲历记［M］. 上海：上海教育出版社，2008.

［277］中共上海市委调研组基础设施课题组. 加强城市基础设施 改善上海投资环境［J］. 上海企业，1985（12）：2-4.

［278］中共中央文献研究室编. 毛泽东传：1949—1976［M］. 北京：中央文献出版社，2003.

［279］周婕，罗逍，谢波. 2000—2010年特大城市流动人口空间分布及演变特征——以北京，上海，广州，武汉等市为例［J］. 城市规划学刊，2015（6）：008.

［280］周其仁. 缘起上海的"三个集中"//周其仁. 城乡中国（下）［M］. 北京：中信出版社，2014.

［281］周素红，杨利军. 城市开发强度影响下的城市交通［J］. 城市规划学刊，2005（2）：75-80.

［282］周一星. 关于中国城镇化速度的思考［J］. 城市规划，2006，30（B11）：32-35.

［283］朱介鸣. 市场经济下的中国城市规划：发展规划的范式（第二版）［M］. 北京：中国建筑工业出版社，2015.

［284］朱镕基上海讲话实录编辑组编. 朱镕基上海讲话实录［M］. 北京：人民出版社，2013.

［285］卓贤. 城镇化：质量重于速度//刘世锦主编. 中国经济增长十年展望：寻找新的动力和平衡［M］. 北京：中信出版社，2013.

［286］邹德慈. 中国城镇化发展要求与挑战［J］. 城市规划学刊，2010（4）：1-4.

［287］邹德慈 等. 新中国城市规划发展史研究：总报告及大事记［M］. 北京：中国建筑工业出版社，2014.

［288］邹依仁. 旧上海人口变迁的研究［M］. 上海：上海人民出版社，1980.

志书

［1］沧浪区志编纂委员会编. 沧浪区志［M］. 上海：上海社会科学院出版社，2006.

［2］江苏省常熟市地方志编纂委员会编. 常熟市志［M］. 上海：上海人民出版社，1990.

［3］江苏省地方志编纂委员会编. 江苏省志：人口志［M］. 北京：方志出版社，1999.

［4］江苏省昆山县志编纂委员会编. 昆山县志［M］. 上海：上海人民出版社，1990.

［5］金阊区志编纂委员会编. 金阊区志［M］. 南京：东南大学出版社，2005.

［6］上海城市规划志编纂委员会编. 上海城市规划志［M］. 上海：上海社会科学院出版社，1999.

［7］上海计划志编纂委员会编. 上海计划志［M］. 上海：上海社会科学院出版社，2001.

［8］上海劳动志编纂委员会编. 上海劳动志［M］. 上海：上海社会科学院出版社，1998.

［9］上海人民政府志编纂委员会编. 上海人民政府志［M］. 上海：上海社会科学院出版社，2004.

［10］上海人民政协志编纂委员会编. 上海人民政协志［M］. 上海：上海社会科学院出版社，1998.

［11］上海市长宁区志编纂委员会编. 上海市长宁区志编纂委员会编. 静安区志［M］. 上海：上海

社会科学院出版社，1999.

［12］上海市奉贤区史志编纂委员会编. 奉贤县续志［M］. 北京：方志出版社，2007.

［13］上海市虹口区志编纂委员会编. 虹口区志［M］. 上海：上海社会科学院出版社，1998.

［14］上海市黄浦区志编纂委员会编. 黄浦区志［M］. 上海：上海社会科学院出版社，1996.

［15］上海市金山县县志编纂委员会编. 金山县志［M］. 上海：上海人民出版社，1990.

［16］上海市静安区志编纂委员会编. 静安区志［M］. 上海：上海社会科学院出版社，1996.

［17］上海市卢湾区志编纂委员会编. 卢湾区志［M］. 上海：上海社会科学院出版社，1998.

［18］上海市闵行区志编纂委员会编. 闵行区志［M］. 上海：上海社会科学院出版社，1996.

［19］上海市南汇区南汇县续志编纂委员会编. 南汇县续志［M］. 上海：上海社会科学院出版社，2005.

［20］上海市南市区志编纂委员会编. 南市区志［M］. 上海：上海社会科学院出版社，1997.

［21］上海市浦东新区史志编纂委员会编. 川沙县续志［M］. 上海：上海社会科学院出版社，2004.

［22］上海市普陀区志编纂委员会编. 普陀区志［M］. 上海：上海社会科学院出版社，1994.

［23］上海市上海县县志编纂委员会编. 上海县志［M］. 上海：上海人民出版社，1993.

［24］上海市松江县地方史志编纂委员会编. 松江县志［M］. 上海：上海人民出版社，1991.

［25］上海市徐汇区志编纂委员会编. 徐汇区志［M］. 上海：上海社会科学院出版社，1997.

［26］上海市杨浦区志编纂委员会编. 杨浦区志［M］. 上海：上海社会科学院出版社，1995.

［27］上海市闸北区志编纂委员会编. 闸北区志［M］. 上海：上海社会科学院出版社，1998.

［28］上海卫生志编纂委员会编. 上海卫生志［M］. 上海：上海社会科学院出版社，1998.

［29］苏州市地方志编纂委员会编. 苏州市志［M］. 南京：江苏人民出版社，1995.

［30］苏州郊区志编纂委员会编. 苏州郊区志［M］. 上海：上海社会科学院出版社，2003.

［31］苏州市平江区地方志编纂委员会编. 平江区志［M］. 上海：上海社会科学院出版社，2006.

［32］苏州市卫生局编志组编. 苏州卫生志［M］. 南京：江苏科学技术出版社，1995.

［33］太仓县县志编纂委员会编. 太仓县志［M］. 南京：江苏人民出版社，1991.

［34］吴江市地方志编纂委员会编. 吴江县志［M］. 南京：江苏科学技术出版社，1994.

［35］吴县地方志编纂委员会编. 吴县志［M］. 上海：上海古籍出版社，1994.

附录 A

样本特大城市地区研究数据来源

部分单一时点人口数据来自网络信息，此处不一一注明来源。文中所列未明确提及出处的道路、轨道设施数据来自于笔者根据地理信息自行测量的结果。

伦敦、英格兰东南部地区与英国资料　　　　　表 A-1

数据类型	资料来源	出处
人口		
1821年至1931年英国人口	英国与威尔士历史人口研究	http://homepage.ntlworld.com/hitch/gendocs/pop.html
1901年至2013年英国人口	维基百科–英国人口统计	http://en.wikipedia.org/wiki/Demography_of_the_United_Kingdom
1922年至今爱尔兰人口	维基百科–爱尔兰人口统计	http://en.wikipedia.org/wiki/Demographics_of_the_Republic_of_Ireland
东南英格兰历史人口	维基百科–东南英格兰人口统计	http://en.wikipedia.org/wiki/South_East_England#Demographics
1991年至2011年东英格兰人口	城市人口网	http://www.citypopulation.de/php/uk–england–eastofengland.php
1931年至1961年东英格兰人口	英国想象	http://www.visionofbritain.org.uk/census/SRC_P/3/EW1961PRE
1901年至1921年东英格兰人口	英国想象	http://www.visionofbritain.org.uk/census/table_page.jsp?tab_id=EW1921GEN_M7&show=
1971年东英格兰人口	维基百科–1971年英格兰各郡县人口	http://en.wikipedia.org/wiki/List_of_counties_of_England_by_population_in_1971（经加和计算）
1981年东英格兰人口	维基百科–1981年英格兰各郡县人口	http://en.wikipedia.org/wiki/Draft:List_of_counties_of_England_by_population_in_1981（经加和计算）
大伦敦与内伦敦历史人口	维基百科–伦敦人口统计	http://en.wikipedia.org/wiki/Demographics_of_London
城市化率		
英国城市化率	1000–1994年欧洲城市化进程联合国数据库	Hohenberg P M，Lees L H．The making of urban Europe，1000–1994［M］．Harvard U Press，1995；http://esa.un.org/unpd/wup/CD–ROM/WUP2014_XLS_CD_FILES/WUP2014–F02–Proportion_Urban.xls
道路设施		
伦敦各自治市道路长度	英国国家统计办公室统计资料	http://data.london.gov.uk/dataset/length–road–network–borough–and–region/resource/20e6c9cb–00e4–4fc9–abaa–21187073d679#
英国各区域道路长度	英国国家统计办公室统计资料	https://www.gov.uk/government/statistics/road–lengths–in–great–britain–2014
大伦敦道路面积	"伦敦拥堵费政策失灵启示录"	http://auto.163.com/special/observation90/

数据类型	资料来源	出处
轨道交通设施		
伦敦市郊铁路长度	市长交通战略综合影响评估修正草案：附录B	https://www.london.gov.uk/sites/default/files/mts_iia_appendix_b.pdf
英格兰东南部地区铁路运营里程	摩天楼城市论坛	http://www.skyscrapercity.com/showthread.php?p=11136309&highlight=Metropolia；http://www.skyscrapercity.com/showthread.php?t=367975&page=15
英国铁路长度	维基百科-英国铁路运输	https://en.wikipedia.org/wiki/Rail_transport_in_Great_Britain
医疗设施		
2010年英国医院床位数	OECD统计数据库	http://stats.oecd.org/Index.aspx
英国国家医疗体系机构床位数	NHS统计数据库	https://www.england.nhs.uk/statistics/statistical-work-areas/bed-availability-and-occupancy/bed-data-overnight/
伦敦英国国家医疗体系机构位置	伦敦英国国家医疗体系机构地图	http://www.londoncommunications.co.uk/wp-content/uploads/2013/07/NHSHospitalMap.LCAFINAL.FORWEB.13.07.05.pdf

纽约、纽约大都市区与美国东北部地区资料　　　　表 A-2

数据类型	资料来源	出处
人口		
美国东北部历史人口	维基百科-美国联邦州历史人口	https://en.wikipedia.org/wiki/List_of_U.S._states_by_historical_population（经加和计算）
1950年前纽约大都市区人口	城市数据网	http://www.city-data.com/forum/city-vs-city/1786915-historical-population-metropolitan-areas-decade.html（估算）
	美国大都市区历史人口	http://www.peakbagger.com/pbgeog/histmetropop.aspx
1950年后纽约大都市区人口	美国大都市区人口增长	http://www.demographia.com/db-1950metgrrates.htm
纽约市及各区历史人口	维基百科-纽约市人口统计	http://en.wikipedia.org/wiki/Demographics_of_New_York_City
城市化率		
美国东北部城市化率	维基百科-美国城市化	http://en.wikipedia.org/wiki/Urbanization_in_the_United_States
道路设施		
美国各州道路长度	2015年美国联邦州交通统计	http://www.rita.dot.gov/bts/sites/rita.dot.gov.bts/files/publications/state_transportation_statistics/state_transportation_statistics_2015/chapter-1/table1_1

数据类型	资料来源	出处
纽约市道路长度	世界重要城市交通统计	http://www.lta.gov.sg/ltaacademy/doc/13Sep105–Pan_KeyTransportStatistics.pdf
哈德逊县道路长度	维基百科–哈德逊县	https://en.wikipedia.org/wiki/Hudson_County,_New_Jersey
曼哈顿道路长度	纽约市基金会	http://www.fcny.org/cmgp/streets/pages/2001PDF/Report/DFMN.pdf
斯塔滕岛道路长度	纽约市基金会	http://www.fcny.org/cmgp/streets/pages/2001PDF/Report/DFSI.pdf
纽约市道路面积	"城市肌理与空间限定 纽约曼哈顿"	http://wenku.baidu.com/link?url=vWBPIJ9u4Q A4utxmvkcMzwDu9qaUGXFL84DbX–KQ8ydF IRspuxGlVhVHhBXwg926ZxP271lyGfJ5Scbj–MBVBiqCWOwKAG0tVA3854xY7Ly
轨道交通设施		
美国各州铁路运营里程	美国铁路联合会	https://www.aar.org/Style%20Library/railroads_and_states/dist/data/pdf/State%20rankings.pdf（经加合计算）
医疗设施		
纽约州卫生设施信息	纽约州政府统计数据网	https://health.data.ny.gov/Health/Health–Facility–Certification–Information/2g9y–7kqm
美国各州医疗机构床位数	美国医院指南	https://www.ahd.com/state_statistics.html（经加合计算）

巴黎、法兰西岛与法国资料 表 A-3

数据类型	资料来源	出处
人口		
法国历史人口	维基百科–法国人口统计	http://en.wikipedia.org/wiki/Demographics_of_France
法兰西岛历史人口	维基百科–法兰西岛	http://en.wikipedia.org/wiki/Île–de–France
巴黎市历史人口	维基百科–巴黎人口统计	http://en.wikipedia.org/wiki/Demographics_of_Paris
1968年前原塞纳省人口	法国行政区人口网	http://splaf.free.fr/75o.html；http://splaf.free.fr/7578.html
1968年后法兰西岛内圈人口	维基百科–法兰西岛	http://fr.wikipedia.org/wiki/Île–de–France（经加和计算）
城市化率		
法国城市化率	1000—1994年欧洲城市化进程	Hohenberg P M, Lees L H. The making of urban Europe, 1000–1994 [M]. Harvard University Press, 1995;
	联合国数据库	http://esa.un.org/unpd/wup/CD–ROM/WUP2014_XLS_CD_FILES/WUP2014–F02–Proportion_Urban.xls

数据类型	资料来源	出处
道路设施		
法国各省市道路长度	法国国家统计与经济研究所	http://www.insee.fr/fr/themes/tableau.asp?reg_id=99&ref_id=TCRD_076#col_1=2
轨道交通设施		
法兰西岛铁路运营里程	法国国营铁路公司	http://www.sncf.com/en/trains/transilien
法国铁路里程	维基百科–法国铁路运输	https://en.wikipedia.org/wiki/Rail_transport_in_France#cite_note–RFF_Statistics–2
医疗设施		
法国各省每10万人医疗机构床位数	统计制图博客	https://fr.actualitix.com/blog/nombre–de–lits–dans–les–hopitaux.html

东京、东京大都市区与日本资料

表 A-4

数据类型	资料来源	出处
人口		
日本历史人口	维基百科–日本人口统计	http://en.wikipedia.org/wiki/Demographics_of_Japan
2000年前一都三县与关东地区人口	日本总务省统计局	http://www.e–stat.go.jp/SG1/estat/List.do?bid=000001039703&cycode=0
2000年后一都三县与关东地区人口	日本总务省统计局	http://www.e–stat.go.jp/SG1/estat/List.do?bid=000000090004&cycode=0
东京都区部历史人口	维基百科–东京都区部	http://ja.wikipedia.org/wiki/東京都区部
山手线内侧地域人口	"東京都心部における年齢構造の時系列分析"	http://www.crp.co.jp/technical/data/crp_048.pdf
2010年东京都各区人口	东京都统计局	http://www.toukei.metro.tokyo.jp/tnenkan/2010/tn10q3e002.htm
城市化率		
日本城市化率	1920–2000年日本城市化进程	http://old.okokok.com.cn/Htmls/GenCharts/080805/11011.html
		联合国数据库，http://esa.un.org/unpd/wup/CD–ROM/WUP2014_XLS_CD_FILES/WUP2014–F02–Proportion_Urban.xls
道路设施		
东京都各区道路长度与道路面积	2013年东京都统计年鉴	http://www.toukei.metro.tokyo.jp/tnenkan/2013/tn13q3e004.htm
日本各都道府县道路长度	2013年日本统计年鉴	http://www.stat.go.jp/english/data/nenkan/back62/index.htm

数据类型	资料来源	出处
	轨道交通设施	
东京都铁路长度	东京都市区公共交通与机动化政策	http://www.bjtrc.org.cn/InfoCenter%5CNews Attach%5C%5CC2e9dcf5a-59c3-49c5-8914-8d56ece1fed8.pdf
日本各都道府县各类轨道交通长度	北山铁路网页	http://bae.se/kitayama/prefindex.htm
日本铁路长度	维基百科-日本铁路运输	https://en.wikipedia.org/wiki/Rail_transport_in_Japan#Categories_of_railway
	医疗设施	
2010年东京都各区医院床位数	2011年东京都统计年鉴	http://www.toukei.metro.tokyo.jp/tnenkan/2011/tn11q3e019.htm
2010年日本各都道府县医院床位数	日本总务省统计局	http://www.e-stat.go.jp/SG1/estat/ListE.do?bid=000001068038&cycode=0

首尔、首尔大都市区与韩国资料　　　　　表 A-5

数据类型	资料来源	出处
	人口	
韩国历史人口	维基百科-韩国人口统计	https://en.wikipedia.org/wiki/Demographics_of_South_Korea
首尔历史人口	2011年首尔铜雀区统计年鉴	http://www.dongjak.go.kr/cmm/fms/FileDown.do?atchFileId=FILE_000000030218313&fileSn=2
	城市化率	
韩国城市化率	联合国数据库	http://esa.un.org/unpd/wup/CD-ROM/WUP2014_XLS_CD_FILES/WUP2014-F02-Proportion_Urban.xls
	道路设施	
韩国各道市道路长度	韩国国家统计局	http://kosis.kr/eng/statisticsList/statisticsList_01List.jsp?vwcd=MT_ETITLE&parentId=H#SubCont
首尔市各区道路长度	首尔市统计局	http://stat.seoul.go.kr/octagonweb/jsp/WWS7/WWSDS7100.jsp
首尔市道路面积	汉城市公共交通改革考察报告	http://wenku.baidu.com/link?url=fPiUQQAuPZ18W0BdVVZcX8HcwD5RPhb1EspCwuXeRT v5LUOmIJHw9D65gRHBHfw0-QZoeQlGdT-ebq80WrNLtksJF30hHjcVN_pX773LeW
	轨道交通设施	
首都圈电铁运营里程	维基百科-首尔大都市地铁	https://en.wikipedia.org/wiki/Seoul_Metropolitan_Subway
	百度百科-韩国首都圈电铁	http://baike.baidu.com/view/2727210.htm

数据类型	资料来源	出处
首尔市地铁运营里程	首尔市统计局	http://stat.seoul.go.kr/octagonweb/jsp/WWS7/WWSDS7100.jsp
韩国铁路总长	维基百科–韩国铁路运输	https://en.wikipedia.org/wiki/Rail_transport_in_South_Korea
医疗设施		
韩国各基层行政区医院床位数	韩国国家统计局	http://kosis.kr/eng/statisticsList/statisticsList_01List.jsp?vwcd=MT_ETITLE&parentId=A#SubCont

上海—苏州地区与长三角资料　　　　　　　　　　表 A-6

数据类型	资料来源	出处
道路设施		
外环线以内中心城道路长度	2014年上海综合交通运行年报	http://sh.eastday.com/m/20150119/u1ai8543684.html
上海市道路长度与道路面积	2015年上海市综合交通年度报告	上海市城乡建设和交通发展研究院. 2015年上海市综合交通年度报告（摘要）[J]. 交通与运输，2015（6）：7–11.
	2014年上海统计年鉴	略
苏州市道路长度	2015年苏州统计年鉴	略
嘉兴市道路长度	2015年嘉兴统计年鉴	略
南通市道路长度	2015年南通统计年鉴	略
无锡市道路长度	2015年无锡统计年鉴	略
江苏省道路长度	2014年江苏统计年鉴	略
浙江省道路长度	2015年浙江统计年鉴	略
安徽省道路长度	2014年安徽统计年鉴	略
轨道交通设施		
上海铁路里程	2014年上海统计年鉴	略
江苏铁路里程	2014年江苏统计年鉴	略
浙江铁路里程	2015年浙江统计年鉴	略
安徽铁路里程	2014年安徽统计年鉴	略
医疗设施		
2010年上海市各区县医疗机构床位数	2011年上海统计年鉴	略
2010年江苏省医院、卫生院床位数	2010年江苏省国民经济和社会发展统计公报	略
2010年浙江省医院、卫生院床位数	2010年浙江省国民经济和社会发展统计公报	略
2010年安徽省医院、卫生院床位数	2010年安徽省国民经济和社会发展统计公报	略

数据类型	资料来源	出处
人口		
北京旧城人口	2014年北京人口调查报告	http://news.southcn.com/community/ content/2015-05/22/content_124796059_2.htm
道路设施		
北京旧城道路长度	"北京市旧城区胡同道路特征及其利用方法研究"	樊旭英. 北京市旧城区胡同道路特征及其利用方法研究 [D]. 北京：北京工业大学，2008.
北京五环以内中心城道路长度	北京市国民经济和社会发展第十二个五年规划纲要	略
北京市道路长度与道路面积	2014年北京统计年鉴	略
廊坊市道路长度	2014年廊坊市国民经济与社会发展统计公报	略
天津市道路长度	2014年天津统计年鉴	略
河北省道路长度	2013年河北经济年鉴	略
平谷区道路长度	2015年平谷统计年鉴	略
密云县道路长度	2015年密云统计年鉴	略
门头沟区道路长度	2015年门头沟统计年鉴	略
轨道交通设施		
北京铁路里程	2015年北京统计年鉴	略
天津铁路里程	2015年天津统计年鉴	略
河北铁路里程	2015年河北经济年鉴	略
医疗设施		
2010年北京市各区县医疗机构床位数	2011年北京区域统计年鉴	略
2010年天津市医院、卫生院床位数	2010年天津市国民经济和社会发展统计公报	略
2010年河北省医院、卫生院床位数	2010年河北省国民经济和社会发展统计公报	略

雅加达、爪哇岛资料　　　　　　　表A-8

数据类型	资料来源	出处
道路设施		
雅加达道路长度与道路面积	"雅加达城市交通问题及环境影响"	http://www.ui.ac.id/download/apru-awi/jakarta-local-goverment.pdf
	"雅加达的交通"	http://www.asianhumannet.org/db/datas/9_transport/transport_jakarta_en.pdf

数据类型	资料来源	出处
雅加达道路长度与道路面积	2015年雅加达交通统计	http://jakarta.bps.go.id/backend/pdf_publikasi/Statistik–Transportasi–DKI–Jakarta–2015.pdf
西爪哇各县市道路长度①	西爪哇统计办公室	http://pusdalisbang.jabarprov.go.id/pusdalisbang/indikatormakro.html
中爪哇道路长度②	"印度尼西亚中爪哇地区区域铁路系统发展研究"	http://open_jicareport.jica.go.jp/pdf/11926052_02.pdf
轨道交通设施		
爪哇岛铁路长度	"印度尼西亚铁路产业：概况及投资机遇"	http://www.s–ge.com/sites/default/files/private_files/2014%2002%2018%20Overview%20Indonesia%20Railway_vf.pdf

马尼拉、菲律宾资料　　　　　　　表 A-9

数据类型	资料来源	出处
道路设施		
马尼拉市道路长度与道路面积	"菲律宾城市竞争力指数"	http://www.competitive.org.ph/cmcindex/pages/historical/?lgu=Manila
马尼拉大都市道路长度	菲律宾总统办公室气候变化委员会	http://climate.gov.ph/images/presentations/cccweek2014/makingmmcc_resilient_satura.pdf
甲米地省道路长度③	甲米地省政府	http://www.cavite.gov.ph/home/multimedia%20files/SEPP/2010/14.%20Chapter7%20Infrastructure%20Sector.pdf
菲律宾道路长度	美国中央情报局	https://www.cia.gov/library/publications/the–world–factbook/fields/2085.html
轨道交通设施		
菲律宾铁路长度	MEMIM百科-菲律宾国家铁路	http://memim.com/philippine–national–railways.html
医疗设施		
菲律宾各区域医院床位数	菲律宾统计年鉴2013	https://web0.psa.gov.ph/sites/default/files/2013%20PY_Health%20and%20Welfare.pdf
马尼拉大都市区医院列表④	维基百科–马尼拉大都市区医院列表	https://en.wikipedia.org/wiki/List_of_hospitals_in_Metro_Manila

① 以西爪哇地区位于大雅加达范围内的县市设施水平作为大雅加达外围区平均值。
② 以中爪哇地区设施水平作为爪哇岛区域腹地平均值。
③ 以甲米地省设施水平作为马尼拉大都市外围区平均值。
④ 根据马尼拉市与马尼拉大都市区医院数量比例分配床位数。

数据类型	资料来源	出处
道路设施		
大孟买道路长度	大孟买联合政府	http://www.mcgm.gov.in/irj/go/km/docs/documents/MCGM%20Department%20List/City%20Engineer/Deputy%20City%20Engineer%20（Planning%20and%20Design）/City%20Development%20Plan/Urban%20Transportation.pdf
	维基百科–孟买统计数据	https://en.wikipedia.org/wiki/Mumbai_statistics
塔那县道路长度[①]	塔那县政府	http://www.thane.nic.in/htmldocs/m_ThaneAtaGlance.html
轨道交通设施		
马哈拉施特拉邦铁路总长	维基百科–马哈拉施特拉邦交通	https://en.wikipedia.org/wiki/Transport_in_Maharashtra
医疗设施		
印度各邦医疗机构床位	印度统计年鉴2015	http://www.mospi.gov.in/sites/default/files/statistical_year_book_india_2015/Table%2030.1.xlsx
孟买市和大孟买医疗机构床位	"孟买优先"组织	http://mumbaifirst.org/wp-content/uploads/2016/06/Bombay-First-Healthcare-Paper.pdf
新孟买地区医疗机构床位[②]	马哈拉施特拉邦城市与产业开发公司	http://www.cidco.maharashtra.gov.in/NM_Health.aspx

---

① 以塔那县设施水平作为孟买大都市区外围平均值。

② 以新孟买地区医疗设施数量作为孟买大都市区外围医疗设施总和。

列表数据由表3-2、附录A及前文使用的其他信息来源计算而得。

表B-1

内核区人口密度与交通设施配比

特大城市地区 内核区名称	伦敦 伦敦中央次区域	纽约 曼哈顿	巴黎 巴黎市	东京 山手线内侧地域	首尔 老城及周边市区	上海 内环线以内中心城	北京 北京旧城	雅加达 雅加达中心区	马尼拉 马尼拉市	孟买 孟买市
面积（km²）	129.0	59.0	105.4	63.0	104.4	114.0	62.5	38.6	48.1	157.0
lg（面积/6）	1.33	0.99	1.24	1.02	1.24	1.28	1.02	0.81	0.90	1.42
圈层面积（km²）	129.0	59.0	105.4	63.0	104.4	114.0	62.5	38.6	48.1	157.0
人口（人）	1473487	1644518	2249975	880000	1471146	3268000	1481000	898883	1652171	3085411
人口密度（人/km²）	11422.4	27873.2	21347.0	13968.3	14091.4	28666.7	23696.0	23317.3	34327.3	19652.3
道路长度（km）	1908.5	818.2	1626.0	1143.0	1712.3	1069.7	394.0	664.0	538.8	506.5
道路密度（km/km²）	14.79	13.87	15.43	18.14	16.40	9.38	6.30	17.22	11.20	3.23
平均车道数	4.7	5.8	4.7	2.9	3.4	5.2	5.1	1.7	1.7	1.7
道路设施当量（人/h）	28787814.0	14609065.0	24526584.0	11377422.0	19664397.7	17483013.4	6339604.3	4063680.0	3297639.6	3099584.2
地铁长度（km）	140.6	96.9	173.3	133.9	71.1	173.8	65.4	0.0	13.4	14.5
市郊铁路长度（km）	100.4	26.4	57.2	55.4	31.0	0.0	0.0	23.6	13.3	45.2
交通设施总当量（人/h）	44051814.0	23417065.0	40678584.0	24305422.0	26592397.7	31387013.4	11571604.3	5007680.0	4901639.6	6067584.2
地均交通设施当量 [单位：人/（h·km²）]	341486.9	396899.4	385944.8	385800.3	254716.5	275324.7	185145.7	129900.9	101841.7	38647.0
人均交通设施当量 [单位：人/（h·人）]	29.9	14.2	18.1	27.6	18.1	9.6	7.8	5.6	3.0	2.0

上海—苏州特大城市地区
人居空间过密化与治理研究

表 B-2

中心区圈层人口密度与交通设施配比

特大城市地区	伦敦	纽约	巴黎	东京	首尔	上海	北京	雅加达	马尼拉	孟买
中心区名称	伦敦邮政区	纽约市（除斯塔滕岛）与哈德逊县	巴黎市与法兰西岛内圈	东京都区部	首尔特别市	外环线以内中心城	五环以内中心城	雅加达市	马尼拉大都市	大孟买
面积（km²）	620	757	762	622	605	663	667	661	639	603
lg（面积/6）	2.01	2.10	2.10	2.02	2.00	2.04	2.05	2.04	2.03	2.00
圈层面积（km²）	491.0	698.0	656.6	559.0	500.6	549.0	604.5	612.9	600.5	446.0
圈层人口（人）	3382604	7106165	4445258	8065695	8646763	7892000	9039000	8708904	10203804	9356962
人口密度（人/km²）	6889.2	10180.8	10196.8	14428.8	17272.8	14375.2	14952.9	14210.0	16993.6	20979.7
道路长度（km）	6014.5	9011.8	6735.0	10732.0	6502.7	3795.3	3341.0	6292.0	4498.2	1483.5
道路密度（km/km²）	12.25	12.91	10.26	19.20	12.99	6.91	5.53	10.27	7.49	3.33
平均车道数	4.7	5.8	4.7	2.9	3.4	5.2	5.1	1.7	1.7	1.7
道路设施当量（人/h）	90722718.0	160915415.0	1015590740.0	106826328.0	74676662.3	62030546.6	53764015.7	38507040.0	27528800.4	9079215.8
地铁长度（km）	156.5	278.9	46.6	159.9	256.0	283.3	286.8	0.0	36.9	16.4
市郊铁路长度（km）	400.3	190.0	180.3	395.5	78.0	5.4	9.2	114.4	33.1	52.8
交通设施当量（人/h）	119254718.0	190827415.0	1125530740.0	135438328.0	98276662.3	84910546.6	77076015.7	43083040.0	31804800.4	12503215.8
地均交通设施当量[单位：人/（h·km²）]	242881.3	273391.7	171384.0	242286.8	196317.7	154664.0	127503.7	70297.2	52968.3	28034.1
人均交通设施当量[单位：人/（h·人）]	35.3	26.9	16.8	16.8	11.4	10.8	8.5	4.9	3.1	1.3

外围区圈层人口密度与交通设施配比

表B-3

特大城市地区	伦敦	纽约	巴黎	东京		首尔	上海			北京		雅加达	马尼拉	孟买
外围区名称	英格兰东南部地区	纽约大都市区	法兰西岛	一都三县	关东地区	首尔大都市区	上海市	上海—苏州	上海大都市区	北京平原区县	北京市域及东南部地区	大雅加达	大马尼拉	孟买大都市区
面积（km²）	39784	34490	12011	13555	32424	11704	6340	13252	31598	7930	26177	6392	6895	4355
lg（面积/6）	3.82	3.76	3.30	3.35	3.73	3.29	3.02	3.34	3.72	3.12	3.64	3.03	3.06	2.86
圈层面积（km²）	39164	33733	11249	12933	31802	11099	5677	12589	30935	7263	25510	5731	6256	3752
圈层人口（人）	17799615	13334966	5157618	26672305	33658305	15243346	12992700	23608700	45387900	9287000	18865876	18411758	13210025	8306022
人口密度（人/km²）	454.5	395.3	458.5	2062.3	1058.4	1373.4	2288.7	1875.3	1467.2	1278.7	739.5	3212.7	2111.6	2213.8
道路长度（km）	94573	94610	29849	122181	237450	15656	12932	32121	83047	16173	40530	7579	9590	5653
道路密度（km/km²）	2.41	2.80	2.65	9.45	7.47	1.41	2.28	2.55	2.68	2.23	1.59	1.32	1.53	1.51
平均车道数	4.7	5.8	4.7	2.9	2.9	3.4	5.2	5.2	5.2	5.1	5.1	1.7	1.7	1.7

道路设施当量（人/h）	1426539132	1689356160	450242316	1216189674	2365777300	179793504	211360608	524985624	1357320168	260258485	652208760	46383480	58690800	34596360
地铁长度（km）	138.9	0.0	0.0	196.2	196.2	119.3	189.9	248.1	305.1	201.8	201.8	0.0	0.0	0.0
市郊铁路长度（km）	287.3	1560.6	329.1	911.9	1448.6	420.0	51.0	51.0	51.0	71.5	97.8	97.0	45.9	216.0
普通铁路长度（km）	3854.0	1472.6	1280.0	1561.4	2289.9	38.0	323.0	398.6	893.1	576.6	867.8	63.9	81.2	193.4
高速铁路长度（km）	108.0	0.0	237.5	213.9	440.9	79.3	76.6	186.4	475.9	150.4	277.8	0.0	0.0	0.0
交通设施当量（人/h）	1489843132	1766506160	480956316	1288253674	2468934300	208103504	233354608	554587624	1402217168	288036485	686498760	50902480	61138800	45170360
地均交通设施[人/（h·km²）]	38041.1	52367.3	42755.5	99609.8	77634.6	18749.8	41105.3	44053.4	45327.9	39658.1	26911.0	8882.0	9804.8	12039.0
人均交通设施[h/（人·人）]	83.7	132.5	93.3	48.3	73.4	13.7	18.0	23.5	30.9	31.0	36.4	2.8	4.6	5.4

表 B-4

区域腹地圈层人口密度与交通设施配比

特大城市地区	伦敦	纽约	巴黎	东京		首尔	上海			北京		雅加达	马尼拉	孟买
区域腹地名称	英国	美国东北部	法国	日本		韩国	长三角三省一市			京津冀		爪哇岛	菲律宾	马哈拉施特拉邦
面积（km²）	242900	419350	551500	377873		99600	354400			215900		128297	300000	307713
lg（面积/6）	4.61	4.84	4.96	4.80		4.22	4.77			4.56		4.33	4.70	4.71
圈层面积（km²）	203116	384860	539489	364318①	345449②	87896	348060③	341148④	322802⑤	207970⑥	189723⑦	121905	293105	303358
圈层人口（人）	41854294	33857424	54347149	91382000	84396000	25058745	203847300	193231300	171452100	91193000	81614124	112980455	67271852	91624577
人口密度（人/km²）	206.1	88.0	100.7	250.8	244.3	285.1	585.7	566.4	531.1	438.5	430.2	926.8	229.5	302.0

① 对应外围区为一都三县。
② 对应外围区为关东地区。
③ 对应外围区为上海市。
④ 对应外围区为上海—苏州。
⑤ 对应外围区为上海大都市区。
⑥ 对应外围区为北京平原区县。
⑦ 对应外围区为北京市域及东南部地区。

道路长度度（km）	293124	525060	1033608	1068393	953124	818801	513029	493840	442914	206024	181667	88361	201760	259357
道路密度（km/km²）	1.44	1.36	1.92	2.93	2.76	0.93	1.47	1.45	1.37	0.99	0.96	0.72	0.69	0.85
平均车道数	4.7	5.8	4.7	2.9	2.9	3.4	5.2	5.2	5.2	5.1	5.1	1.7	1.7	1.7
道路设施当量（人/h）	4421482416	9375471360	15590943072	10634783922	9487396296	939402684	8384945976	8071320960	7238986416	3315335639	292385364	540769320	1234771200	1587264840
普通铁路长度（km）	11118.0	17647.7	26597.0	24343.8	23078.6	2314.2	5597.0	5521.4	5026.9	6757.7	6466.5	3165.1	623.5	5476.0
高速铁路长度（km）	0.0	0.0	1786.5	2550.7	2323.7	289.1	2947.0	2837.2	2547.7	1034.6	907.2	0.0	0.0	0.0
交通设施当量（人/h）	4532662416	9551948360	15892643072	10929235922	9764656296	968326684	8499855976	8183278960	7340209416	3403604639	300619364	572420320	1241006200	1642024840
地均交通设施当量[人/(h·km²)]	22315.6	24819.3	29458.7	29999.2	28266.6	11016.7	24420.7	23987.5	22739.0	16365.8	15845.2	4695.6	4234.0	5412.8
人均交通设施当量[人/(h·人)]	108.3	282.1	292.4	119.6	115.7	38.6	41.7	42.3	42.8	37.3	36.8	5.1	18.4	17.9

附录 **C**

样本特大城市地区人口与医疗设施的空间圈层测度

列表数据由表3-2、附录A及前文使用的其他信息来源计算而得。

内核区人口密度与医疗设施配比

表 C-1

特大城市地区	内核区名称	面积（km²）	lg（面积/6）	圈层面积（km²）	圈层人口（人）	人口密度（人/km²）	医院床位数（张）	地均医院床位数（张/km²）	人均医院床位数（张/千人）
伦敦	伦敦中央次区域	129.0	1.33	129.0	1473487	11422.4	8057	62.46	5.47
纽约	曼哈顿	59.0	0.99	59.0	1644518	27873.2	9471	160.53	5.76
巴黎	巴黎市	105.4	1.24	105.4	2249975	21347.0	14356	136.20	6.38
东京	都心三区	42.0	0.85	42.0	383625	9133.9	7705	183.45	20.08
首尔	老城及周边市区	104.4	1.24	104.4	1471146	14091.4	13486	129.18	9.17
上海	黄浦、原卢湾、静安区	57.0	0.98	57.0	925458	16236.1	15420	270.53	16.66
北京	首都功能核心区	92.0	1.19	92.0	2162000	23500.0	23704	257.65	10.96
马尼拉	马尼拉市	48.1	0.90	48.1	1652171	34327.3	7328	152.25	4.44
孟买	孟买市	157.0	1.42	157.0	3085411	19652.3	7035	44.81	2.28

中心区圈层人口密度与医疗设施配比

表 C-2

特大城市地区	中心区名称	面积（km²）	lg（面积/6）	圈层面积（km²）	圈层人口（人）	人口密度（人/km²）	医院床位数（张）	地均医院床位数（张/km²）	人均医院床位数（张/千人）
伦敦	内伦敦	303.0	1.70	174.0	1758413	10105.8	5678	18.74	3.23
伦敦	大伦敦	1579.0	2.42	1276.0	4942100	3873.1	12532	7.94	2.54
纽约	纽约市（除斯塔滕岛）与哈德逊县	757.0	2.10	698.0	7106165	10180.8	15231	20.12	2.14

特大城市地区	中心区名称	面积（km²）	lg（面积/6）	圈层面积（km²）	圈层人口（人）	人口密度（人/km²）	医院床位数（张）	地均医院床位数（张/km²）	人均医院床位数（张/千人）
巴黎	巴黎市与法兰西岛内圈	762.0	2.10	656.6	4445258	6770.1	16530	21.69	3.72
东京	东京都区部	622.0	2.02	580.0	8562070	14762.2	71124	114.35	8.31
首尔	首尔特别市	605.0	2.00	500.6	8646763	17272.8	45136	74.60	5.22
上海	上海中心城区	289.0	1.68	232.0	6060756	26123.9	41165	142.44	6.79
上海	上海中心城区、宝山、闵行、原浦东新区	1454.0	2.38	1165.0	8149096	6994.9	21284	14.64	2.61
北京	首都功能核心区、城市功能拓展区	1368.0	2.36	1276.0	9554000	7487.5	34927	25.53	3.66
马尼拉	马尼拉大都市	639.0	2.03	600.5	10203804	16993.6	21625	33.84	2.12
孟买	大孟买	603.0	2.00	446.0	9356962	20979.7	4260	7.06	0.46

外围区圈层人口密度与医疗设施配比

表C-3

特大城市地区	外围区名称	面积（km²）	lg（面积/6）	圈层面积（km²）	圈层人口（人）	人口密度（人/km²）	医院床位数（张）	地均医院床位数（张/km²）	人均医院床位数（张/千人）
伦敦	英格兰东南部地区	39784.0	3.82	38205.0	14481706	379.1	26651	0.67	1.84
纽约	纽约大都市区	34490.0	3.76	33733.0	13334966	395.3	32607	0.95	2.45
巴黎	法兰西岛	12011.0	3.30	11249.0	5157618	458.5	14465	1.20	2.80
东京	一都三县	13555.0	3.35	12933.0	26672305	2062.3	195685	14.44	7.34

特大城市地区	外圈区名称	面积(km²)	lg(面积/6)	圈层面积(km²)	圈层人口(人)	人口密度(人/km²)	医院床位数(张)	地均医院床位数(张/km²)	人均医院床位数(张/千人)
首尔	首尔大都市区	11704.0	3.29	11099.0	15243346	1373.4	76629	6.55	5.03
上海	上海市	6340.0	3.02	4886.0	7883838	1613.6	23740	3.74	3.01
北京	北京市	16410.0	3.44	15042.0	7896000	524.9	27309	1.66	3.46
马尼拉	大马尼拉	6895.0	3.06	6256.0	13210025	2111.6	9027	1.31	0.68
孟买	孟买大都市区	4355.0	2.86	3752.0	8306022	2213.8	6036	1.39	0.73

区域腹地圈层人口密度与医疗设施配比　　　　　　　　表 C-4

特大城市地区	区域腹地名称	面积(km²)	lg(面积/6)	圈层面积(km²)	圈层人口(人)	人口密度(人/km²)	医院床位数(张)	地均医院床位数(张/km²)	人均医院床位数(张/千人)
伦敦	英国	242900.0	4.61	203116.0	41854294	206.1	130930	0.54	3.13
纽约	美国东北部	419350.0	4.84	384860.0	33857424	88.0	88319	0.21	2.61
巴黎	法国	551500.0	4.96	539489.0	54347149	100.7	248316	0.45	4.57
东京	日本	377873.0	4.80	364318.0	91382000	250.8	1061032	2.81	11.61
首尔	韩国	99600.0	4.22	87896.0	25058745	285.1	189733	1.90	7.57
上海	长三角三省一市	354400.0	4.77	348060.0	192587803	553.3	609900	1.72	3.17
北京	京津冀	215900.0	4.56	199490.0	84792895	425.0	272000	1.26	3.21
马尼拉	菲律宾	300000.0	4.70	293105.0	67271852	229.5	60175	0.20	0.89
孟买	马哈拉施特拉邦	307713.0	4.71	303358.0	91624577	302.0	32672	0.11	0.36

上海—苏州地区乡、镇、街道行政区与
空间测度单元对照

市	区／县（市）	原始乡、镇、街道	合并后空间测度单元
上海	黄浦区	外滩街道、南京东路街道、金陵东路街道、人民广场街道	原黄浦区
		陆家嘴路街道、崂山西路街道、张家浜街道、潍坊新村街道	陆家嘴
		洋泾镇、罗山新村街道	洋泾
	川沙县	洋泾乡	
	南市区	蓬莱路街道、唐家湾街道、半淞园路街道、陈家桥街道、董家渡街道、小南门街道、小东门街道、豫园街道、露香园路街道、小北门街道	原南市区
		塘桥街道、南码头路街道	塘桥
		周家渡街道、上钢新村街道、杨思镇	周家渡杨思
	卢湾区	五里桥街道、打浦桥街道、丽园路街道、顺昌路街道、嵩山路街道、济南路街道、淮海中路街道、瑞金二路街道	原卢湾区
	静安区	华山路街道、愚园路街道、万航渡路街道、余姚路街道、康定路街道、江宁路街道、武定路街道、张家宅街道、威海路街道、延安中路街道	静安区
	徐汇区	徐镇路街道、漕溪北路街道、天平路街道、湖南路街道、新乐路街道、永嘉路街道、斜土路街道、枫林路街道、宛平南路街道	徐汇区环内
		长桥街道、田林街道、漕河泾镇、龙华镇	徐汇区环外
	长宁区	新华路街道、江苏路街道、华阳路街道、武夷路街道	长宁区环内
		周家桥街道、天山新村街道、遵义路街道、仙霞新村街道、虹桥街道	长宁区环外
		程家桥街道、北新泾镇、新泾乡	北新泾
	普陀区	东新村街道、朱家湾街道、沙洪浜街道、胶州路街道、普陀路街道	长寿路
		中山北路街道、甘泉新村街道、石泉新村街道、沪太新村街道、宜川新村街道	西站
		长风新村街道、曹安路街道、曹杨新村街道	曹杨长风
		真如镇	真如
	嘉定县	长征乡	
	闸北区	虬江路街道、中兴路街道、宝山路街道、青云路街道、芷江西路街道、北站街道、西藏北路街道、天目西路街道	闸北区环内
		共和新路街道、大宁路街道	闸北区环外
		临汾路街道、彭浦新村街道	彭浦
	虹口区	乍浦路街道、唐山路街道、虹镇街道、嘉兴街道、四川北路街道、提篮桥街道、新港路街道、欧阳路街道	虹口区环内

市	区/县 （市）	原始乡、镇、街道	合并后空间 测度单元
上海	虹口区	广中路街道、同心路街道、曲阳路街道、凉城新村街道、江湾镇	虹口区环外
	杨浦区	定海路街道、隆昌路街道、眉州路街道、宁国路街道、龙江路街道、平凉路街道、昆明路街道、江浦路街道	杨浦区环内
		四平路街道、辽源新村街道、凤城新村街道、控江新村街道、延吉新村街道、长白新村街道	控江路
	闵行区	华坪路街道、碧江路街道、昆阳路街道	江川路
	宝山区	友谊路街道、宝林新村街道	宝山
		泗塘新村街道、淞南乡	淞南
	川沙县	城厢镇、城镇乡	川沙
		高桥镇、高桥乡	高桥
	松江县	泗泾镇、泗联乡	泗泾
		松江镇、五里塘乡	松江
	金山县	朱泾镇、朱泾乡	朱泾
		枫泾镇、枫围乡	枫泾
		张堰镇、张堰乡	张堰
		亭林镇、亭新乡	亭林
	嘉定县	嘉定镇、嘉西乡	嘉定
	奉贤县	南桥镇、江海乡	南桥
	上海县	莘庄镇、莘庄乡	莘庄
	青浦县	青浦镇、盈中乡	青浦
	南汇县	惠南镇、惠南乡	惠南
		周浦镇、周浦乡	周浦
		新场镇、新场乡	新场
		大团镇、大团乡	大团
苏州	沧浪区	双塔街道、公园街道、府前街道、南门街道、葑门街道	原沧浪区
	平江区	观前街道、皮市街街道、北寺塔街道、平江路街道、东北街街道、娄门街道	原平江区
	金阊区	中街路街道、金门街道、桃坞街道、石路街道、留园街道、山塘街道、彩香浜街道	原金阊区
	郊区	白洋湾街道、长青乡	白洋湾
	吴江县	盛泽镇、盛泽乡	盛泽
	常熟市	虞山镇、琴南乡、城郊乡	常熟
	太仓县	城厢镇、娄东乡	太仓
		沙溪镇、沙溪乡	沙溪

市	区/县（市）	原始乡、镇、街道	合并后空间测度单元
上海	黄浦区	南京东路街道、外滩街道	原黄浦区
		半淞园路街道、小东门街道、豫园街道、老西门街道	原南市区
		五里桥街道、打浦桥街道、淮海中路街道、瑞金二路街道	原卢湾区
	徐汇区	天平路街道、湖南路街道、斜土路街道、枫林路街道、徐家汇街道	徐汇区环内
		长桥街道、田林街道、虹梅路街道、康健新村街道、凌云路街道、龙华街道、漕河泾街道、华泾镇	徐汇区环外
	长宁区	华阳路街道、江苏路街道、新华路街道	长宁区环内
		周家桥街道、天山路街道、仙霞新村街道、虹桥街道	长宁区环外
		程家桥街道、北新泾街道、新泾镇	北新泾
	静安区	江宁路街道、石门二路街道、南京西路街道、静安寺街道、曹家渡街道	静安区
	普陀区	曹杨新村街道、长风新村街道	曹杨长风
		甘泉路街道、石泉路街道、宜川路街道	西站
		真如镇、长征镇	真如
	闸北区	天目西路街道、北站街道、宝山路街道、芷江西路街道	闸北区环内
		共和新路街道、大宁路街道、彭浦镇	闸北区环外
		彭浦新村街道、临汾路街道	彭浦
	虹口区	欧阳路街道、嘉兴路街道、四川北路街道、提篮桥街道	虹口区环内
		曲阳路街道、广中路街道、凉城新村街道、江湾镇街道	虹口区环外
	杨浦区	定海路街道、平凉路街道、江浦路街道、大桥街道	杨浦区环内
		四平路街道、控江路街道、长白新村街道、延吉新村街道	控江路
		五角场街道、五角场镇	五角场
	浦东新区	潍坊新村街道、陆家嘴街道、塘桥街道、洋泾街道	陆家嘴
		沪东新村街道、金杨新村街道、浦兴路街道	庆宁寺
		周家渡街道、上钢新村街道、南码头路街道	世博
		东明路街道、三林镇	三林
苏州	平江区	观前街道、桃花坞街道、苏锦街道、城北街道、平江路街道、娄门街道	原平江区
	沧浪区	双塔街道、友新街道、胥江街道、吴门桥街道、南门街道、葑门街道	原沧浪区
	金阊区	白洋湾街道、虎丘街道、留园街道、石路街道、彩香街道	原金阊区
	吴中区	龙西街道、苏苑街道、长桥街道、城南街道	原长桥街道

上海—苏州地区人口与医疗设施的空间单元测度

空间测度单元	常住人口（人）	医院床位数（张）	每千人床位数（张／千人）	空间测度单元	常住人口（人）	医院床位数（张）	每千人床位数（张／千人）
原黄浦区	341883	2150	6.29	长宁区环内	230077	1253	5.45
原卢湾区	475796	3227	6.78	闸北区环外	113169	950	8.39
原南市区	561926	2523	4.49	虹口区环外	296379	2544	8.58
徐汇区环内	541168	5812	10.74	彭浦乡	10942	147	13.43
长寿路	253353	762	3.01	长宁区环外	283912	790	2.78
西站	290451	329	1.13	杨浦区环内	408584	2210	5.41
塘桥	109558	247	2.25	彭浦	131082	660	5.04
周家渡杨思	172302	466	2.70	曹杨长风	192025	1244	6.48
六里乡	18651	45	2.41	五角场镇	130308	1450	11.13
控江路	450794	1736	3.85	花木乡	23075	51	2.21
徐汇区环外	235434	1595	6.77	江湾乡	6493	0	0.00
洋泾	97917	365	3.73	庙行乡	11050	0	0.00
真如	77869	340	4.37	北蔡镇	36734	72	1.96
歙浦路街道	75665	88	1.16	龙华乡	8556	0	0.00
三林乡	50483	70	1.39	北新泾	71430	1072	15.01
大场镇	30591	225	7.36	桃浦乡	20919	130	6.21
虹桥乡	24243	80	3.30	金桥乡	22290	249	11.17
通河新村街道	15868	0	0.00	吴淞镇街道	52113	135	2.59
淞南	64670	250	3.87	蕰塘乡	15831	20	1.26
殷行街道	59103	71	1.20	东沟乡	23281	40	1.72
梅陇乡	25193	330	13.10	七宝镇	28628	106	3.70
周西乡	20683	31	1.50	曹行乡	17262	45	2.61
江桥乡	22114	20	0.90	张桥乡	27650	59	2.13
陈行乡	38768	57	1.47	莘庄	27729	213	7.68
张江乡	25736	63	2.45	华漕乡	25850	0	0.00
顾村乡	20786	40	1.92	杨行镇	24468	42	1.72
高南乡	18954	30	1.58	高桥	44697	450	10.07
凌桥乡	21004	57	2.71	刘行乡	23149	37	1.60
闸北区环内	468666	1465	3.13	周浦	45973	350	7.61
原静安区	486625	3231	6.64	宝山	84754	897	10.58
虹口区环内	583279	2333	4.00	唐镇乡	15836	30	1.89
陆家嘴	316105	1039	3.29	杨园乡	18983	35	1.84

空间测度单元	常住人口（人）	医院床位数（张）	每千人床位数（张/千人）	空间测度单元	常住人口（人）	医院床位数（张）	每千人床位数（张/千人）
封浜乡	27956	80	2.86	高东乡	15843	40	2.52
诸翟乡	15259	15	0.98	南翔镇	49787	200	4.02
塘湾乡	22640	230	10.16	九亭乡	21208	72	3.39
王港乡	18938	25	1.32	月浦镇	47569	176	3.70
北桥乡	13822	213	15.41	顾路乡	22885	38	1.66
下沙镇	31908	45	1.41	罗南乡	27413	55	2.01
纪王乡	15902	51	3.21	徐泾乡	26021	31	1.19
黄楼乡	20218	35	1.73	马陆乡	34342	35	1.02
龚路乡	23985	97	4.04	瓦屑乡	17214	29	1.68
新桥乡	26822	30	1.12	鲁汇乡	33108	63	1.90
盛桥镇	19153	37	1.93	川沙	51991	536	10.31
戬浜乡	27462	24	0.87	罗店镇	23258	110	4.73
马桥乡	32204	68	2.11	泗泾	21493	200	9.31
航头乡	23671	45	1.90	江川路	126437	860	6.80
坦直乡	21017	25	1.19	金汇乡	20160	69	3.42
凤溪乡	16162	30	1.86	合庆乡	24538	40	1.63
六灶乡	32246	46	1.43	华新乡	19569	15	0.77
蔡路乡	25527	132	5.17	黄渡乡	29330	44	1.50
曹王乡	16766	18	1.07	西渡乡	27363	38	1.39
洞泾乡	15547	30	1.93	方泰乡	21027	44	2.09
车墩乡	18299	78	4.26	六团乡	20354	30	1.47
嘉定	98713	980	9.93	徐行乡	23496	45	1.92
罗泾乡	24189	20	0.83	新场	31441	200	6.36
齐贤乡	19852	70	3.53	泰日乡	28928	50	1.73
赵巷乡	26021	50	1.92	江镇乡	33981	50	1.47
吴淞乡	9856	0	0.00	邬桥乡	24652	30	1.22
海滨新村街道	55060	436	7.92	三灶乡	20559	37	1.80
吴泾街道	32349	264	8.16	华亭乡	17766	43	2.42
孙桥乡	22408	36	1.61	宣桥乡	20593	120	5.83
横沔乡	21976	30	1.37	施湾乡	27415	45	1.64
杜行乡	39890	58	1.45	青村乡	25494	70	2.75
颛桥镇	29793	30	1.01	祝桥乡	34356	74	2.15

空间测度单元	常住人口（人）	医院床位数（张）	每千人床位数（张/千人）	空间测度单元	常住人口（人）	医院床位数（张）	每千人床位数（张/千人）
南桥	72925	770	10.56	叶榭乡	29231	34	1.16
光明乡	13898	30	2.16	头桥乡	28961	70	2.42
娄塘镇	25638	66	2.57	盐仓乡	23533	30	1.27
白鹤乡	35304	30	0.85	外冈乡	19602	40	2.04
庄行乡	28126	50	1.78	唐行乡	12373	18	1.45
惠南	60376	885	14.66	香花桥乡	15703	36	2.29
望新乡	17044	40	2.35	朱家桥乡	23108	24	1.04
钱桥乡	21496	30	1.40	仓桥乡	24511	89	3.63
张泽乡	28097	30	1.07	环城乡	16462	25	1.52
塘外乡	15224	50	3.28	新寺乡	14993	50	3.33
奉城乡	30461	250	8.21	东海乡	21217	30	1.41
天马乡	18529	90	4.86	四团乡	31659	40	1.26
洪庙乡	17395	20	1.15	三墩乡	29935	42	1.40
大盈乡	15767	20	1.27	黄路乡	33383	43	1.29
青浦	58949	657	11.15	亭林	38451	270	7.02
赵屯乡	20870	20	0.96	大团	38851	170	4.38
星火农场	10245	53	5.17	塔汇乡	18039	146	8.09
昆冈乡	20014	20	1.00	大港乡	14113	0	0.00
柘林乡	14819	15	1.01	胡桥乡	25825	48	1.86
奉新乡	6648	115	17.30	泖港乡	24677	50	2.03
朱行乡	28559	50	1.75	燎原农场	4115	60	14.58
松隐乡	26161	32	1.22	朝阳农场	3154	0	0.00
古松乡	15135	26	1.72	平安乡	20747	78	3.76
新农乡	26696	30	1.12	漕泾乡	32940	40	1.21
沈巷乡	24033	20	0.83	邵厂乡	12685	0	0.00
五四农场	10038	104	10.36	万祥乡	23258	40	1.72
新五乡	22082	30	1.36	朱家角镇	39169	260	6.64
重固乡	23258	30	1.29	彭镇乡	27502	24	0.87
松江	101155	905	8.95	新港乡	21474	35	1.63
佘山乡	31588	38	1.20	小蒸乡	14174	15	1.06
安亭镇	31586	210	6.65	张堰	32444	70	2.16
华阳桥乡	28052	90	3.21	山阳乡	36385	45	1.24

空间测度单元	常住人口（人）	医院床位数（张）	每千人床位数（张/千人）	空间测度单元	常住人口（人）	医院床位数（张）	每千人床位数（张/千人）
泥城乡	27422	60	2.19	朱泾	54520	586	10.75
芦潮港农场	2863	20	6.99	练塘镇	29579	45	1.52
新浜乡	32955	40	1.21	书院乡	24296	87	3.58
东海农场	6243	20	3.20	吕巷乡	27235	50	1.84
蒸淀乡	15529	15	0.97	钱圩乡	19350	140	7.24
金卫乡	30520	40	1.31	芦潮港镇	10666	8	0.75
廊下乡	26354	50	1.90	莲盛乡	13010	35	2.69
上海石化总厂	78219	404	5.16	兴塔乡	27630	40	1.45
商榻乡	26344	30	1.14	西岑乡	11209	115	10.26
干巷乡	27139	30	1.11	枫泾	41524	180	4.33
老港乡	30062	63	2.10	金泽镇	14447	30	2.08

1990 年苏州市空间测度单元常住人口与医疗设施床位数数据列表　　表 E-2

空间测度单元	常住人口（人）	医院床位数（张）	每千人床位数（张/千人）	空间测度单元	常住人口（人）	医院床位数（张）	每千人床位数（张/千人）
原沧浪区	258741	1935	7.48	藏书乡	25921	59	2.28
原金阊区	233700	1799	7.70	渡村乡	22870	38	1.66
浒墅关镇	75614	213	2.82	横泾乡	34331	53	1.54
横塘乡	41925	96	2.29	越溪乡	13580	24	1.77
木渎镇	48609	301	6.19	八坼乡	33969	55	1.62
陆墓镇	34024	35	1.03	屯村乡	23278	14	0.60
镇湖乡	19042	39	2.05	北库乡	29081	17	0.58
黄桥乡	22758	27	1.19	梅堰乡	31642	22	0.70
黄埭乡	42406	47	1.11	南麻乡	22162	21	0.95
北桥乡	36120	58	1.61	横扇乡	28146	23	0.82
郭巷乡	30133	30	1.00	庙港乡	30187	34	1.13
甪直镇	37660	83	2.20	青云乡	26676	46	1.72
东桥乡	25272	35	1.38	松陵镇	63294	281	4.44
跨塘乡	29066	35	1.20	同里镇	34486	178	5.16
通安乡	37849	113	2.99	黎里镇	38662	52	1.34
湘城乡	24501	35	1.43	芦墟镇	32909	46	1.40
唯亭镇	30224	47	1.56	福山镇	43339	56	1.29

空间测度单元	常住人口（人）	医院床位数（张）	每千人床位数（张/千人）	空间测度单元	常住人口（人）	医院床位数（张）	每千人床位数（张/千人）
谢桥乡	39478	52	1.32	平望镇	54719	304	5.56
原平江区	177735	565	3.18	常熟	131128	1532	11.68
白洋湾	27304	27	0.99	大义乡	39425	45	1.14
娄葑乡	43388	53	1.22	王市乡	28613	36	1.26
虎丘乡	24611	347	14.10	赵市乡	29093	35	1.20
太湖乡	9417	19	2.02	梅李乡	35498	101	2.85
望亭镇	36136	53	1.47	吴市乡	31427	61	1.94
蠡口乡	29455	95	3.23	何市乡	26711	34	1.27
枫桥镇	42091	130	3.09	徐市乡	37512	71	1.89
长桥镇	28604	38	1.33	周行乡	25386	22	0.87
东渚乡	29253	30	1.03	兴隆乡	24357	140	5.75
太平乡	27064	41	1.51	支塘乡	32687	78	2.39
渭塘乡	27633	53	1.92	芦荡乡	19173	45	2.35
车坊乡	45103	47	1.04	古里乡	32469	34	1.05
斜塘乡	38378	71	1.85	莫城乡	31773	43	1.35
光福镇	38989	90	2.31	杨园乡	26911	34	1.26
胜浦乡	23154	30	1.30	练塘乡	37837	67	1.77
胥口乡	27904	27	0.97	王庄乡	23513	22	0.94
浦庄乡	20729	32	1.54	陈墓镇	48733	104	2.13
东山镇	49737	95	1.91	花桥镇	33567	54	1.61
泗泾乡	19921	27	1.36	陆杨镇	14713	23	1.56
堂里乡	42151	40	0.95	城北乡	17065	79	4.63
菀坪乡	15863	21	1.32	正仪乡	35554	35	0.98
莘塔乡	22579	17	0.75	周市乡	17430	18	1.03
金家坝乡	27066	18	0.67	蓬朗乡	23061	40	1.73
坛丘乡	28726	14	0.49	淀东乡	27628	25	0.90
八都乡	26980	39	1.45	南港乡	19603	23	1.17
七都乡	33086	34	1.03	周庄乡	23328	33	1.41
铜罗乡	27281	91	3.34	沙溪	37856	102	2.69
桃源乡	24011	29	1.21	板桥乡	14196	24	1.69
盛泽	69000	126	1.83	新塘乡	16074	20	1.24
震泽镇	43320	78	1.80	牌楼乡	13761	30	2.18

空间测度单元	常住人口（人）	医院床位数（张）	每千人床位数（张/千人）	空间测度单元	常住人口（人）	医院床位数（张）	每千人床位数（张/千人）
九曲乡	11792	20	1.70	千灯镇	29585	59	1.99
璜泾乡	21828	71	3.25	陆家镇	35954	55	1.53
王秀乡	16643	30	1.80	巴城镇	24011	46	1.92
老闸乡	10488	15	1.43	新镇乡	14397	9	0.63
新毛乡	16490	25	1.52	石牌乡	22710	27	1.19
双凤乡	19068	25	1.31	兵希乡	15828	18	1.14
南郊乡	22953	25	1.09	石浦乡	19858	23	1.16
浒浦乡	25538	40	1.57	张浦乡	34190	34	0.99
碧溪乡	28829	34	1.18	大市乡	17031	22	1.29
东张乡	31610	67	2.12	太仓	50357	488	9.69
董浜乡	23985	45	1.88	浏河镇	36992	112	3.03
珍门乡	23935	31	1.30	陆渡乡	14276	20	1.40
森泉乡	15371	36	2.34	茜泾乡	16430	43	2.62
白茆乡	26624	45	1.69	浮桥乡	26432	30	1.13
任阳乡	21338	36	1.69	时思乡	12024	20	1.66
唐市乡	24974	67	2.68	鹿河乡	17171	30	1.75
藕渠乡	21470	28	1.30	归庄乡	19266	30	1.56
辛庄乡	37738	38	1.01	岳王乡	19875	40	2.01
张桥乡	27895	22	0.79	直塘乡	18953	25	1.32
冶塘乡	31097	34	1.09	新湖乡	18496	24	1.30
玉山镇	94748	536	5.66				

2010 年上海市空间测度单元常住人口与医疗设施床位数数据列表　　表 E-3

空间测度单元	常住人口（人）	医院床位数（张）	每千人床位数（张/千人）	空间测度单元	常住人口（人）	医院床位数（张）	每千人床位数（张/千人）
原黄浦区	131181	3782	28.83	曹杨长风	219187	1376	6.28
原卢湾区	248779	5042	20.27	杨浦区环内	406686	3407	8.38
原南市区	298710	2775	9.29	控江路	358647	320	0.89
长寿路街道	128647	666	5.18	五角场	328084	2029	6.18
陆家嘴	436208	1831	4.20	徐汇区环外	713291	2533	3.55
西站	343900	1957	5.69	高境镇	127512	50	0.39
虹口区环外	102564	2291	22.34	虹桥镇	165877	1092	6.58

空间测度单元	常住人口（人）	医院床位数（张）	每千人床位数（张/千人）	空间测度单元	常住人口（人）	医院床位数（张）	每千人床位数（张/千人）
真新街道	106164	50	0.47	三林	481965	523	1.09
新江湾城	27251	0	0.00	北蔡镇	276547	140	0.51
桃浦镇	194825	100	0.51	庆宁寺	495516	259	0.52
张庙街道	172284	362	2.10	大场镇	371856	275	0.74
殷行街道	192554	130	0.68	北新泾	218128	2320	10.64
金桥镇	87051	152	1.75	庙行镇	89615	0	0.00
七宝镇	283352	875	3.09	古美街道	149141	130	0.87
梅陇镇	344434	418	1.21	淞南镇	127347	20	0.16
新虹街道	65256	42	0.64	高行镇	137625	0	0.00
高桥镇	184486	665	3.60	张江镇	188914	124	0.66
吴淞街道	104162	574	5.51	宝山城市工业园	18567	0	0.00
江桥镇	256218	140	0.55	康桥镇	174672	450	2.58
唐镇	129267	65	0.50	莘庄镇	277934	616	2.22
南翔镇	139845	200	1.43	顾村镇	240185	20	0.08
九亭镇	253110	330	1.30	杨行镇	204564	58	0.28
浦江镇	292750	480	1.64	高东镇	111901	118	1.05
颛桥镇	189604	390	2.06	华漕镇	193777	73	0.38
曹路镇	186012	185	0.99	友谊路街道	136814	1768	12.92
莘庄工业区	56103	0	0.00	周浦镇	147329	862	5.85
罗店镇	118323	239	2.02	徐泾镇	127936	99	0.77
闸北区环内	268076	1607	5.99	吴泾镇	121164	591	4.88
静安区	246788	3176	12.87	马陆镇	172864	85	0.49
虹口区环内	400114	3629	9.07	新桥镇	155856	150	0.96
徐汇区环内	371839	7066	19.00	月浦镇	139328	632	4.54
长宁区环内	197843	1952	9.87	泗泾镇	94279	200	2.12
世博	356730	927	2.60	合庆镇	132038	182	1.38
闸北区环外	328065	1343	4.09	马桥镇	103989	96	0.92
长宁区环外	274600	764	2.78	江川路街道	185991	1034	5.56
花木街道	221327	272	1.23	嘉定工业区	72933	0	0.00
真如	402322	578	1.44	新场镇	84183	156	1.85
彭浦	234355	1560	6.66	嘉定镇街道	81854	854	10.43
重固镇	39756	0	0.00	川沙新镇	369032	942	2.55
罗泾镇	54329	31	0.57	赵巷镇	74409	124	1.67
金汇镇	108264	345	3.19	菊园新区	60924	0	0.00

空间测度单元	常住人口（人）	医院床位数（张）	每千人床位数（张/千人）	空间测度单元	常住人口（人）	医院床位数（张）	每千人床位数（张/千人）
徐行镇	165452	100	0.60	中山街道	159685	270	1.69
南桥镇	361185	1068	2.96	宣桥镇	59567	486	8.16
方松街道	161438	86	0.53	车墩镇	167687	250	1.49
外冈镇	80896	200	2.47	佘山镇	75507	288	3.81
岳阳街道	112671	670	5.95	华亭镇	46355	35	0.76
庄行镇	62388	180	2.89	香花桥街道	106830	20	0.19
惠南镇	213845	2155	10.08	白鹤镇	92288	50	0.54
青村镇	89163	90	1.01	夏阳街道	137321	629	4.58
祝桥镇	105807	320	3.02	叶榭镇	80104	100	1.25
奉城镇	176938	555	3.14	永丰街道	93330	150	1.61
小昆山镇	51606	122	2.36	盈浦街道	118708	0	0.00
四团镇	65389	114	1.74	大团镇	71162	209	2.94
亭林镇	122272	385	3.15	石湖荡镇	44011	350	7.95
万祥镇	24346	25	1.03	柘林镇	135343	269	1.99
朱家角镇	94351	210	2.23	泖港镇	41626	150	3.60
朱泾镇	120084	727	6.05	海湾镇	141129	763	5.41
练塘镇	68485	85	1.24	老港镇	37408	40	1.07
书院镇	59831	62	1.04	漕泾镇	40722	40	0.98
新浜镇	33627	135	4.01	泥城镇	62519	99	1.58
山阳镇	84640	545	6.44	吕巷镇	52808	80	1.51
芦潮港镇	27850	30	1.08	张堰镇	37057	30	0.81
枫泾镇	82477	180	2.18	金泽镇	67735	290	4.28
申港街道	20219	600	29.68	廊下镇	33658	30	0.89
航头镇	110060	82	0.75	金山卫镇	70819	899	12.69
华新镇	153203	70	0.46	石化街道	87901	0	0.00
六灶镇	51013	59	1.16	原沧浪区	395046	5449	13.79
新成路街道	55223	550	9.96	娄葑镇	453924	1196	2.63
洞泾镇	57861	140	2.42	胜浦镇	62739	78	1.24
安亭镇	232503	190	0.82	横塘街道	65252	268	4.11

2010 年苏州市空间测度单元常住人口与医疗设施床位数数据列表　　表 E-4

空间测度单元	常住人口（人）	医院床位数（张）	每千人床位数（张/千人）	空间测度单元	常住人口（人）	医院床位数（张）	每千人床位数（张/千人）
枫桥街道	126781	220	1.74	璜泾镇	64768	149	2.30

空间测度单元	常住人口（人）	医院床位数（张）	每千人床位数（张／千人）	空间测度单元	常住人口（人）	医院床位数（张）	每千人床位数（张／千人）
浒墅关镇	139422	206	1.48	陆渡镇	45791	60	1.31
东渚镇	40055	33	0.82	原平江区	268713	566	2.11
越溪街道	79797	30	0.38	唯亭镇	178691	75	0.42
横泾街道	39262	48	1.22	原金阊区	290830	2371	8.15
甪直镇	135222	116	0.86	狮山街道	123906	0	0.00
胥口镇	78756	35	0.44	镇湖街道	20492	27	1.32
光福镇	50159	45	0.90	通安镇	56163	80	1.42
临湖镇	55282	114	2.06	原长桥街道	265033	315	1.19
太平街道	55634	114	2.05	郭巷街道	99014	40	0.40
北桥街道	59170	170	2.87	香山街道	23939	0	0.00
黄埭镇	106010	115	1.08	木渎镇	239701	472	1.97
阳澄湖镇	68934	126	1.83	东山镇	51873	116	2.24
梅李镇	98271	155	1.58	金庭镇	39082	65	1.66
碧溪镇	129224	183	1.42	元和街道	223596	405	1.81
沙家浜镇	55707	90	1.62	黄桥街道	60307	62	1.03
董浜镇	55591	86	1.55	望亭镇	55711	96	1.72
尚湖镇	111194	140	1.26	渭塘镇	63585	107	1.68
巴城镇	103162	174	1.69	虞山镇	655991	3393	5.17
陆家镇	90561	105	1.16	海虞镇	112420	130	1.16
淀山湖镇	50067	35	0.70	古里镇	117259	136	1.16
周庄镇	28599	40	1.40	支塘镇	79127	170	2.15
锦溪镇	51462	60	1.17	辛庄镇	95669	107	1.12
同里镇	50455	114	2.26	玉山镇	844751	2850	3.37
盛泽镇	247213	900	3.64	周市镇	144529	124	0.86
七都镇	78000	78	1.00	花桥镇	104969	159	1.51
桃源镇	75209	148	1.97	张浦镇	133820	104	0.78
城厢镇	255996	1280	5.00	千灯镇	92940	198	2.13
浏河镇	66752	140	2.10	松陵镇	388437	1310	3.37
平望镇	93351	673	7.21	沙溪镇	120346	220	1.83
横扇镇	55499	99	1.78	浮桥镇	108955	191	1.75
震泽镇	90026	172	1.91	双凤镇	49246	62	1.26
汾湖镇	195690	341	1.74				

后记

本书改编自我的博士论文《基于"密度—设施"的上海—苏州人居空间演化与治理研究》，论文起意于 2013 年，2018 年完稿并通过答辩。在清华大学建筑与城市研究所，一大批杰出的老师和青年学生们以吴良镛院士的"人居科学"为共同纲领、围绕中国人居环境发展、保护与治理重大问题，进行着看似冷门但却极富战略眼光与学术洞察的工作。我的导师吴唯佳教授在那几年中作为研究所的带头人，瞄准国家人居战略前沿，依托京津冀和北京的重大研究项目以及清华大学建筑学院的教学实验平台，从学术和实践两方面建立并发展了中国特大城市地区空间规划理论和方法，完成了一系列具有影响力的成果。关于那些年的记忆里，充满了为服务国家和首都地区重大规划建设战略行动而彻夜工作的相互鼓励与奋进，回响着读书会上不拘于学科、身份与固有认识限制的热烈讨论和思辨。

我的研究生学途以及本书一道，受益于研究所和学院的熏陶和训练。导师对城市与规划研究独到的眼光，"逼迫"着每一篇论文走向无人走过的险径，却又亲自为论文研究和写作提供了最为宽松的环境。直至毕业后方体会到，吴老师在紧弛之间为每个研究方向所打开的工作"张力"，正是让思想长流的源头动力。特别感谢吴老师的传道、受业与解惑，感谢武廷海教授、边兰春教授、田莉教授、张悦教授、于涛方副教授、赵亮副教授、唐燕副教授、郭璐助理教授在论文各阶段给予的点评指正，以及研究所和学院各位老师在日常学习、研究与工作中所给予的鼓励和帮助。我也向林超、董磊、秦李虎、赵文宁、伍毅敏、王吉力、琚立宁等同窗致谢，论文中的诸多想法都来自与学友们讨论时所受的启发。

在论文调研准备阶段，上海市城市规划设计研究院骆悰教授、江苏省城镇化和城乡规划研究中心丁志刚教授、中国建筑设计研究院杨一帆教授、上海市规划和自然资源局白雪茹副局长将我引入真实的对象与情境中，没有这些线索指引，论文将是一座空中楼阁。写作期间，我也有幸就大城市地区空间发展的密度与基础设施话题多次与加拿大女王大学梁鹤年教授、哈佛大学尼尔·布伦纳（Neil Brenner）教授探讨，他们的深邃哲思为论文注入了跨文化的理论养分。论文成稿后，同济大学赵民教授、中山大学李郇教授、中国科学院方创琳教授、北京市城市规划设计研究院施卫良教授、中国城市规划设计研究院王凯教授、上海机场（集团）有限公司刘武君教授以公开评审意见、口头指导或点评等形式，提供了宝贵的修改意见和建议，在此向各位老师的关心和帮助表示感谢，向前辈们的卓越工作致敬。

本书部分篇章内容经修改并经同行评议后，发表于《城市规划》2019年第2期（"空间过密化与反过密化——中国大城市空间演化的一个解释框架及初步验证"）、《城市规划学刊》2019年第6期（"基于空间治理过程的特大城市外围跨界地区空间规划机制研究"）和《国际城市规划》2020年第3期（"城市人居环境提升政策项目组织的'自主性'原则：国际实践与本土探索"）。在《城市规划》发表的论文中，我以同样的理论视角和研究方法回顾了深圳经济特区的空间演化进程，并与上海对比，进一步拓展了本书的讨论。感谢中国城市规划学会城市历史与理论学委会以及匿名审稿专家对上述成果提出的意见和建议。在本书成书过程中，中国建筑工业出版社陆新之、张明老师提供了大量的帮助和支持，出版社克服了新冠疫情的不利影响，跨越多座城市精心组织审校，使本书得以呈现。由于技术原因，原论文中部分引用史料与插图在出版时删去，读者可通过中国知网（www.cnki.net）或清华大学图书馆查阅原论文完整内容。

此外，我也向中国国家图书馆、清华大学图书馆、上海市城市规划设计研究院、江苏省城市规划设计研究院、原上海市规划国土资源管理局人事处、原上海市卫生和计划生育委员会信息公开办、上海市浦东新区统计局、原上海市嘉定区规划和土地管理局、昆山市统计局、太仓市统计局、嘉兴市统计局、上海市嘉定区安亭镇人民政府、安亭镇迎春社区居委会、上海市闵行区江川路街道美丽家园推进办、江川路街道社区服务办等部门机构以及许景、柳洋、王颖、吴纳维等对相关信息资料获取或调研访谈安排方面的协助表示诚挚谢意。我在江川路"老闵行"出生和长大成人，而论文的最后一块逻辑拼图恰好在对此地人居环境提升实践的调查分析中完成。感恩曾经养育我的地方和人们，是你们让我在无涯知海中找回了来时的路。

郭磊贤

2020年10月8日于深圳